“一带一路”资源环境研究

中亚干旱区
资源环境效应及生态修复技术

王让会　赵振勇　李成　彭擎　著

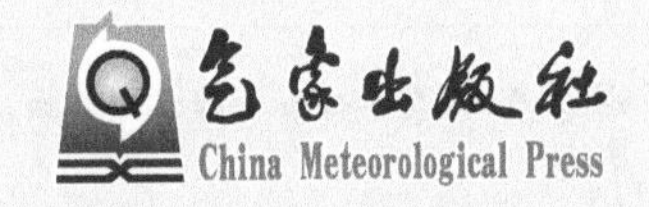

内 容 简 介

本书在介绍中亚“一带一路”资源环境研究现状的基础上，重点阐述气候变化背景下，中亚资源环境研究的若干科学问题及其应对策略。以中亚地区山地-绿洲-荒漠系统为背景，基于遥感影像、实际监测与统计分析等多源数据，从土地、气候、植被以及碳水要素耦合等角度，探索了中亚资源环境研究的理论体系与一般方法。重点分析了景观格局与生态系统服务价值特征、气候与植被要素的变化、碳水要素的时空演变规律、碳水足迹的变化特征与资源环境承载能力，揭示了未来情景下中亚干旱区碳水耦合关系及其效应。同时，针对自然及人为要素对中亚荒漠化过程影响的特征及规律，围绕荒漠化驱动机制等关键科学问题，重点研究气候、水文、植被等要素对荒漠化过程的制约作用及其形成与演变规律。基于大量监测及试验，原创性地揭示了中亚荒漠环境下植物演替规律；凝练出了土地资源有效利用的理念与途径，以及人为调控荒漠环境的策略与模式。在智慧环保与“互联网＋”及信息图谱理念与方法指导下，提出了区域低碳绿色高质量发展及提升生态系统服务功能与适应气候变化的策略。

本书可供资源科学、环境科学、生态学、地理学以及遥感与地理信息系统（GIS）等专业的研究生学习借鉴，亦可为上述领域的管理者、工程技术人员及科研工作者参考。

图书在版编目（ＣＩＰ）数据

中亚干旱区资源环境效应及生态修复技术 / 王让会等著. -- 北京 : 气象出版社, 2022.12
ISBN 978-7-5029-7884-6

Ⅰ. ①中… Ⅱ. ①王… Ⅲ. ①干旱区－环境资源－环境效应－研究－中亚②干旱区－生态恢复－研究－中亚 Ⅳ. ①X373.6②X171.4

中国版本图书馆CIP数据核字(2022)第243555号

中亚干旱区资源环境效应及生态修复技术
ZHONGYA GANHANQU ZIYUAN HUANJING XIAOYING JI SHENGTAI XIUFU JISHU

出版发行：气象出版社
地　　址：北京市海淀区中关村南大街46号　　**邮政编码**：100081
电　　话：010-68407112(总编室)　010-68408042(发行部)
网　　址：http://www.qxcbs.com　　**E-mail**：qxcbs@cma.gov.cn
责任编辑：黄红丽　高菁蕾　　**终　　审**：张　斌
责任校对：张硕杰　　**责任技编**：赵相宁
封面设计：博雅锦
印　　刷：北京建宏印刷有限公司
开　　本：787 mm×1092 mm　1/16　　**印　　张**：12.75
字　　数：323千字
版　　次：2022年12月第1版　　**印　　次**：2022年12月第1次印刷
定　　价：120.00元

前 言

资源环境是自然要素的综合体，强调资源与环境之间的密切关系。20世纪后期以来，包括资源环境在内的PRED问题[①]曾得到联合国(UN)的高度关注，并被诸多国家所重视。进入21世纪后，人们对资源环境问题的关注有增无减，体现了人类为了自身发展不得不科学考量自身行为与资源环境问题严峻性的关系。目前，以气候变暖为主要特征的气候系统变化，通过影响地表环境要素的改变，进而引起生态系统结构与功能的变化，并最终影响资源环境的可持续发展。气候变化背景下，基于多源数据的中亚干旱区(ACA)资源环境效应研究，不但有助于拓展干旱区生态科学及地理科学的理论基础，而且也为支撑“一带一路”(B&R)沿线地区的资源环境可持续发展提供科学依据，因而探索资源环境问题具有重要的理论与实践意义。ACA地处欧亚大陆腹地，面积广阔，属典型的大陆性干旱气候，干燥少雨，水资源短缺，生态系统脆弱。以中亚地区山地-绿洲-荒漠系统(MODS)为背景，基于多源遥感影像、气象资料以及统计资料等数据，从土地、气候、植被以及碳-水(C-W)要素等角度，分析景观格局与生态系统服务价值(ESSV)特征、气候与植被要素的变化、C-W要素的时空演变规律、C-W足迹的变化特征与资源环境承载能力，揭示气候变化对ACA资源环境的影响效应，并提出适应气候变化的资源环境承载策略。

2013年9月和10月，习近平总书记提出“新丝绸之路经济带”和“21世纪海上丝绸之路”的战略构想。中国政府提出共建B&R倡议，形成了大量产业产能合作与投融资机会。B&R作为一项国家倡议，已在国际上产生了巨大影响。随着国际合作的进一步推进，人们赋予了B&R丰富内涵——互信互惠、百国百族、共荣共赢、中欧班列、万里海疆；东往西来、经贸巨轮、引领潮流、创新局面、风驰电掣……，同时，中国提出可持续发展行动计划，要求在B&R规划中体现生态文明理念。通过B&R倡议，体现了中国全面开放的理念，中国与沿线各国共享现实的发展利益，承担共同的社会责任，合力打造政治互信、经济互惠、文化包容、生态文明的人类命运共同体。原国家环境保护部2017年5月发布的政策规划《一带一路生态环境保护合作规划》，系统地反映了以生态文明理念推动B&R建设的具体思路与途径。B&R倡议的提出和实施是中国与世界、历史与现实共同作用下的必然选择，其发展必将在经济、政治、文化等层面上对生态文明构建产生深刻的影响。在2018年9月举办的中非合作论坛北京峰会上，习近平总书记指出：“中国愿同国际合作伙伴共建‘一带一路’，我们要通过这个国际合作新平台，增添共同发展新动力，把‘一带一路’建设成为和平之路、繁荣之路、开放之路、绿色之路、创新之路、文明之路。”B&R倡议是构建人类命运共同体的重要途径。2019年4月召开的第二届B&R国际合作高峰论坛主题是“共建‘一带一路’、开创美好未来”，核心内容是推动B&R合作实现高质量发展。在这种背景下，研究以中亚为代表的B&R资源、环境、生态相关问题，特别是研究全球气候变化背景下，中亚资源环境承载力(RECC)，荒漠化驱动要素、发生机制及

① PRED即人口(population)、资源(resources)、环境(environment)和发展(development)。

其效应，探索中亚不同生态系统的稳定性以及修复机制与模式，对于保护生物多样性，维护区域生态安全，促进区域低碳绿色发展，具有重要的理论价值与重大的现实意义。

中亚地区是B&R的重要区域，既是典型的内陆干旱地区，也是生态脆弱区。针对中亚能源消费及水资源利用等核心问题，以气候变化为主线，从水资源高效利用(优化工农业结构，实施严格节水措施；建设跨境供水工程，建立用水总量控制体系)、油气资源低碳化(发展CO_2埋藏项目，实现CO_2资源化利用；加强能源碳减排力度，构建新型管控体系)、植被复合经营(丰富碳汇林业内涵，构建林业增汇模式；优化农林复合系统，提升生态固碳能力)、生态产业培育(落实节水减排理念，建立高效生态经济圈层；推进生态工程建设，大力发展沙产业)4个方面，提出适应气候变化的中亚资源环境承载模式，这对于保障中亚地区资源开发的可持续性具有重要意义。

科学技术发展始终是引领社会经济发展的核心动力。资源环境领域研究需要创新理念及科技发展的支撑。2018年5月，习近平总书记在中国科学院第19次院士大会、中国工程院第14次院士大会上的重要讲话《努力成为世界主要科学中心和创新高地》中指出，在“十四五”开局起步、全面建设社会主义现代化国家新征程启航之际，始终要把创新作为发展的原动力，其意义重大、影响深远。截至2020年3月，中国拥有了上海张江综合性国家科学中心、合肥综合性国家科学中心、北京怀柔综合性国家科学中心、粤港澳大湾区综合性国家科学中心四大综合性国家科学中心。综合性国家科学中心是国家创新体系建设的基础平台，有助于汇聚世界一流科学家，突破一批重大科学难题和前沿科技瓶颈，显著提升中国基础研究水平，强化原始创新能力。

在B&R倡议实施过程中，中国始终要站在科技创新的前沿，致力于应对气候变化、生态环境保护与可持续发展，运用科技的力量不断提升资源环境利用效率，服务沿线共同发展，提升沿线各国人民福祉。

2021年8月，IPCC第6次评估报告(AR6)第一工作组报告发布，揭示了更加严峻的气候变暖与(极端气候事件)ECE增多等客观事实，强调了人为活动对气候系统影响的科学事实，并为人类共同应对气候变化敲响了警钟。目前，CIMP6的共享社会经济路径(Shared Socioeconomic Pathways，SSPs)下，人们已对于不确定性的气候变化又有了新的认识。最新的研究表明，在一切照旧的情景下，B&R地区CO_2排放仍将继续上升，B&R国家现有的国家自主贡献模式(NDCs)还不足以实现《巴黎协定》提出的2 ℃目标。到21世纪末受碳价格上升的影响，整个地区清洁能源及相关基础设施的投资将增加到100万亿美元以上，如果全球要在2060年左右实现碳中和，B&R地区将面临非常严峻的挑战。B&R倡议对全球经济、贸易和排放模式影响巨大，然而，目前的研究主要是基于消费的排放，对隐含排放与非CO_2温室气体排放的关注较少，需要进一步全面研究与探索。2021年3月，习近平总书记指出，要把碳达峰、碳中和纳入生态文明建设整体布局。中国承诺在2030年前，CO_2的排放不再增长，达到峰值之后再慢慢减下去，在2060年，针对排放的CO_2，要采取植树、节能减排等各种方式全部抵消掉，实现碳中和(carbon neutral，或carbon neutrality)。中国力争2030年前实现碳达峰，2060年前实现碳中和的目标，成为未来中国合理利用资源、大力保护环境、积极应对气候变化、努力实现高质量发展的重大举措。2060双碳计划，是中国政府作出的重大战略决策，事关中华民族永续发展和构建人类命运共同体。

由于新冠疫情影响，本应2020年举行的第7届世界自然保护大会于2021年9月3日在法国马赛拉开序幕，由法国政府和世界自然保护联盟(IUCN)主办的这届大会进一步强调了尊重自然、兼具公正包容的理念。李克强总理致辞中强调中国传统文化中人与自然和谐共生的理念，进一步阐述了中国一直倡导的尊重自然、顺应自然、保护自然，崇尚生态文明理念，并结合中国发展阶段不断推进在发展中保护、在保护中发展的策略。与此同时，面对全球日益严峻的自然环境治理挑战，国际社会要以前所未有的决心和行动，推动构建人与自然和谐共生的世界。2021 年 10 月在中国昆明召开的《生物多样性公约》(简称《公约》)缔约方大会第 15 次会议(CBD COP15)，是 UN 首次以生态文明为主题召开的全球性会议。大会旨在倡导推进全球生态文明建设，强调人与自然是生命共同体，强调尊重自然、顺应自然和保护自然，努力达成《公约》中所提出的“到 2050 年实现生物多样性可持续利用和惠益分享，实现‘人与自然和谐共生’美好愿景”。2021 年 10 月 31 日，第 26 届联合国气候变化大会(26th UN Climate Change Conference of the Parties，简称 COP26)在英国格拉斯哥开幕，11 月 13 日 COP26 闭幕，大会达成决议文件并就《巴黎协定》实施细则达成共识。在距英国格拉斯哥 COP26 缔约方大会 100 天之际，中国生物多样性保护与绿色发展基金会已获得 COP26 准入资格。这几次受疫情影响而延期的事关全人类未来发展的重要会议，也让大家更加重视资源环境问题，为迈向更好的未来提振了信心。

已经过去的 2020 年是极其不平凡的一年，而 2021 年——这个 21 世纪 20 年代的开启之年，对中国人而言，更是别有特殊意义的年份。2021 年发生了很多不同领域的重大事件，均值得人们去关注。比如新冠疫情持续，郑州暴雨灾害的袭击，火星探测任务圆满成功，神舟十二号、神舟十三号相继发射升空，二氧化碳到淀粉的从头合成……在这些 2021 年发生过的种种大事件和令人难忘的时刻中，有悲伤也有欢笑，更有中国人创造的奇迹！2021 年是国家第十四个五年规划及迈向社会主义现代化国家新征程的开局之年，中国加入 WTO 20 周年，红军长征胜利 85 周年，中国共产党建党 100 周年，辛亥革命爆发 110 周年……审视我们走过的道路，艰辛而又曲折；展望我们的前景，辉煌而又灿烂！基于地球赐予我们的资源环境状况，始终把人与自然和谐共生的理念融入当代发展策略，维护山水林田湖草沙生命系统健康发展，人类共同倡导的可持续发展理念才可能变成现实。

时间过得飞快，2022 年在不知不觉中已经过去了大半时光。在世界各国持续抗击疫情的形势下，人们不得不面对 2022 年以来全球的气候变化——极端气候现象对人类所造成的困扰。2022 年 8 月 3 日中国气象局《中国气候变化蓝皮书(2022)》(简称《蓝皮书》)的发布，为中国、亚洲和全球气候变化提供了的最新监测信息。《蓝皮书》指出：全球变暖趋势仍在持续，2021 年中国地表平均气温、沿海海平面、多年冻土活动层厚度等多项气候变化指标打破观测纪录。而在 2022 年 3 月，异常的热浪袭击了印度和巴基斯坦，带来了自有气象记录的 122 年来最酷热的天气(当月的最高气温)；整个南亚次大陆持续炎热的天气至今，给数千万人带来灾难性的后果。2022 年 6 月，全球多国都遭遇了极端性的气候现象，美国、西班牙、德国等国，都遭遇了罕见的气候灾害；加拿大不列颠哥伦比亚省的利顿的最高温度达到了 47.9 ℃，美国经历了有记录以来 127 年的“最热 6 月”，2022 年 7 月，美国加利福尼亚州气温已经飙升到 54.4 ℃，美国华盛顿州西雅图在 6 月 27 日的气温达到了 42 ℃，美国俄勒冈州塞勒姆的气温达到了 47 ℃。阿拉伯世界一些地区的气温已经突破了 70 ℃。时至今日，极端性气候现象在全球多国普遍非常明显，高温热浪仍在全球持续发展蔓延。对于中国来说，不少区域出现了 40 ℃以上的高温。无独有偶，近期我观看了中国科幻大片《独行月球》，不自觉地与之前看过的《流浪地球》联系了起来，毫不夸张地讲，蓝色星球与人类的未来命运充满着严峻的挑战！美国导演纳蒂亚·康纳斯2007年拍摄的纪录片《第十一个小时》里曾提及富有哲理的一段话——“抛弃人类生存与否，环境自身是可以自救的。亟待我们拯救的不是地球，只是我们自己。”人类必须尊重自然，保护环境，协同合作，才可能促进有序发展。

本成果得到国际合作项目、国家及地方研究项目的支持，前后持续15年时间。特别是国家重点研发计划战略性国际科技创新合作重点专项“中亚盐碱土地生态治理关键技术研究与示范(2018YFE0207200)”项目，地方合作项目“国际河流开发研究——伊犁河及额尔齐斯河流域开发研究”以及“气候变化对中亚干旱区资源环境的影响效应研究”“中亚荒漠化驱动要素及其效应研究”“新疆塔里木河重要源流区(阿克苏河流域)山水林田湖草沙一体化保护和修复工程关键问题和关键技术研究”项目(AKSTLMHXM2021-05)，生态环境部南京环境科学研究所合作项目“工业尾水排入塔里木河流域沙漠的环境效益研究”，国家重点研发计划(2019YFC0507403)以及中国科学院先导项目，为本成果的凝练集成起到了重要支撑作用。本成果是多年来团队协同创新的集成性成果，体现了中外政府机构、中科院、研究机构、高校及企业开展国际合作，探索跨境研究模式的有效性，综合地反映了中亚相关区域资源、生态、环境、地理以及信息管理等诸多方面的研究进展。参与本研究的研发人员主要有张永明、吴世新、王筱雪、徐德福、吴明辉、孙舒等，清华大学赵永敢博士、海南大学江行玉教授以及乌兹别克斯坦科学院植物所所长Habibullo Shomurodov教授也参与了相关研究工作，他们不同程度地为相关项目目标的完成做出了积极贡献。王让会教授策划、组织、实施了相关研发工作，开展了气候变化、景观格局、水碳耦合、资源承载力、荒漠化机制、环境修复等诸多方面的研究工作，并凝练集成了本成果，统稿完成了本部专著。赵振勇研究员在中亚开展了试验研究，凝练了水土、水盐及生态修复与治理的原创性理论与实践案例。李成博士开展了资源环境及水碳耦合关系与生态系统服务价值研究。彭擎博士开展了植被退化、干旱等与荒漠化机制研究。在本成果付梓出版之际，著者对所有参与者表示衷心感谢；同时，对气象出版社的黄红丽、高菁蕾为本书出版所付出的辛勤劳动一并表示感谢！

本成果基于对ACA资源环境问题的全面关注，研发的相关跨中亚RST及风险评价技术，具有重要的生态经济与社会效应。例如，土壤水分RSM技术、土壤有机碳监测技术、基于NDVI的植被碳估算技术、生态需水量估算技术、重度盐渍化土壤修复技术等具有重要的技术创新性。同时，相关技术有助于生态恢复与重建，也有利于合理利用水资源、植被资源及土地资源，实现资源节约、环境友好、社会和谐的目标，在一定程度上创造了经济效益。同时，本研究为B&R沿线中亚五国资源保护开发、生态环境治理提供了重要思路与模式，也可为中国的生态外交，环境外交以及中国应对环境风险与生态风险提供重要支撑。

在本书正式出版之际，著者对自己曾经工作过的中国科学院新疆生态与地理研究所，以及正在工作的高等院校南京信息工程大学表示感谢。两个单位所提供的实验平台、组建的研究团队以及创造的科研及人文情怀，始终是科技创新的重要支撑与不竭源泉，在此也衷心祝愿南京信息工程大学与中国科学院新疆生态与地理研究所紧跟时代科教创新的步伐，创造更加灿烂辉煌的成就！同时，敬请同行及读者不吝赐教！

王让会

2022年8月于南京

目 录

上篇:中亚气候及资源环境特征研究

第 1 章　中亚资源环境研究概要

1.1　研究目的与意义

资源环境是一个综合性的概念，一般认为其是自然要素的综合体，强调资源与环境两者之间的密切关系，具有双重属性(孙鸿烈 等，2010；王让会，2014；石玉林 等，2015)。经济学中常认为资源环境本身还具有价值属性，从这个角度可以更好地诠释当前资源环境保护与经济可持续发展之间的内在联系。气候变化背景下，地表环境及生态系统发生了一系列的变化，深刻地影响着人类社会的有序发展，现已成为社会各界广泛关注的热点问题之一(Aryal et al.，2014；Seddon et al.，2016)。伴随社会、经济的快速发展以及人口规模的不断扩大，当前人类社会所面对的生态与环境问题也日趋凸显，如大气雾霾、水土污染、环境劣变等，而这主要与不合理的景观格局所引起的资源环境要素之间的不匹配性密切关联(王让会，2008)。事实上，以变暖为主要特征的气候系统变化，通过影响地表环境要素的改变，进而引起生态系统结构与功能的变化，并最终影响资源环境的可持续发展(Keersmaecker et al.，2014；Kolomyts et al.，2015)。联合国(UN)启动的千年生态系统评估(MA)计划，为开展生态系统的动态演变及强化生态过程研究奠定了重要的基础与方向。

中亚(Central Asia，简称 CA)是中亚细亚的简称，指亚洲中部内陆地区，该概念最早由德国人亚历山大·冯·洪堡于 1843 年提出，其所包含的范围存在多种界定，狭义上一般限于“中亚五国”。从这个意义上而言，中亚地处欧亚大陆腹地，从里海一直延伸到中国新疆地区，包括哈萨克斯坦、吉尔吉斯斯坦、土库曼斯坦、乌兹别克斯坦及塔吉克斯坦五国。中亚五国与中国新疆地区共同构成了全球最大的非地带性干旱区，集中了全球 90%的温带荒漠。自 1880 年以来，全球 CO_2 浓度显著增加，平均气温持续升高，气候变暖可能导致气象灾害和极端气候事件(ECE)频繁发生，对区域水系统、农业系统、生态系统等造成了一定的负效应(IPCC，2014)。已有研究表明，中亚不仅是受全球变暖影响最敏感的地理区域之一，而且也是气象灾害的多发区，生态环境尤为脆弱(Feng，2013)。1961—2021 年的 60 年里，中亚平均气温升高 1.15～1.50 ℃，显著高于全球平均值。持续增温影响地表水热过程变化，天山和阿尔泰山区的冰川面积缩减 15%～30%(Siegfried et al.，2012；Sorg et al.，2012)，从而进一步加剧了中亚水资源及生态风险(Lioubimtseva et al.，2009)。

中亚境内广泛分布着高山(天山、昆仑山、帕米尔山等)，盆地(塔里木盆地、图兰低地、卡拉吉耶洼地等)，湖泊(艾比湖、巴尔喀什湖、伊萨克湖等)，荒漠(塔克拉玛干沙漠、卡拉库姆沙漠、克孜勒库姆沙漠)等多样的地理单元(胡汝骥 等，2014)。在山系与盆地之间孕育了数量众多、特征各异的绿洲，形成干旱区独特的山地-绿洲-荒漠系统(MODS)。MODS 格局下三大系统通过物质循环、能量流动和信息传递，构成了一系列形式多样、功能丰富的耦合关系，其特征差异主要受自然与人为等因素的影响(王让会 等，2006)。作为干旱区一种以特殊形式存在的耦合单元，水资源是MODS系统关键的限制因子，而水热条件是其赖以维系的基础。在气候变化背景下，MODS界面过程与水、土、气等生态要素密切联系、相互作用，其所蕴含的水热、水土以及水盐关系在维护区域生态系统结构与功能方面具有不可替代的作用。

中亚拥有丰富的油气资源，里海地区被誉为"能源新大陆"。随着经济快速发展，城镇化进程进一步加快，过去60～70 a中亚地区的人口快速增长，由此带来对自然资源供给需求量的增加(Chen et al.，2013)，导致了大范围的植被退化、土地沙漠化和土壤盐渍化等生态问题，对水安全、生态安全、粮食安全等造成了重大影响，直接威胁到人类生存与可持续发展。"咸海危机"以来，中亚各国高度重视生态问题，也引起国际社会的广泛关注。在B&R倡议不断得到共识的背景下，联合国(UN)、上海合作组织(SCO)及中国政府共同提出联合开展中亚区域生态系统保护的倡议。中亚MODS格局由于其存在的特殊性以及重要性而具有全球意义，近年来受到了诸多学者的广泛关注(Karnieli et al.，2008；Klein et al.，2012；Deng et al.，2017；陈曦 等，2015)。区域内跨境河流交错，以水资源要素为核心的MODS界面过程及其对气候变化的响应规律亦发生着一系列的变化，表现出更大的复杂性与不确定性。为了科学应对中亚气候变化，以碳-水(C-W)要素为主线，揭示MODS格局下中亚C-W循环过程的时空分异规律及其机制，完善基于C-W足迹的中亚资源环境承载力(RECC)的定量化评价，提出适应气候变化的中亚生态系统应对策略。这对于推动和维护B&R沿线国家实施资源环境保护与可持续发展战略具有重大意义，对于保障中国和中亚区域的国际生态安全、经贸通道安全等具有重要现实意义。

1.2 全球变化与区域资源环境研究

1.2.1 全球变暖对区域水循环与水资源的影响

随着经济社会的不断发展，以气候变暖为主要特征的全球变化问题已经引起了世界各国的广泛关注。政府间气候变化专门委员会(IPCC)第5次评估报告(AR5)指出，全球平均气温升高了约0.85 ℃，升温可能影响降水、径流及土壤水等关键水循环要素的形成与转化，加剧水资源的不均匀分配，并进一步对自然生态系统和人类社会产生深远的影响(IPCC，2014)。2021年8月，IPCC第6次评估报告(AR6)第一工作组(IPCC AR6 WGⅠ)发布的报告表明，全球变暖现实愈加严峻，灾害性天气事件频发，人类活动是导致气候变暖的直接原因，如果不积极采取行动，到21世纪末气温升高控制在1.5 ℃的预期目标就难以实现，气候正在发生不可逆的变化，这无疑为人类敲响了警钟。

全球尺度气温和降水变化具有明显的区域性特征。欧亚大陆降水减少，干旱化趋势明显，RCP(代表性浓度路径)情景下未来降水还将进一步减少(Zhao et al.，2014)。中国新疆与中亚五国是亚欧内陆干旱区的主体，亦是全球最大的温带荒漠生态系统(DES)，加之其主要受西风环流和北大西洋涛动的影响，形成了显著区别于非洲、美洲和大洋洲的水热组合配置。受限于气象台站观测时间及资料完整性等问题，中亚气候研究大部分都采用格点数据。资料表明，中亚呈现一定的暖湿趋势，其中年平均气温显著上升，增幅达0.36～0.47 ℃/10 a(Hu et al.，2014)；年降水量增加不明显，为1.2 mm/10 a，但中国天山地区增幅最大，形成干旱区的"湿岛效应"(Chen et al.，2014)。除格点数据与台站资料记录外，树木年轮资料也证实了自1985年以来天山山区变湿的基本面貌(魏文寿 等,2008)。从大气环流的角度考虑,Chen 等(2011)揭示了中亚降水变化受西风环流的控制,并提出气候变化的“西风模式”。在中亚未来气候变化方面,Mannig 等(2013)基于高分辨率的区域气候模式(REMO)模拟了21世纪气温的变化趋势,预估到2100年温度将上升到7 ℃左右,而中亚南部的变暖趋势最为强烈。Huang 等(2014)认为BCC模式对中亚降水的模拟能力相对较好,并基于国家气候中心(BCC)模式预估未来50 a的降水变化。结果显示,未来中亚降水仍将进一步增加,而且南疆的增幅相对较高。降水的增多并不意味着干旱的减缓,也不会从根本上改变干旱区的基本特征。Huang 等(2014)证实中亚潜在蒸散量约增加7.7 mm/10 a,且干旱面积仍有不断扩张的趋势,仅在吉尔吉斯斯坦西部和塔吉克斯坦中部地区略有缩减。Chen 等(2014)也证实由于变暖的增速超过降水的增加,气候变化加剧了塔里木盆地脆弱生态系统的负效应,塔克拉玛干沙漠边界裸露的土壤面积扩大了7.8%。

中亚干旱区(ACA)河流分布极不均衡,大部分位于塔吉克斯坦和吉尔吉斯斯坦境内,且多数都属于跨境河流。除额尔齐斯河最终汇入北冰洋外,其他河流均为内陆河,尤以锡尔河、阿姆河及塔里木河最为典型。以流域为基本单元,水资源主要来源于高山融雪及地下水补充,高海拔山区季节性气候变化显著。一般而言,受气温变化的影响,春季与夏季冰雪消融量大,径流量也会相应地增多(Sorg et al.,2012),因此,流域内径流变化主要受气候因素的影响。Yao 等(2015)分析了锡尔河流域气温和降水的变化趋势及其对径流的影响。Siegfried 等(2012)基于冰川-降水-径流耦合模型,定量分析了锡尔河流域融雪对径流的影响;研究表明由于早期融雪的影响,气候要素对径流将产生季节性的影响,并且加剧流域内农业用水与生活用水的压力。Gan 等(2015)基于土壤水分评估工具(SWAT)模型预估了未来气候变化对纳恩河流域水文的影响,表明在RCP8.5情景下冰川面积将进一步缩小,其融化速率主要取决于未来气温的增幅,而径流和融雪成分则取决于未来降水的变化。Li B 等(2016)基于数理统计的方法探讨了阿克苏流域气象要素与人类活动对径流量的影响,并指出气象要素对径流的影响远大于人类活动的影响。除径流量外,湖泊面积与土壤水分也是气候变化影响的重要指示信号。Bai 等(2011)基于Landsat/TM遥感影像与归一化水指数(NDWI),揭示了中亚典型湖泊面积对气候变化的响应特征,研究表明自1975年以来有超过50%的内陆湖泊出现了不同程度的萎缩,其中尾闾湖锐减最为显著。李新武等(2016)基于多源遥感数据(RSD)估算了中亚地区土壤水含量,发现此含量在春、夏两季整体上呈现变干趋势。降水减少、气温升高是土壤干化的重要原因。

中亚是全球变化的敏感区,自20世纪初以来气温持续上升,天山、阿尔泰山的冰川面积已缩减15%~30%,进一步加剧了水资源的脆弱性。有限的水资源被过度利用,是导致地下水亏缺,总储水量减少及生态退化的主要因素,这些因素由于全球变暖而加剧。现阶段多源气象、水文、土壤等数据资料的适用性以及模型模拟结果的不确定性,都使得深入理解中亚水循环问题的难度不断增大。通过加强地面台站的布设,积累丰富的数据资料,提高模型模拟的精度,我们可以更好地量化气候变化对水循环与水资源的影响,有望找到对相关问题的合理解决方案。

1.2.2 干旱背景下景观格局与水土要素的关系

景观格局能客观地反映人类活动与自然生态系统之间的影响过程及其效应,并在气候变化、地表过程及环境效应等领域中发挥关键作用。生态过程主要反映生态系统物质循环、能量流动与信息传递的特征及规律。一般意义上讲，景观格局与生态过程相互联系、耦合作用（傅伯杰，2014）。因此，开展有关景观格局与生态过程的研究，有助于了解生态系统异质性以及预测未来气候变化背景下的发展趋势，为生态系统综合管理提供科学依据。现阶段，景观格局与生态过程的研究主要通过野外观测实验以及模型模拟等方面展开。在野外实验方面，依据尺度的差异，通常采用从样点观测—样带分析—遥感研究的多尺度监测分析方法，围绕景观异质性，探讨景观格局与生态过程的耦合关系。Xiao 等（2016）以黄土高原为例，系统探讨了不同景观类型的水土流失过程及水土保持效应。在模型模拟中，一方面，静态统计模型（景观指数分析）得到了广泛的应用，如 Liu 等（2010）基于景观格局指数量化了微地形和土壤侵蚀特征的空间配置。另一方面，涉及过程机理的动态模型也不断得到深化，如 Fang 等（2015）基于 SWAT 模型针对干旱区不同景观单元，开展环境变化下的景观格局与生态水文过程模拟。Albert 等（2014）提出景观格局与生态系统服务的关系。

干旱区 MODS 耦合关系主要是针对 MODS 系统展开的，山地、绿洲、荒漠三大系统各自具有独特而鲜明的特征（王让会 等，2006）。从生态学的角度考虑，水是干旱区关键的限制因子，水热条件是干旱区赖以生存的基础（Karthe et al.，2015）。以水资源为主线，可以有机地将 MODS 系统关联起来，形成干旱区独特的地表过程与景观类型。一般而言，高海拔山区是干旱区重要的降水中心，因而山地系统是水资源形成与转化的来源，系统内土壤及植被类型复杂多样，具有明显的垂直分布特征。绿洲系统是干旱区人类活动的中心，受人为扰动因素尤为强烈；人们以绿洲作为基本载体，从事生产与生活活动，但绿洲的规模常常因水资源数量和质量的影响而受限。荒漠系统虽然面积广阔，但蒸发强烈，其结构与功能也相对单一，因而适应外界扰动的能力相对较弱。以中国新疆为例，规模宏大而又典型的 MODS 系统包括天山-准格尔盆地-古尔班通古特沙漠、昆仑山-塔里木盆地-塔克拉玛干沙漠等。王让会等（2009）基于多源遥感影像，运用地学信息图谱（GITP）手段，系统地分析了 MODS 景观格局变化机理，为揭示区域生态过程及规律提供了新思路。气候变化背景下 MODS 格局与过程发生着一系列的变化。观测实验表明，绿洲内部气温、湿度、风速等要素与荒漠系统有明显的差异，形成“冷岛效应”（Mao et al.，2014）。景观尺度上，哈萨克斯坦与中国新疆的降水量和增温幅度呈负相关关系。而降水较多的区域，植被覆盖度也普遍较高，这种下垫面差异在一定程度上将影响局地气候条件，进而影响 MODS 界面过程（孙洪波 等，2007）。MODS 界面过程与水、土、气等要素密切相关，以生态水文过程为载体，水热、水土以及水盐关系一直是 MODS 研究的热点。Wang 等（2009）揭示了气候变化背景下中国塔里木盆地生态需水的变化规律。Abliz 等（2016）以昆仑山-克里雅绿洲为例，基于 Landsat RSD 与数理统计方法，围绕土壤-植被-大气连续体（SPAC）探讨不同景观类型下浅层地下水埋深（GWD）和盐度的变化对土壤盐分的动力学影响。Wei 等（2008）基于样带研究，揭示了荒漠-绿洲交错带 GWD、土壤水势与植被盖度的变化特征及规律。

干旱区 MODS 耦合关系具有整体性、系统性、长期性等特点，其耦合机制与过程等内涵也十分丰富，研究手段也日趋完善。随着景观生态学的不断发展，人们已经不满足于利用景观格局指数来单纯地刻画景观格局的时空变化，而是希望将景观格局指数融合到生态过程中，以进一步探索景观尺度上生态系统物质循环、能量流动及信息传递等生物地球化学过程与特征。通过同一生态系统内部的动态变化、不同生态系统之间的影响以及生物之间的相互作用等研究，进一步拓展MODS格局下不同尺度格局与过程的耦合关系，从而分析景观格局对生态过程的影响机制。

1.2.3　气候要素对生态系统碳动态的影响效应

碳在生物地球化学循环中具有重要地位与作用，生态系统碳收支过程是全球SPAC耦合研究的重要组成部分，深入认识生态系统生产力与碳素动态变化过程，对于科学应对气候变化，维护生态安全具有重要意义。生态系统生产力是碳循环过程的重要参量，现阶段生产力的估算方法日趋多样化，总体上可以分为数理统计模型法（Miami模型、Thornthwaite模型等）、遥感模型法（CASA即Carnegie-Ames-Stanford Approach模型、C-fix模型等）及生态系统过程模型法（Biome-BGC模型等）等（表1.1）。近年来，随着生态过程研究的不断深化以及计算机技术与信息技术的不断发展，一系列复杂生态系统过程模型应运而生，如BEPS模型、Biome-BGC模型、IBIS模型、LPJ模型等，它们不仅可以对植被、土壤等关键碳循环过程进行模拟，而且也侧重于植被与外界环境的物质与能量交换过程。上述模型在样点、样带、景观及区域等多尺度层次上模拟效果较好，为系统揭示生物地球化学循环过程的演变规律提供支撑。

表1.1　典型生态系统生产力估算模型的适用性特征

模型种类	模型名称	输入参量	输出参量	优点	缺陷
数理统计模型	Miami模型 Thornthwaite模型	常规气象数据资料（年平均气温、年总降水量）	NPP	所需参量较少，计算过程简便	计算结果偏差较大
遥感模型	CASA模型 C-fix模型 VPM模型	气候资料 RSD 光能利用率 光合有效辐射	NPP	充分利用RSD，使用方便	模型机理考虑较少，结果存在一定误差
生态系统过程模型	Biome-BGC模型 Century模型 LPJ模型	气候资料 土壤质地 植被资料	NPP GPP NEP	充分考虑生态学机理，可进行多时间尺度模拟，计算结果接近实测	模型所需参量较多，获取不易

注：NPP即净初级生产力，GDP即总初级生产力，NEP即净生态系统生产力。

气温、降水等气候要素变化对生态系统生产力及碳源/汇关系会产生一定的影响（Chu et al.，2016；Seidl et al.，2013）。在气候要素与生态系统生产力研究方面，Piao等（2009）基于ORCHIDEE模型估算了全球生态系统NPP的变化趋势，发现自1970年以来全球NPP显著增加了14%。但不同地区的主导驱动因子明显不同，热带和温带生态系统的年际变化主要受降水影响，而北方生态系统则主要受温度的影响（Chu et al.，2016）。姜超等（2011）基于AVIM模型发现，虽然全球GPP、NPP呈现增加趋势，但净生态系统生产力（net ecosystem productivity，NEP）并没有明显的变化趋势。Ji等（2008）基于AVIM模型模拟未来气候变化背景下中国陆地生态系统（TES）NPP和NEP的变化特征，结果表明B2[①]情景下两者在干旱区均呈明显的减少趋势，并在2020年左右逐步变为碳源。尽管温度上升将延长生长季的长

① IPCC《排放情景特别报告（SRES）》中的B2情景，强调区域性的经济、社会和环境的可持续发展，是比较符合中国中长期发展规划的气候情景。

度，促进北半球中高纬地区生态系统 NPP 的累积(Zhu et al.，2016；马勇刚，2014)，但现阶段全球变暖已经开始通过增强土壤有机碳的分解，而加速 TES 碳损失，使得 TES 碳汇功能逐渐减弱(Peng et al.，2015)。此外，ECE 的发生发展对生态系统生产力的影响也不容忽视。以亚马孙流域 2010 年严重干旱为例，Potter 等(2011)基于 CASA 模型证实干旱使森林地区光合速率减小了约 10%，NPP 净值平均下降了 7%。中亚地区干燥少雨，蒸发强烈，生态系统脆弱，对气候要素的变化较为敏感。Zhang 等(2015)基于 LPJ 模型估算了中亚地区生态系统 NPP 的变化特征，结果表明其模拟值介于 469.59～1130.26 TgC/a，哈萨克斯坦中部及荒漠绿洲过渡带为低值区。相关性分析显示，降水是影响该地区 NPP 变化的关键气候因子，而温度的影响相对较弱。也有学者认为"干旱、半干旱地区降水的时空分配(如有效降水、降水频次、降水强度等)也会对生产力产生一定的影响"(Liu et al.，2016)。上述研究对于探索中亚生态系统生产力变化及其机制具有重要的启示。

气候变化存在的一系列不确定性，加之碳循环过程的复杂性以及模型模拟的不确定性，导致有关气候要素对生态系统碳循环的影响也存在着不确定性(Enting et al.，2012)。土壤呼吸是生态系统碳循环的关键过程之一，此过程对气温升高、降水不均匀分配的敏感程度在一定程度上影响气候要素与碳循环之间的反馈关系(Chapin et al.，2009)。前期研究表明，TES 已知的碳源/汇之间难以达到平衡，存在着复杂的碳失汇问题。Li 等(2015b)以古尔班通古特沙漠南缘为典型研究区，通过样带尺度的碳通量实验，观测到干旱区盐碱土对 CO_2 有表观吸收现象，且以夜间尤为明显，是 TES 重要的活动碳库。Li 等(2015a)基于 AEM 模型评估了中亚碳库的时空变化，结果表明该地区 90%的碳库储存在土壤中，特别是深约 1 m 的浅层土壤中，这一比例远高于其他干旱、半干旱地区。但不可否认的是，中亚碳库正遭受到气候变化的负面影响。在 1998—2008 年的干旱期间，生态系统碳储量大约损失了 0.46 PgC。极端强降水事件可能会强烈地激发土壤呼吸(Thomey et al.，2011)，进而影响生态系统碳循环过程(Zhao et al.，2013)。在中亚生态系统中，特殊的土壤、植被与气候要素，使得生态系统碳循环过程表现出独特性，而这恰好使中亚成为研究该问题的"天然实验室"。

气候变化对生态系统的物质循环具有一定的影响，而碳循环及其相关问题是目前生态安全机制研究的热点。大量研究认为 CO_2 是气候变暖的主要原因，大气 CO_2 浓度升高主要是由于人类大量使用化石燃料，将陆地及海洋碳库中大量碳转移到大气中而造成的。研究还表明，森林生态系统固碳释氧是缓解气候变化与减少碳排放的重要途径。气候变化导致生态系统的组成和结构变化，直接影响生态系统的功能。由于气候变化存在一系列不确定性，碳循环过程及其模型模拟的复杂性，相关气候要素对生态系统碳循环的影响存在一系列的复杂性。土壤呼吸是陆地生态系统碳循环的重要环节之一，我们可将它对温度升高的适应视为碳循环对全球变暖的负反馈效应。它能在一定程度上缓和陆地生态系统对全球气候系统之间的耦合作用，并且导致土壤呼吸对全球温度升高响应的时空差异(俞元春，2020)。张文菊等(2007)以植物生理生态特性和有机碳循环的动力学原理为基础，利用室内模拟培养试验结果，率定温度、积水强度、冻融交替对湿地有机碳分解矿化的影响参数，建立典型湿地生态系统碳循环模拟模型。在生态系统中，特殊的生物与环境要素，使得生态系统的碳储量、碳收支及碳循环等问题表现出独特性，也成为研究气候变化与生态系统过程及其安全特征的重要途径。

在气候要素对生态系统生产力研究方面，许多专家开展了具有创新性的研究工作。基于近 60 年气候变化规律及其对常绿阔叶林 NPP 的影响，研究结果表明，年降雨量、月参考蒸散量年均值和年平均气温是影响NPP变化的主要因子(彭舜磊 等,2011)。模型模拟方法在研究气候变化过程及效应方面具有重要作用,基于生态过程的CASA模型,利用遥感数据和同期的温度、降水、太阳辐射资料以及植被和土壤信息,对长江流域的植被NPP及其时空分布格局进行分析(柯金虎 等,2003)。通过构建各树种地理分布的生态气候信息库,应用GIS软件及森林生产力与气候环境变量的相关模型,采用全球大气环流平衡模式构想法,研究气候变化对中国主要造林树种和森林生产力的影响规律(徐德应 等,1997)。上述研究对于探索中亚生态系统的生产力变化及其稳定性具有重要启示及借鉴价值。

1.3　气候变化及景观格局与生态安全

1.3.1　气候变化对生态安全的一般影响

生态安全是国家安全的基石,随着地球资源环境问题的日益严峻,人们愈加关注生态安全问题。生态安全的本质主要体现在生态风险与生态脆弱性等方面。健康的生态系统是稳定的和可持续的开放系统,并能够维持自身的组织结构,以及保持对胁迫的忍耐性与恢复力。生态安全从空间尺度大小角度可分成全球生态系统安全、区域生态系统安全和微观生态系统安全等若干层次。生态安全具有整体性、不可逆性、长期性的特点,而生态安全的复杂性及学科交叉性,使其内涵更加丰富多样。一般而言,运用多学科交叉与融合的原理与方法,结合多元数据,建立不同生态系统安全评价的指标体系,设定生态指标安全阈值,构建生态安全指数,制定生态安全评价标准,分析界定特定生态系统安全特征,并提出保障生态安全的模式与策略,是生态安全监测、评价及预警的关键与核心。目前,从景观尺度上构建景观生态安全指标体系,或者从生态系统尺度上构建多要素生态安全指标体系,借鉴“互联网+”、生态物联网理念与生态大数据信息获取手段,模拟以生物地球化学循环为核心的生态过程及其变化规律,预测生态系统的未来变化,分析生态安全的状态水平,这些都是生态安全理论与方法研究的重要趋势。气候变化可能是自然的内部进程或外部强迫,以及人为地持续对大气组成成分和土地利用的改变所导致的结果,表现在生态安全特征方面。全面地研究气候变化背景下生态系统的相关特征,对于认识气候变化的规律、揭示生态安全机制,具有十分重要的作用。

气候变化影响人居环境及人类健康。气候变化所影响并涉及的方面主要包括,气候变化后的资源生产、商品及服务市场的需求变化对支持居住的经济条件的影响;气候变化对能源输送系统、基础设施及旅游业等特定产业的直接影响及对人居环境的间接影响,可以从空间监测的角度认识生态系统的气候效应(Milesi,2020);极端天气条件增加、对人体健康的影响及带来的居住人口的迁移。气候变化及人为活动造成的城市热岛(UHI)效应,对于城市环境质量、人体健康等造成诸多负面影响;UHI效应对人们生活能源消耗也具有重要影响(Elliot et al.,2020)。应用GIS技术,集成疫情和其他环境数据库,有助于建立气候变化对人类健康影响评价体系;同时,大力开展气候风险评估和气候区域研究,建立相应的极端天气灾害及灾害应急机制,均在科学认识及评价气候变化对生态安全的影响中发挥着不可替代的作用。

气候变化影响社会经济发展。气候变化对能源生产和消费的各个环节都会产生影响,直接制约着社会经济发展;而能源政策对应对气候变化具有重要影响(Elliot et al.,2020)。例如,低温、高温天气对采暖和空调能源需求的影响,降水变化对水力发电的影响,干旱与洪涝频率及强度改变对灌溉和排灌的能源需求的影响，以及极端天气事件造成的能源供应中断的影响等。另外，节能策略、温室气体减排方式以及目前关注的碳达峰与碳中和技术，对能源供应结构具有复杂的影响，同时还具有一定的滞后性。交通运输与自然环境有着密切的关系，极易受到气候因子特别是极端天气的影响。

气候变化影响生态系统服务功能。在生态系统的生命支持系统中，净化空气、调节气候、减低噪声污染、降雨与径流的调节、废水处理和文化娱乐价值等生态系统服务（ESV）至关重要。气候变化影响生态系统的地表过程，直接影响 NPP 与生态系统服务价值（ESSV）（Mngumi，2020；Dobbs et al.，2018）。

生态系统是由自然系统、经济系统和社会系统所组成的复合系统，它需要从其他系统中输入大量的物质和能量，同时又将大量废物排放到其他系统中去，这就必然会对其他系统的安全状况造成干扰。由于气候变化与生态系统要素相互作用的长期性与复杂性，生态安全时空变化研究仍是目前生态学及地理学等学科研究的重要方向。目前，无论是气候变化问题，还是气候变化对生态系统结构、功能、稳定性、ESV 等影响研究，都离不开信息技术手段的应用。气候变化背景下的生态安全问题，作为当代人们关注的重要热点，将是一个长期的研究课题。在生态安全研究方法方面，定量化与综合性趋势集中体现在生态安全问题精确化与模拟化研究的不断深入。基于地理信息系统（GIS）技术的城市森林与热岛效应，减少 UHI 和温室气体排放以及城市形态与热岛强度沿城市发展梯度的关系（Chen et al.，2020），是城市化背景下生态安全研究的重要议题。于贵瑞等（2004）研究了中国陆地生态系统空间化信息，基于 GIS 技术、数据库技术、数字模拟技术，构建了国家尺度各种气候要素的数值图像，为多学科研究提供了重要的基础数据和研发平台。

人们对气候变化模式研究的不断深入，特别是 IPCC AR6（WGⅠ）应用共享的社会经济路径（Shared Socioeconomic Pathways，SSPs）等模式对气候变化严峻性的预测，也为人们对未来不同情景下生态安全的演变规律研究敲响了警钟。景观格局、资源利用、能源消费、人居状况、产业布局，特别是人们的生活方式、日常行为所涉及的生态系统变化的驱动要素及作用方式，由此而伴随的物质循环、能量流动和信息传输方式，与周围环境系统紧密地联系在一起，这种复杂过程正是生态安全及其机制不确定性的重要诱因。如何科学反映气候变化背景下生态安全特征及提升生态环境质量，实现生态协调与环境优美的综合目标，成为探索生态安全机制的重要途径。

1.3.2 景观格局与生态安全的变化规律

景观格局指景观的组分构成及其空间分布、组合的特征，与生态系统的安全特征亦具有直接关系。对景观格局进行研究，有助于了解生态系统的稳定性以及预测未来发展趋势，为生态安全综合监测、评估及预警管理提供科学依据。

国内外对景观格局的研究主要表现在应用遥感信息技术、地理信息技术、物联网技术进行景观格局分类，利用景观指数分析景观要素的变化，运用模型模拟景观格局的动态变化以及人类对景观的影响等方面，而对于景观格局与生态安全关系研究还有待深化。目前，利用遥感信息，在 GIS 支持下，对生态系统进行景观分类，定量估算形状指数、斑块密度、聚集度、多样性指数等景观格局指数，获得对景观要素及类型的定量参量，并基于景观指数的生态学内涵，分析其时空特征及其变化规律，成为认识生态安全的重要出发点。土地利用与覆盖变化

(LUCC)影响生态过程及其碳平衡(Wang et al.,2021),基于生态过程的植被生长及ESSV模拟,把景观格局及生态过程有机地联系了起来(孙然好 等,2021)。利用形状指数以及分形维数和稳定性指数,对景观要素的稳定性分析可知,地形因子与人类活动是景观稳定性的主要影响因素,人类活动对生态安全具有至关重要的作用。随着景观地理学、地理信息学、生态规划学等学科的发展,人们已经不满足于利用景观指数来单纯地刻画景观格局的数量变化,希望可以将景观指数融合到生态过程,以进一步探索景观尺度上生态安全特征及机制。特别是通过同一生态系统内要素的动态变化、不同生态系统之间的物质流动以及生物之间的相互作用等方面研究,拓展不同尺度背景下格局与过程的耦合关系,进而分析景观格局对生态安全的影响过程及机制。

目前所提及的山水林田湖草沙生命系统,是地球系统的重要组成部分,也是人类社会发展的重要依托。维护并使得系统的脆弱性不断得到改善,是现阶段应对气候变化、优化景观格局、维护生态安全的历史性选择。

1.3.3　区域气候变化与RECC内在关系

RECC是一个综合性的概念,它主要是指在特定时空条件下,区域资源、环境要素对经济社会的承受能力,由承载体、承载对象及承载率三个要素组成,强调人口、资源、环境之间的协调发展。Meadows等(2004)基于数学模型探讨了气候变化背景下全球资源消耗与再生能力的关系,引发了人们关于全球“超载”问题(资源使用超过地球承载能力)的热议(Haberl et al.,2007)。有研究表明,到2050年需要近2.6个地球才能支撑现有的资源占用和固废排放量(Moore et al.,2012)。Cheng等(2016)认为,RECC能有效衡量一个地区资源禀赋与环境状况,它不仅是区域可持续发展的核心,而且应面向主体功能区建设,并将其细化为水土资源、环境容量、生态状况等方面。中国改革开放40多年来,取得了一系列令人瞩目的成就,但“高投入、高消耗、高排放”的发展模式,也给生态环境带来诸多困扰,如资源枯竭、大气雾霾、水土流失、环境劣变等。新型城镇化与乡村振兴战略实施背景下,通过创新理念与方法,促进资源与环境保护,以达到增强经济、社会可持续发展能力的目的,也是现阶段绿色低碳发展的客观要求。

目前,许多学者在RECC问题方面开展了富有成效的研究工作。樊杰等(2015)系统阐述了RECC的科学内涵,并依据自然基础与人类活动之间形成的“压力-状态-响应”(PSR)过程,建立资源环境承载预警模式。从研究对象上看,既有对单一资源环境要素的评价,如针对干旱区水土资源不合理利用所开展的土地RCC分析、水资源与水环境承载力分析(Li et al.,2015c;Yang et al.,2015);又有对资源环境要素的综合评价,如Ye等(2016)综合生态承载力、资源开发及污染排放条件,定量分析中国西北温带大陆性生态气候区RECC。从研究方法角度而言,既有建立指标体系的评估方式(Cheng et al.,2016;Ye et al.,2016),如叶文等(2015)建立了包含19个指标的评价体系,定量评估了秦巴山地的RECC,并认为年平均气温是影响承载力的重要因子;同时,也有复杂数学模型的模拟应用,如Zuo等(2015)基于模拟-优化控制的反演方法(PSO-COIM模型),探讨未来不同气候情景下塔里木河流域水资源动态承载力,结果表明未来升温将使得流域水资源承载力(WRCC)处于临界状态。此外,也有学者认为资源环境本身是一个复杂开放的系统,具有耗散结构与自适应能力。Sun等(2016)采用系统动力学的方法(SD模型),模拟不同情景下中国水资源及水环境承载力的变化特征。近年来,有关"足迹"的理念逐步融入生态科学与资源科学的研究领域,它是量化人类活动对地球环境需求与影响的重要途径。其中,生态足迹(EFP)是最早被大家所熟知的,它反映人类活动对生物圈的占用程度,常与生态承载力成对出现。Cesaretti 等(2014)构建了全球 EFP 和气候变化(GEF-CH)的综合模型,用于描述生态系统生产力状况,并评价气候变化和人口增加对地球承载能力的影响。Klein-Banai 等(2011)运用敏感性分析方法探讨了气候变化对区域 EFP 的影响。现阶段根据资源环境要素的不同方面,在原有 EFP 的基础上,又提出足迹家族的概念,并进一步分解为碳足迹(CFP)、水足迹(WFP)、能源足迹等,且各足迹之间概念明确(Fang et al.,2014)。它们从不同角度衡量与自然资源利用和废物排放等相关的环境效应。目前足迹的估算方法主要包括生命周期法与投入/产出(I/O)分析法,前者作为一种自下而上的分析方法,关注研究对象的全过程阶段,综合判断其对生态环境的影响,并已在 CFP 估算中应用较为广泛,但是由于其需要较多的基础数据,且数据获取难度较高,因而在大尺度估算中存在一定的难度;后者作为一种自上而下的分析方法,基于 I/O 关系及一系列数学方法,描述资源利用与污染排放的环境效应,已广泛应用于 CFP、WFP 估算,并且在大尺度估算方面取得了较好的效果。也有学者认为,自下而上与自上而下的分析方法在实际估算过程中的界线并不是很明确,两者之间存在一定的交集。UN 千年生态系统评估(MA)报告也指出,由于尺度的差异,目前仍然缺少一个普适的方法,能满足从产品原材料上升到区域、全球不同跨度的定量估算方法。

中亚五国拥有丰富的能源资源(石油和天然气),且大部分集中在里海地区。但同时,水资源短缺问题也日趋严重,自苏联解体以来,中亚五国之间经常为水资源分配问题而发生冲突,因而能源与水资源问题是中亚地缘政治的核心问题。吉力力等(2008)发现近 14 a 来中亚 EFP 呈增加趋势,其中乌兹别克斯坦的 EFP 最高。但受资料完备性及估算方法不确定性等限制,中亚 RECC 的研究总体上相对薄弱,仍有一系列问题亟待解决。围绕 B&R 的建设,从科学应对气候变化的角度出发,以中亚能源与水资源问题为主线,开展地区资源环境承载能力及其适应策略的研究具有全球意义,同时,这也对于保障中国和中亚地区的生态安全、能源安全与经贸通道安全等意义重大。

1.4　中亚资源环境及其生态效应

1.4.1　中亚资源环境效应研究一般思路

ACA 是气候变化的敏感区,生态系统较为脆弱。高强度油气资源的开发,工业化、城镇化进程的加快,导致河流断流、湖泊萎缩、荒漠化加剧等一系列生态问题日趋严重。在 B&R 倡议实施的背景下,中亚地理区位优势及油气资源潜力具有重要的战略意义,能源与水资源问题也是中亚地缘政治的重要问题。有鉴于此,从中亚生态系统应对气候变化的角度考虑,以 C-W 要素为主线,获取多源气象、遥感、土壤、植被等数据,基于地理信息科学、生态信息科学、环境信息科学的原理与方法,资源科学的理念与技术,景观生态及生态模型等多种方法,开展了 ACA 生态系统 C-W 循环过程及 RECC,并进一步拓展、深化了人们对中亚资源环境问题的认识。

研究 MODS 格局下中亚生态系统 C-W 循环过程及其对气候变化的响应规律。围绕中亚地区生态系统C-W循环的关键过程,基于生态系统过程模型Biome-BGC模拟并预估了不同时段ACA生态系统典型C-W参量的变化特征,揭示了MODS格局下中亚不同地表类型、不同气候情景下的生态系统C-W效应,并进一步认识到中亚地区生态系统碳源/汇关系具有区域性差异。在借鉴生态经济学的基础上,引入能值理念与方法,实现资源环境综合效应的比较与评价,首次定量评估中亚地区资源环境承载能力。本研究基于多源遥感影像、气象资料以及统计资料等数据,从土地、气候、植被以及C-W要素等角度,分析中亚景观格局与生态系统服务价值特征、气候要素与植被要素的变化、C-W要素的演变规律、C-W足迹的变化特征与资源环境承载能力,揭示气候变化对ACA资源环境的影响效应,并提出适应气候变化的中亚资源环境承载模式。但现阶段受限于数据与方法等原因,未来仍需要在相关方面进行更为深入的研究和分析。本研究尝试通过获取多源气象、遥感、土壤以及植被等数据驱动Biome-BGC模型,初步揭示MODS格局下中亚生态系统C-W循环过程的演变规律及其对气候变化的响应机制。未来拟通过多生态过程模型(如BEPS模型、IBIS模型等)、多气候(社会)情景比较等方法,分析生态系统碳-氮-水-能量循环过程的变化规律,揭示多种生态过程对气候变化的响应,提升对于生物地球化学循环过程的科学认识。本研究基于多源统计数据以及C-W足迹模型,分析了ACA C-W足迹的时空变化特征,并引入能值分析方法,定量评估中亚地区RECC与生态赤字水平。但现阶段部分能源与环境数据获取具有一定难度,目前更多地考虑国家尺度上的C-W足迹变化状况,待未来获取更为详细的数据资料,开展更小行政单元尺度上的量化评价工作,以更具有针对性与应用价值。此外,资源环境本身是一个综合性的概念,单要素之间由于其各自所表征的对象及其量纲往往不统一,基于能值分析方法将资源环境系统内各单要素有机地联系起来。但本研究在各要素原始数据转换能值数据(能值转化率)时,借鉴了以往的研究成果,使用了部分缺省值,这在一定程度上可能造成核算结果的不确定性。因此,未来有必要建立适合中亚地区不同要素的能值转化率,开展更为准确的量化研究。

1.4.2 不同生态系统对全球变化的响应

1.4.2.1 科学价值与现实意义

全球变化是20世纪80年代初开始酝酿的一个科学领域,目前已受到世界各国的广泛关注。ACA具有独特的地貌、气候特征与MODS,蕴含了一系列特征各异的生态系统类型。中亚区域环境及生态系统对全球变化的响应方式、响应途径、作用过程、动力机制及未来变化趋势,是全球变化研究的重要组成部分。通过对中亚地区不同生态系统演变过程的研究,可以为应对气候变化、维护区域生态安全提供科学依据。

自20世纪80年代开始,全球变化科学逐步形成,并陆续产生和发展了IGBP[①]、IHDP[②]、WCRP[③]、DIVERSITAS[④]4个科学研究计划。全球变化科学以地球系统为研究对象,将地球各圈层视为一个整体,探讨由一系列相互作用过程联系起来的复杂非线性多重耦合系统——地球系统的运行机制。这种地球系统的整体观以及对人类活动影响地球环境的特别关注,使

① IGBP即国际地圈生物圈计划。
② IHDP即国际全球环境变化人文因素计划。
③ WCRP即世界气候研究计划。
④ DIVERSITAS即国际生物多样性计划。

全球变化科学作为一门全新的集成科学出现在当代国际科学的前沿。目前，以现有的对地球系统以及地球系统在有无人类影响的过程认识为基础，开展一项新的工作来研究包括人类行为在内的地球系统的运行，以促进对现在和将来全球变化的预测和认识，为未来人类社会可持续地管理全球资源环境奠定科学基础。人们要求建立全球服务与政策的公共框架，以及全新的全球资源环境科学体系，以加强对地球系统的管理和认识。同时，从全球碳循环、水循环和食物及人类与环境的相互作用，突出区域战略部署，探索全球可持续能力。全球尺度在内的多尺度的可持续发展正成为全世界共同的社会发展目标，全球生态学、地球系统科学等学科则提供了建立全球可持续性的重要科学依据。中国全球变化研究范围已涉及古环境、TES、生物圈在水循环中的作用、全球大气化学、全球海洋通量、全球能量与水循环试验、全球气候变异与预测以及海洋生态系统动力学等方面，做出了一批具有国际影响的研究成果。在大气水循环、流域水循环、水循环的生物过程、社会经济与水循环、农业与水承载力等与农业有关的诸多水问题方面取得了重大进展，特别是西部流域水循环中的水与生态问题方面有了突破性进展，为B&R 乃至全球资源环境协调发展提供了范例。

理论指导实践，实践又进一步丰富理论研究并促进其发展。无论是资源环境领域，还是生态、地理领域，理论体系十分庞大，难以概括该体系的丰富内涵与发展态势，但结合中亚资源环境等方面研究，目前仍有诸多热点值得关注。格局和过程研究是地理学和生态学研究的核心内容。国际范围内进展趋势明显，全球变化对植被分布的影响，植被-气候关系，生态过渡带的植被动态、植被变化与生态协调服务；同时，在全球变化对生物多样性影响方面，关于生物多样性的宏观机制，物种地理分布及其变化模型预测备受关注；在全球变化对碳循环的影响方面，植被生产力对全球变化的响应、全球及区域碳收支、生态系统碳汇功能动态变化、生态系统碳循环对全球变化响应过程及其机制等研究十分广泛。另外，特定生态系统管理情景分析、人地耦合协调综合风险评估及其适应等研究，对于促进区域可持续发展具有重要意义(冷疏影，2016)。

气候变化及人类活动极大地干扰了自然生态系统的演替过程，也对人工生态系统的稳定性产生了显著影响，直接或间接地影响着区域生态安全的状况。目前，不同类型的生态系统所面临的一系列重大问题，很大程度上与气候变暖、不合理的景观布局、各要素之间的不协调，以及生态安全受损密切相关。生态系统是生物与环境要素组成的复杂系统，绿色景观空间及碳循环在减缓气候变化中具有重要作用(Sharifi et al.，2020；Sun et al.，2019)，评估植被变化是探索气候变化对生态安全影响的重要切入点(Zaid et al.，2018)。人们在对自然生态系统在景观格局与气候变化背景下的变化机制方面已开展了一系列研究，但人为因素的存在无疑给科学认识及评价生态安全受景观格局与气候变化影响的机制增加了诸多难度。针对快速城市化背景下，景观格局与气候变化所产生的资源配置、环境保护、生态人居、低碳发展等重大问题，应用多学科的原理与方法，借助于信息化技术，综合考虑多种产业、多种过程之间的内在联系，改善生态系统功能，保障生态安全就显得十分紧迫。目前，探索 ACA 气候变化与景观格局背景下生态系统中物质循环、能量流动及信息传递的特征，估算森林、草地、农田、湿地、城镇生态子系统的生产力、碳储量或者 ESSV，既是地理科学、生态科学、环境科学、城市科学、管理科学与信息技术关注的重要方向，又是应对气候变化与碳减排进程中的关键问题，对该问题的探索可为推动生态安全问题的深入研究以及低碳绿色高质量发展，提供思路与模式。

未来发展面临严峻的形势，其中包括一系列资源短缺问题与全球性的生态环境问题。中亚地区的战略地位，包括中亚地区在世界走向多极化的进程中所发挥的“平衡点”作用，以及它所蕴藏的丰富的石油天然气战略资源。新环境下对地缘政治与地缘经济地位的重新认识，包括中国新疆是中亚地区经济较发达的区域、新时期新疆发展目标的重新定位，开展资源开发、科技、生态环境防治方面的合作等重大问题，提出在资源、环境、生态、经济、社会等领域的前瞻性、战略性规划，为重大国际科学领域前沿问题以及国家未来发展提供科技、政策、管理、决策支撑。

中亚与中国西部干旱区具有许多相似的资源与生态环境，在21世纪具有重要的战略价值。在ACA范围内，把握生态变化、环境演变、水文格局、绿洲特征、经济发展等问题，需要从地理背景、LUCC和生态系统多样性及其变化的角度，获取时空数据分析生态环境的现代变化状况与过程，了解该区域生态环境的区域差异，重点监测DES的动态过程，探索中亚地区生态系统变化对全球变化的响应；同时，分析在人类活动和自然因素的作用下，DES的演变趋势，具有十分紧迫的战略意义与重大的科学意义。

1.4.2.2 总体目标及研究重点

如前文所述，中亚区域位于欧亚大陆腹地，区内气候干燥，地貌形态以沙漠和草原为主，是世界上典型的生态环境脆弱地区。该地区水资源短缺、植被退化严重、生态环境脆弱，严重制约了中亚各国经济社会的发展，并引起了国际社会的广泛关注。在水资源利用领域，由于中亚地区气候干燥、水资源贫乏、农业生产方式落后，导致大量水资源浪费、流域水量降低、土地盐渍化严重，严重威胁着中亚地区水资源安全。在植被方面，中亚地区的植被类型主要以低矮森林和草原为主，由于气候干燥以及长期的农业开发、水利建设等，该区域的植被面积不断缩小、植被类型退化，这对区域的生态环境系统构成巨大的威胁，例如，春季沙尘暴频繁。在土地开发领域，相对落后的灌溉方式以及水资源的大量短缺导致土壤盐碱化严重。同时，较为发达的农业生产用水以及大量的工业、生活污水排入河流、地下，加重了土壤盐渍化和土壤污染，绿洲生态系统、DES及山地生态系统等面临着巨大生态风险。由于水资源的脆弱性，特别是水资源的不合理利用，天然植被面积呈现出萎缩，植被类型出现退化，生物多样性也有所丧失。土壤的盐碱化和污染，荒漠化的扩张等导致中亚地区生态风险加剧，应用遥感技术(RST)等研究跨中亚生态环境问题具有战略性、基础性及创新性，尤其在环境外交中更显重要、迫切。

ACA具有不同类型的生态系统，无论是山地生态系统、绿洲生态系统，还是荒漠生态系统，都具有特定的时空特征。中亚荒漠草原生态系统是最为重要的第一级生产力的天然合成工厂与保护、调节环境的绿色屏障之一。生态系统的结构、功能与过程的研究成为现代生态学的重要研究领域。中亚荒漠草原生态系统的退化与重建机理及其多层次(区域、景观、生态系统)的优化生态模式研究，中亚荒漠草原生态系统退化的原因、机制与过程及其治理的优化生态模式研究，中亚荒漠草原生态系统的结构、功能与机理研究，均是目前相关学科领域关注的重要问题。围绕生态系统对全球变化的响应问题，通过对中亚生态系统的结构、功能与过程，以及对其退化演变机理的研究，探索恢复或重建TES的科学原理，以建立退化生态系统恢复重建的合理途径与优化模式，提高干旱区TES研究水平。从科学规律与客观实践的角度而言，开展如下研究具有重要的理论价值与现实意义。其一，全球变化及其中亚的区域响应。以中亚大陆若干全球变化的敏感区域为对象，以生态系统碳氮循环、水循环为核心，研究中亚西风环流-陆-气相互作用及人类活动对区域环境变化影响的机理，探讨该区域环境对全球变化的响应方式、响应途径、作用过程、动力机制及未来变化趋势，从而为中国在水安全、食物安全及国际公约中的国家立场等方面提供科学依据。其二,ACA 生态系统碳收支研究。通过对 ACA 生态系统碳通量与碳储量研究,ACA 生态系统碳循环的主要生物地球化学过程研究,ACA 生态系统碳循环历史过程研究,ACA 生态系统碳循环模型研究,揭示生态系统的碳通量变化规律。其三,水-生态-农业-社会经济区域耦合系统的模式集成。重点进行自然变化背景下,中亚气候系统-流域系统-生态系统-社会经济系统之间,以及水-生态-农业-社会经济之间关系研究,水-生态-农业-社会经济耦合的模式研究以及气候对区域尺度上自然资源影响的应用评估等。其四,生态系统的支撑能力研究。通过对中亚区域与全球 LUCC 的集成模型研究,分析预测荒漠草原区 LUCC 的规律,并通过不同生态系统对气候变化响应的数值模拟,分析全球生态系统以及在中亚地区的 LUCC 及其影响等。其五,中亚区域性全球环境变化实时预警响应网络系统的建立。在中亚脆弱、多元的自然生态环境格局下,分析全球变化的突变性、不确定性和 ECE 的可能性,建立全球环境变化实时预警与响应的区域性网络系统,为中亚国家生态安全和社会经济可持续发展提供必要的科技支撑。

从战略目标而言,中国开展全球变化研究的目的是为中国及人类的可持续发展作出贡献,为中国环境外交提供科学依据;而探索中亚不同类型生态系统的结构组成、功能特征、演变规律,是认识全球变化对其影响的重要内容;同时,分析中亚区域性资源环境变化对中国资源环境、社会经济与人民健康的影响,从国家角度提出对全球资源环境变化问题的评价意见;另一方面,为解决国家所面临的资源环境问题提供可靠的科学依据。从研究目标而言,主要通过一系列综合研究,揭示 ACA 生态系统对全球变化的响应机制,监测 ACA 生态系统的结构变化与功能特征,分析 ACA 生态系统的景观时空变化,积累全球变化背景下,ACA 生态系统的基础数据。从研究思路与方法的角度而言,围绕着全球变化在 ACA 生态系统研究的总体目标,以生态监测为基础,应用生态学生态要素监测的原理与方法,系统监测 DES 的水文、气候、土壤、植被等要素的变化,分析其特征与规律。同时,应用地理信息科学的理论与方法,基于 EOS/MODIS、LANDSAT/TM、CBERS/CCD 等遥感信息(RSI)源,在相关的遥感图像处理平台上宏观分析区域生态景观的变化,并应用全球变化的相关 RCP、SSP 模式,结合 ACA 的资源、环境、生态与社会状况,模拟 DES 的结构变化,分析其功能。应用资源价值观的原理与方法,分析并提出维护中亚荒漠环境的方法与途径。

1.4.3 跨国界生态环境 RSM 与风险防控

B&R 相关问题属于跨国界问题,中亚资源环境问题也属于跨国界问题。关注跨国界生态环境问题具有重要的现实意义。基于中亚跨界区域自然地理背景以及生态环境状况,应用多平台、多波段、多光谱 RST,重点研究跨区域性土地退化、植被退化等生态问题,并建立适用于跨界生态环境遥感监测(RSM)技术和分析方法体系;利用环境卫星等监测跨界生态环境问题的现状,结合多元数据集成分析,探索中亚典型跨国界生态环境问题的历史演变和成因,剖析典型区域生态环境问题的自然和人为驱动力;同时,应用环境信息技术与方法,建立可能产生重大跨国界环境影响项目和风险源清单,监控其环境影响并预测潜在风险;研究跨国界流域中长期生态环境安全评价与预警定量分析方法;提出中亚跨国界生态环境风险防控与国际环保合作策略,最终为国家环境外交提供科技支撑与政策支持。

1.4.3.1 *必要性及其需求分析*

中亚地区战略资源丰富,位于欧亚大陆腹地,扼守欧亚陆路交通要冲,研究该区域资源环境问题，并提出行之有效的对策机制，对中亚地区和中国具有重大的经济和社会效益。相关研究将促进跨界地区生态环境 RSM 技术和分析方法体系的建立，有利于及时把握生态环境问题的现状、成因及趋势，有利于准确掌握潜在的重大跨界环境影响项目和风险源清单，并为中亚跨界生态环境风险防控与国际生态环境领域合作对策的建立提供科学依据。同时，相关研究对维护本地区社会安定，增强区域间友好合作往来，加强 SCO 成员国之间友好关系，保障区域能源安全，构筑安全地缘政治战略与推进人类命运共同体理念实施等具有必要性与现实意义。

目前，中国已具有较为成熟的 RST 支撑力量，包括拥有较为成熟的国家对地观测系统，特别是北斗系统；也具有高效运行的国家级资源环境 RSI 服务系统、较强能力的重大自然灾害 RSM 评估系统、成熟的农作物遥感估产系统、高效的全国土地资源 RSM 业务运行系统、初具规模的国民经济辅助决策系统；拥有稳定运行的卫星气象应用系统、海洋遥感立体监测系统、高分卫星系统。在应用方面，3S(RS，GIS，GPS(全球定位系统))技术已应用在国家的经济建设中，尤其在重大自然灾害监测与评估和资源调查、环境保护工作等方面，同时，各级政府部门还提供了高效科学的宏观辅助决策信息，带来了巨大的社会效益。在技术应用中，不断由国家行为向产业、行业的转化的过程，推动了资源、生态、环境、国土、农林、气象等部门对这些新技术的认同和应用。针对中亚跨国界生态环境 RSM 技术和风险防控对策研究，通过运用 RSM 分析技术，对中亚跨国界地区生态环境进行监测分析，了解并掌握该地区生态环境问题以及问题的现状、演变和成因，对边界地区生态环境问题进行研究分析，建立区域生态环境预警机制和实时动态信息反馈机制，以达到生态环境问题的风险防控。进一步通过生态环境领域的合作，促进地区生态环境的保护与治理工作的开展，加强 SCO 成员之间的环保交流合作，助力中国及中亚各国在环境、生态、资源等领域相关战略外交的实施。

通过研究力图实现如下目标：研究建立资源环境问题的 RSM 技术分析方法，掌握中亚主要跨国界生态环境问题的现状、演变和成因，制定中亚跨国界区域生态环境 RSM 工作方案，形成跨国界流域生态安全评价与实时动态预警定量分析方法，提出中亚跨界生态环境风险防控与国际环保合作对策。重点研究并建立适用于跨界生态环境 RSM 技术和分析方法体系；分析区域生态问题的历史演变和成因，剖析自然和人为因素各自作用；研究并形成跨界区域中长期生态安全评价与预警定量分析方法。根据以上分析，提出较为全面的中亚跨国界生态环境风险防控与国际环保合作对策。技术关键在于跨国界生态环境 RSM 技术和分析方法体系的建立以及跨国界区域中长期生态环境安全评价与预警定量分析方法的建立。

通过研究力图在理论、方法以及资源环境演变规律等方面有新突破，产生新认识。如何将 RST 应用于跨国界大流域范围内的生态环境监测与防控，涉及对大范围跨国界生态环境问题的监控，包括沙尘暴、土地盐渍化、植被退化、水资源浪费、生态受损、环境污染等。如何系统掌握中亚跨国界生态环境现状并预测各环境因子的生态安全风险，包括利用环境遥感卫星以及定位系统对跨国界生态环境问题的现状、成因以及历史演变进行安全评价及预警定量分析，提出高效的生态环境风险防控对策。

1.4.3.2　国内外技术研发现状

(1)环境 RSM 分析技术发展趋势

目前，国内外 RST 不断取得快速发展，包括高性能传感器的不断研制、雷达 RST、热红外 RST、陆地表面温度与发射率分离技术不断提高等。同时，随着多平台、多时相、高光谱以及高空间分辨率等相关技术融合与应用，高度耦合性越来越成为 RST 的一个重要标志。环境 RSM 分析技术处理方法和模型不断科学化，神经网络、认知模型等信息模型和人工智能(AI)、GITP、影像处理系统的集成等技术将不断促进多源 RST 的应用与发展，环境 RSM 分析技术同计算机技术、空间分析技术等紧密性越发加强。基于高光谱 RSI 的定量分析与应用，空间位置和空间地物识别趋于定量化。同时，RSM 分析技术在影像识别和影像知识挖掘方面的自动处理研究也不断得以发展，随着大数据(BD)、云计算(CC)等领域的快速发展，遥感智能化趋势亦不断加强。建立高速、高精度、大容量的 RSD 处理系统、国家环境资源信息系统以及国家级环境遥感应用系统成为必然趋势，与此同时，国际 RSD 资源共享也将不断得以加强。

RST 发展迅速，已从单一 RST 发展到包括遥感、GIS、GPS 等技术在内的空间信息技术，并深入资源环境、社会发展与国家安全的各个方面。目前，生态环境 RSM 技术在生态环境治理中得到广泛应用。中国已建立了国家级资源环境宏观信息服务体系，包括 1∶25 万和 1∶10 万的土地利用数据为核心的国家资源环境空间数据库以及省部级服务系统，并得到广泛的研究运用。由灾害宏观动态监测系统、机载 SAR 数据实时传输系统以及洪涝灾害预测评估系统组成的灾害 RSM 评估业务运行系统也已较为成熟，并得到广泛的运用。同时，中国还建立了海洋环境立体监测体系，包括近海环境自动监测技术、高频地波雷达海洋环境检测技术等。中国的卫星定位技术也得到快速发展，形成了较为成熟的北斗系统，在生态环境监测中发挥其精确、高效导航定位作用。上述技术的发展对于开展本研究具有重要的借鉴价值。

(2)跨界生态环境风险防控体系研究分析

随着人类活动的不断加剧，跨界生态环境风险防控形势严峻，突发事件频发，生态环境风险问题不断涌现。这些都对区域经济健康发展、社会安定构成了一定的威胁。中亚生态环境较为脆弱，生态环境问题随着经济、社会的发展也在日益恶化。为解决中亚跨国界突出的环境风险问题，中国在相关西部地区建设项目和研究中不断突出环境风险评价、环境应急预案管理、重点行业环境风险检查与等级划分等方面的工作。目前，中亚跨国界生态环境问题尚未得到有效的控制，相关技术标准以及对策、政策研究缺乏，生态环境风险防控问题的严峻性依然存在。同时，对于中亚跨国界生态环境问题风险防控体系的研究主要集中于地域相关企业、行业的综合环境风险评价、地区的健康风险评价，其中还包括突发生态环境事件应急管理等理论与技术方面。然而，目前中亚跨国界地区的生态环境防控理论对策研究仍不够充分有效，生态环境风险防控与管理体系顶层设计还不够系统完善。

中亚跨国界生态环境风险防控对策研究，是地域环境风险管理工作的重要组成部分。地域环境风险防控体系是地域环境风险管理功能的系统集合，其具体目标针对突出的、共性的环境风险问题，对生态环境风险调控所涉及的风险识别、评估、应对、事故应急等内容，采取计划、组织、协调、监督等管理手段，力求以最小资源环境成本获取最大的生态环境的安全保障。针对中亚跨国界生态环境问题，可以充分借鉴国内外相关领域的先进经验，从宏观战略层面上进行顶层设计，参与系统化设计该地域的生态环境风险防控体系的模式。根据国内外生态环境风险防控相关经验，依据中亚跨国界本身地域要求，开展环境风险防控规划理论，参与并加强对该地域环境问题顶层设计等环节。根据中亚跨国界地区建设项目以及生态环境风险特点与控制要求，参与制定并完善该地区生态环境风险防控标准化管理制度、行业风险防控标准。随着资源环境问题以及技术途径研究的不断深入，人们对于各类风险的防范能力会进一步得以加强。

第 2 章　资源环境研究理论基础与方法

2.1　研究理念与理论基础

2.1.1　资源环境研究的一般原理

如前文所述，资源环境是一个综合性的概念，它既强调资源与环境之间的密切关系，又明确了它是自然要素的综合体，具有双重属性。ACA 集中了全球 90%的温带荒漠，是受全球变暖影响最敏感的地理区域之一，也是典型的生态脆弱区。近年来伴随经济快速发展，城镇化进程加快，由能源开发利用和水资源供需矛盾等引起的生态问题受到国际社会的广泛关注。在 B&R 建设的大背景下，探索气候变化对中亚地区资源环境的影响效应问题，不仅有利于丰富、发展干旱区生态科学及地理科学等理论体系，而且也有助于推动、维护丝绸之路沿线国家资源环境保护与可持续发展战略的实施。

目前，中国处于快速发展的历史阶段，国家倡导“努力成为世界主要科学中心和创新高地”的策略，这对于提升新发展理念，促进高质量发展具有重要的现实意义。在这种背景下，无论是探索自然规律，还是研究人为规律，我们都需要秉持创新理念、创新思想、创新理论，探索困扰区域发展的资源环境难题，促进区域低碳绿色发展。ACA 资源环境具有独特的特征，是 B&R 的重要组成，它与季风区和高寒区形成鲜明的对比，在全球干旱区类型中亦有特色。深居内陆的地理区位，干旱的大陆性气候，山盆相间的地貌格局，广泛发育的内陆流域，荒漠性的土壤植被以及特色鲜明的 MODS 系统（王让会，2005），形成了独具特色的自然地理特征与景观外貌，解读这一独特的生态环境区域单元，既是探索资源环境科学前沿的关键问题，又是加强全球合作以及生态建设和环境治理的需要。这种区域特征与时空尺度的生态环境问题，需要在传承的基础上，开拓新理念、寻找新途径。理念创新是解决相关问题的前提与基础，在“创新、协调、绿色、开放、共享”五大新发展理念指导下，围绕资源环境与生态建设中的若干重大问题，倡导生态文明理念、“Internet＋”理念、AI 理念、低碳发展理念、和谐共生理念……，运用多学科的原理与方法，探索中亚区域相关问题，促进中亚区域 B&R 的快速有序协调发展。图 2.1 反映了中亚区域资源环境及生态综合性研究的理念模式。

复杂问题需要多学科理论的指导。研究资源环境及生态问题，涉及诸多要素以及综合性现象与过程，需要诸多原理的理论指导。资源科学是自然科学、社会科学和工程技术相互交叉的边缘应用科学，它是研究自然资源与劳动力资源相互关系、资源经济系统与资源生态系统相互关系的一门综合性科学。资源科学的理论基础源于各类资源的基础学科。资源地学、资源生态学与资源经济学是资源科学的三个理论分支学科。石玉林（2006）在讨论资源分类的基础上提出资源科学的学科体系，包括基础资源学、部门资源学、区域资源学，并提出“三维”框架的设想。对于资源问题的监测与评价，需要资源科学的原理与方法的指导；对于环境问题，需要

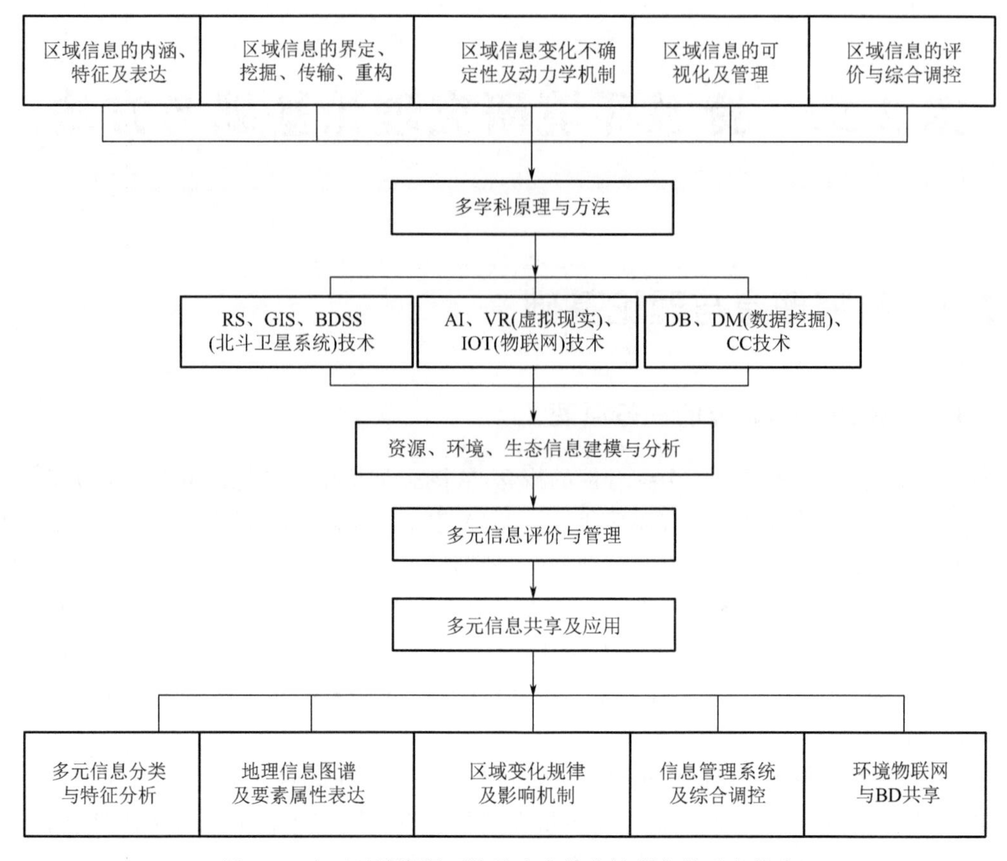

图 2.1　中亚区域资源环境及生态综合性研究的理念模式

环境科学的指导；对于一系列重大生态问题，又需要生态学的指导；对于地理、水文、土壤、生物等诸多对象及问题，需要地理学、水文学、土壤学、生物学及其相关学科或隶属学科的支撑。理论指导实践，又在实践中进一步提升与发展理论；实践赋予了理论以现实价值，理论与实践相辅相成，共同发展。在 B&R 大背景下，结合中亚资源环境、社会经济状况，全面认识自然地理背景、生态环境现状与社会经济发展态势，对于进一步提升区域资源利用效率，环境保护水平与生态建设能力，无疑具有重要现实价值。

在目前科技发展水平背景下，运用现代创新理念与技术手段，探索水资源形成转化与消耗规律，研究植被变化及其生产力特征，分析荒漠化特征及其效应，评价区域 RECC 与生态阈值，开展生态修复与环境治理……，理念创新极其重要。中亚区域辽阔，生态环境问题众多，各国发展不平衡，开展研究工作受到诸多要素的制约。而宏观地采用“天地空”一体化的信息获取手段，并在典型区域开展定点监测与评估及工程治理，是一体化综合集成理念与重点监测与评价理念的有机结合。从数据角度而言，多元数据的获取技术、融合分析技术、处理共享技术，对于支撑复杂的资源环境与生态问题的解决具有基础性意义；从问题内涵而言，生态要素耦合关系、区域地表过程、生物地球化学循环（BGC）特征、环境演化规律、资源利用程度，都是需要关注的重点；而人们对待自然的态度，如传统的资源利用观念到目前低碳绿色的发展理念，和谐共生的理念，可持续发展的理念，内含着人们对自然认识的变化，也包含着人们理念的提升。如何解决一系列综合性问题，需要相关理念与原理的支撑。如全球变化的区域响应原理、生态气象与环境问题相关原理、生态系统耦合关系原理、环境要素尺度效应原理、生态系统功能最优原理、景观结构及其功能原理、生态可持续性原理、复杂适应系统原理、生物地球化学循环原理(C、N、S、P,SPAC、SVAT[①])、全球变化区域响应原理等,只有多学科原理的融合,才能应对一系列复杂性问题,也才可能获得创新性的发现。

除了原理创新外,方法创新亦十分重要。各类要素监测、评价及预警需要诸多创新方法,模型模拟方法不可或缺。目前,气候模型、水文模型、土壤模型、植被模型研究不断拓展,C、N循环模型、C-W耦合模型、NPP模型、BGC模型研究日益深化,尤其是资源评价模型、环境风险模型、生态安全模型则更具有综合性。为解决一系列资源环境与生态问题,各类物质循环、能量流动与信息传递的模型也层出不穷,而模型方法的延展,也离不开人们对客观对象认识的深化,离不开基础理论的指导。

2.1.2　资源环境研究的主要原理

围绕B&R区域发展中的资源环境问题,针对中亚特定自然地理与生态环境状况,重点探索气候变化的特征与规律,植被分布及其动态变化,土地荒漠化驱动要素及时空特征,LUCC及其环境效应,中亚土地资源及景观格局特征,区域C-W循环规律及RECC以及生态修复的途径与模式。上述问题的解决需要长期的监测、分析与探索,需要相关学科理论的指导,更为直接地需要资源科学、环境科学、地理科学、生态科学的支撑,也需要RS、GIS、BD、CC、GITP、AI、VR、MIS(管理信息系统)、INTERNET(互联网)、IOT等一系列新技术的支撑(图2.2)。

<table>
<tr><td colspan="2">资源科学</td><td>信息科学</td><td colspan="2">环境科学</td></tr>
<tr><td rowspan="3">系统科学</td><td colspan="3">RS、GIS、BD、CC、IOT、GITP</td><td rowspan="3">控制科学</td></tr>
<tr><td colspan="3">中亚区域资源环境及生态问题</td></tr>
<tr><td colspan="3">MIS、AI、VR、INTERNET</td></tr>
<tr><td colspan="2">地理科学</td><td>管理科学</td><td colspan="2">生态科学</td></tr>
</table>

图2.2　中亚资源环境及生态问题研究的主要支撑学科与技术

在实现自然资源管理的社会目标和可持续利用方面,资源科学发挥着重要作用。资源科学是研究资源的形成、演化、质量特征与时空分布及其与人类社会发展之间相互关系的科学。其目的是更好地开发、利用、保护和管理资源,协调资源与人口、经济、环境之间的关系,促使其向有利于人类生存与发展的方向演进(孙鸿烈,2000)。资源有限性原理、多样性原则、适度原则、可持续生产原则、资源多样性原则、平衡地球收支原则、承载力原理、复杂性原理等对于促进资源合理利用具有不可替代的作用(蔡运龙,2007)。自然资源是有限的,应从众多来源获取资源;为减少污染、资源消耗、废物,以及对资源的利用达到最高效率,在利用资源时应优先考虑最迫切的需求。人类不应采取任何有损于地球物理、地球化学和生物过程的行为,因为这些过程都维持着人类的生命和社会经济活动。强调对可再生资源的永续利用,利用可再生资源的速度不得超过该资源的自然再生速度。在自然界中,没有哪一物种的数量能够无限地增长,

① SVAT为土壤—植被—大气迁移或土壤—植被—大气传输。

相反，物种必须被限制在生态系统一定的承载力之内。自然界不仅比我们所已知的复杂，而且比我们所想象的也要复杂。

资源环境问题离不开环境科学相关理论的指导。环境科学的本质是在环境信息机理的基础上，从环境系统中信息流的角度，揭示环境现象或环境变化过程的特征及规律，实现资源、环境与社会、经济的宏观调控，以达到低碳与绿色发展的目标。一些学者把环境科学原理分为普适性原理和特殊性原理。普适性原理包括能量守恒定律、物质守恒原理、熵原理、进化原理、系统科学原理、可持续发展原理等；特殊原理则包括了经济思想起源指导原则、法学及其原理的指导原则、社会科学起源的指导原则及全球变化原则、信息化与AI的方法原则等。根据以往研究的工作基础，综合分析环境问题研究各个分支学科（如环境物理、环境化学、环境地学、环境生态学、环境经济学、环境伦理学、信息科学等）的理论，在探索B&R环境问题时，环境容量原理、环境要素尺度效应原理、环境系统耦合原理、环境稳定性原理等均是具有重要创新意义的原理（王让会，2019）。对特定自然地理背景、经济发展条件与生态状况下的环境系统而言，其环境容量具有特殊性，同样也是有限的，变化的及可调控的。环境要素以及环境问题与其时空尺度特征及其变化密切相关，脱离了尺度问题谈及环境问题是具有局限性的，或者不够准确的。尺度效应是一种客观存在，并用时间及空间尺度表示的限度效应。环境系统内部各组分之间经过长期作用，形成了相互促进与制约的关系，这些关系构成了环境系统复杂的关系网络。环境系统中，要素与要素，以及子系统与子系统之间密切的联系，均是环境系统耦合关系的本质内涵。环境系统内部，包括众多的环境要素及环境子系统，不论什么级别或层次的环境系统，都具有相同性质和原理，此即环境系统性原理。环境系统的整体性、多样性、开放性和动态性共同构成了环境系统性原理，它们是相互联系，从不同方面刻画了环境系统稳定性特征。

传统地理学研究陆地表层地理要素发生、发展规律及其区域分异规律，更多地关注土壤、水文、植被、气候、人文等单一要素在区域上的演进规律及区域之间的差别，研究方法以记述性为主。现代地理学在继承传统地理学思想的基础上，借鉴相关学科的研究方法，强化地理过程研究，不断向综合性和定量化发展（冷疏影，2016）。全球热点问题为地理科学研究提供了新的切入点。目前全球变化或全球气候变化研究，均在地理科学的自然地理学、人文地理学、地理信息科学和环境地理学等相关分支学科得到高度关注；特别是全球变化与TES、陆地水循环与水资源、土地变化、遥感建模与参数反演、空间信息分析与参数模拟、污染物空间过程与模拟、城镇化过程与机理、ESSV、国际河流与跨界资源环境、地表敏感要素变化的检测与归因、空间信息与空间分析的不确定性、区域可持续发展等是地理科学战略问题研究的重要方向。在B&R区域，上述问题仍然备受关注。这里重点提及的自然地理学，主要研究方面为地球表层自然环境的特征、演变过程及其地域分异规律，其研究对象包括大气圈的对流层、水圈、生物圈和岩石圈上部。自然地理学研究既可针对地貌、水文、气候、生物、土壤等某一环境要素，也可以针对景观、土地等自然综合体，该学科下设地貌学、水文学、应用气候学、生物地理学、冰冻圈地理学和综合自然地理学；同时，景观地理学、环境变化与预测也主要在自然地理学体系下开展研究；此外，区域环境质量与安全、自然资源管理与环境地理学、自然地理学的联系也很密切。在ACA资源环境问题研究中，相关地理科学或者分支学科的原理，具有指导意义。地域分异理论促进了TES格局和过程研究，人地关系研究深化了TES响应的驱动力研究，生物地理模型和空间分析技术推动了未来TES动态预测，并帮助人们科学认识与评价区域资源特征、环境状况与社会经济发展态势。总之，地理科学综合思想对陆地水循环模拟和水资源管理的指导，地理科学方法和手段对陆地水资源的多尺度、多过程研究的促进，地理信息技术为土地变化探测及格局变化研究打下的根基，架设了人文与自然综合研究的桥梁，引领着土地变化驱动力研究，提供了空间相互作用范式，促进了土地变化效应研究。引入区域响应为理解全球化进程中的区域发展奠定了理论基础。

生态学在一段时期曾被划分为生态科学、生态工程学与生态管理学三大门类。虽然不同的划分对于人们认识客观对象具有一定的影响，但生态学作为研究生物与生物、生物与环境之间相互关系及其反馈机制的内涵始终没有改变；随着理论研究的深化，生态学也被赋予了诸多新内涵。生态学分支十分庞大，最新的生态学包括了植物生态学、动物生态学、微生物生态学、生态系统生态学、景观生态学、修复生态学及可持续生态学七个二级学科，并指导人们更为科学地理解生态现象与生态过程。此外，生态学学科分支还有按照其他角度的分类，特别是学科的交叉与融合，形成的数量生态学、化学生态学、物理生态学以及生态哲学、生态美学、生态伦理学等，也具有不同的研究侧重点。现代生态学具有一系列特征，一方面以全球生态学和空间生态学为特征的宏观生态学发展迅速；另一方面，以分子生态学为特征的微观生态学发展也异常活跃，生态学的研究范围、研究方法等十分多样化。在 B&R 资源环境及社会经济发展中，生态问题始终至关重要。根据特定区域的问题差异性，可以应用不同的生态学原理进行问题的梳理与凝练，最终为资源环境与生态问题的解决提供理论指导。生态协调耦合原理、生态要素尺度效应原理、生态系统功能最优原理、景观结构及其功能原理等，对于人们认识中亚生态要素的时空特征，生态过程的变化规律以及寻求生态管理的调控策略，具有不可替代的作用。

信息论、系统论、控制论等始终在资源环境与生态问题的研究中具有重要指导价值，特别是相关理论的发展与交叉融合，为当代创新理念的拓展与深化，提供了可能，并在 B&R 资源环境监测、评价与开发利用中，发挥越来越重要的作用。既然 B&R 沿线资源环境问题具有复杂性，那就不可能应用目前的相关理论与方法解决所有问题，需要在实践中不断地发现新问题、探索新理念、构建新方法，最终解决新问题。

2.2　环境背景与数据来源

2.2.1　环境背景及主要特征

中亚五国（哈萨克斯坦、吉尔吉斯斯坦、土库曼斯坦、乌兹别克斯坦及塔吉克斯坦）与中国新疆地区是亚洲中部干旱区的重要组成部分，是 B&R 中“丝绸之路经济带”的重要组成部分，也是全球干旱区中人类社会快速发展的地区之一。作为世界上面积最大的非地带性干旱区，ACA 地处欧亚大陆腹地，地理范围位于 34.34°～55.43°N，46.49°～96.37°E，面积广约 564×10^6 km^2，属典型的大陆性干旱气候，干燥少雨，水资源短缺。境内广泛分布着山地、绿洲、荒漠等多样的地理单元（Chen et al.，2013；Mackerras，2015；胡汝骥 等，2014），如图 2.3 所示。

独特的地理环境和高山地貌孕育了复杂的下垫面特征，使得 ACA 的生态环境有别于全球其他干旱区。由大气、土壤、水、植被等构成的生态要素之间互相作用，形成一个完整的有机体，成为独特的山水林田湖草沙生命系统。在一系列山盆体系中，形成了众多的河流与湖泊，从而孕育了大量的绿洲系统，共同构成了 MODS 耦合系统。中亚的生态稳定性与社会经济发展直接关系到 ACA 的生态安全，因而近年来，有关中亚区域的资源环境与社会经济发展问题

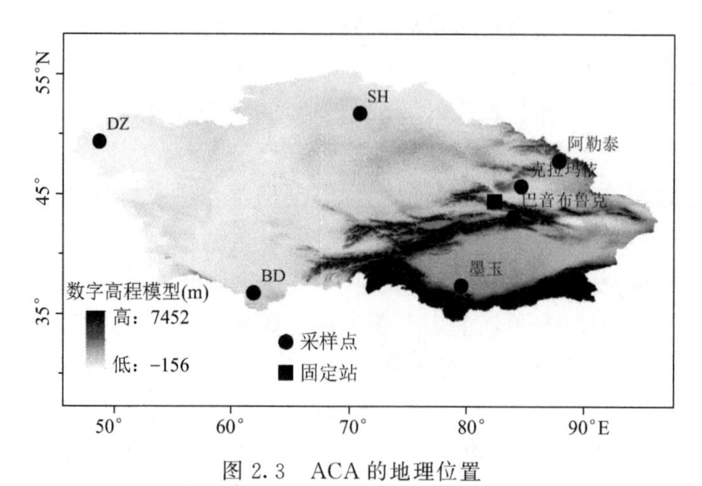

图 2.3　ACA 的地理位置

(DZ 站：位于哈萨克斯坦西部；BD 站：位于土库曼斯坦南部；SH 站：位于哈萨克斯坦北部)

备受人们的广泛关注。

2.2.1.1　自然地理本底

在漫长的地质历史时期，一系列造山运动为 ACA 自然地理环境的形成奠定了有利的基础条件，进而形成高山与盆地相间的干旱区特殊地貌景观单元(胡汝骥 等，2014)。以横跨中国新疆以及哈萨克斯坦、吉尔吉斯斯坦、乌兹别克斯坦的天山山脉为例，其地貌形成不仅是地壳活动的综合结果，亦是内、外营力共同作用的结果。内营力作用源于地球内部的挤压力，而使地表呈起伏状；外营力作用源于流水效应，包括大气降水、地表径流、冰川融水等。

从空间格局来看，ACA 东南部地区地势较高，而西北部地区地势相对平缓，北部为哈萨克斯坦丘陵地带，中西部为广袤的平原区。帕米尔高原是 ACA 海拔的最高区域(约 6000 m 以上)，并与天山山脉共同构成了 ACA 的生态屏障，其中，尤以伊斯梅尔 · 萨马尼峰(7495 m)、托木尔峰(7435.3 m)、列宁峰(7134 m)、汗腾格里峰(6995 m)和博格达峰(5445 m)最为出名。在西北部地区，广泛分布着盆地和谷地，如伊塞克湖盆地、图兰低地等，位于里海附近的卡拉吉耶洼地(−132 m)为海拔最低点，其周围的荒漠、绿洲的海拔平均约为 200～400 m。但 ACA 海拔的最低点为中国新疆地区的艾丁湖(−154 m)，同时亦是世界上海拔第二低的地方之一。在 MODS 系统中，荒漠也是重要的组成部分之一。据统计，ACA 最大的沙漠是塔拉库姆沙漠(3.5×10^5 km^2)，其次是位于中国新疆地区的塔克拉玛干沙漠(3.3×10^5 km^2)，再次为克孜勒库姆沙漠(3.0×10^5 km^2)。在一系列山盆体系中，形成了众多的河流与湖泊，如艾比湖、巴尔喀什湖、伊塞克湖等。此外，丰富的冰川资源也是 ACA 的一大特色景观。据不完全统计，区域冰川总数量有 4000 余条，总面积达 1.1×10^5 km^2，并成为干旱区许多湖泊最重要的水源之一(陈曦 等，2015)。

2.2.1.2　生态环境状况

为了系统地认识中亚地区资源环境的特点，主要从气候背景、水文条件、土壤与植被特征 4 个方面，阐述中亚地区生态环境状况。

在气候背景方面，ACA 地处北半球中纬度地区，主要受西风环流的控制，属典型的温带大陆性干旱气候。冬季，ACA 整体处于亚洲高压西缘；夏季则处于亚速尔高压的东南边缘。由于帕米尔高原及天山山脉的共同阻隔效应，来自印度洋、太平洋的暖湿气流因地形作用，而在山区迎风坡形成了丰沛的“地形雨”，构成了中亚的“湿岛效应”，通常这被认为是干旱区的水源高地。尽管近 60 年来降水呈小幅增加的趋势（Chen et al.，2011），但中亚整体气候干燥，年降水量一般在 300 mm 以下，其空间分布具有明显的区域性特征。降水量多表现为南北多、中间少，山区多、平原少，迎风坡多、背风坡少的分布格局。山区降水较多，可达 1000 mm 以上，北部约为 200 mm 左右，而位于塔什干西南的“饥饿草原”（属乌兹别克斯坦）则不足 30 mm。在一些典型的山系中（如天山、阿尔泰山等），由于地形与海拔的影响，降水量一般与海拔高度呈显著的正相关关系。从降水月份看，南部山区普遍 3 月份降水较多，冬季降水次之；而北部地区降水一般推迟至 4—5 月。

受全球气候变暖的影响，ACA 年均气温显著上升，增幅达 0.36～0.47 ℃/10 a（Hu et al.，2014），多年平均气温在 10.6～21.3 ℃，整体呈现出南高北低，山区普遍低于河谷、盆地和山麓地带的特征，如沙漠地区温度普遍较高，而帕米尔高原地区以及北部的哈萨克斯坦丘陵地区温度较低。最热月为 7 月份，平均气温由北向南呈递增趋势；最冷月为 1 月份，平均气温从北部地区的−15 ℃逐步上升到南部地区的 3 ℃。在极端低温方面，南部地区为−30 ℃，北部地区达−40 ℃甚至−50 ℃。强烈的昼夜温差是中亚气温变化最明显的特征，多数地区早晚温差介于 20～30 ℃，而在部分山区最大昼夜温差可达 40 ℃以上。

ACA 日照充足，夏季北纬 40°的地区光热资源丰富。其中，短波辐射量的变化介于 139～256 W/m^2，特别是中亚东南部辐射较强。此外，中亚地区灾害性天气频发，常见的气象灾害种类多达 12 种，其中尤以干旱、沙尘暴等最为严重。

在水文特征方面，中亚五国拥有超过 1 万条的大小河流，且多为跨国境河流，但空间分布不均匀（王光谦 等，2009）。吉尔吉斯斯坦、塔吉克斯坦及哈萨克斯坦东部的河流相对较多，水资源相对较为丰富。而土库曼斯坦、乌兹别克斯坦及哈萨克斯坦中、南部等地区河流相对较少，水资源相对较为贫乏。据不完全统计，中亚地区流域面积大于 1.0×10^3 km^2 的河流共有 10 余条，如锡尔河（总长 2219 m）、阿姆河、乌拉尔河（总长 2428 m）、额尔齐斯河（总长 4348 m）、伊犁河（总长 1439 m）等。除额尔齐斯河最终通向北冰洋外，其他大多数河流均为内陆河。干旱区内陆河流域具有独特的水循环模式，具体而言，水资源主要来源于高山融雪及地下水补充，河水进入出山口后，一部分被作为灌溉用水而流入绿洲区；还有一部分流入平原河流，最终流向湖泊；少部分河水进入荒漠地区（陈曦 等，2015）。高海拔山区受季节性气候变化的影响显著，春、夏季冰雪消融量大，径流量也会相应地增多（Sorg et al.，2012），表现出明显的季节性特征，但年径流量的变异系数很小，变化相对稳定。就中亚五国而言，地表水资源总量约为 1.88×10^{11} m^3，其中哈萨克斯坦、塔吉克斯坦、吉尔吉斯斯坦占比超过 94%。哈萨克斯坦总径流量约 1.01×10^{11} m^3，其中，境内自产量占比 56.2%，其余来自邻近国家。中国、乌兹别克斯坦、俄罗斯、吉尔吉斯斯坦的贡献比例分别为 42.95%、33.18%、17.05%、6.82%。吉尔吉斯斯坦和塔吉克斯坦水资源丰富、蕴藏量高，但吉尔吉斯斯坦受地貌因素的影响（境内多山地），大多贮存在冰川中。乌兹别克斯坦和土库曼斯坦径流量相对较少。受全球气候变暖的影响，干旱区降雪量进一步减少，冰川积雪加速消融。同时，人口及经济的快速增加与发展，也在一定程度上加剧了水资源的供需矛盾。

在土壤性质方面，ACA 地貌条件复杂，成土母质类型繁多。不同海拔梯度下依次分布有残积物、坡积物、洪积物、冲积物、砂质风积物等，此外还有湖积物、冰碛物等。其中，残积物风化作用较弱，多为沙砾质或粗骨质，而且越向剖面深处粗骨质成分越多，由此形成的土壤质地多为砂土；坡积物是在水流和重力的双重作用下形成的，其机械组成常因附近基岩类型和搬运距离的不同而有很大差异，其中既有石砾质和砂质，又有壤质；洪积物在中亚广大的山前平原、山间谷地和河流上游广泛分布，是棕钙土、灰棕漠土和棕漠土的主要成土母质，由于沉积环境的不同，土壤在机械组成上有很大差异，有粗粒和细粒两种沉积相；冲积物是由河流运积而成，中亚水系众多，各河流的源流环境各不相同，有着不同的沉积条件和形式；黄土状沉积物成因复杂，含有 CO_3^{2-} 的粉砂壤土；砂质风积物在中亚平原区分布十分广泛，约占 22%；灌溉淤积物的机械组成在很大程度上取决于灌溉系统的水文特点及其动态特征；湖积物在中亚分布也十分广泛，机械组成较细，其上发育的土壤多为黏土类型；冰碛物主要分布在中亚的高山谷地和山地平坦面上，有时也分布于低山及其山麓地带。

土壤类型取决于土壤形成条件。土壤形成、演变与自然环境条件及人类活动等影响极为密切。在 ACA 不同的土壤形成条件下，成土过程复杂多样，主要有荒漠化过程、土壤有机质(SOM)的累积过程、钙的淋溶淀积过程以及土壤灌淤熟化过程。荒漠化过程的主要特点包括 SOM 积累微弱、碳酸盐的表聚作用、石膏和易溶盐的聚积、紧实层有氢氧化铁和氧化铁侵染或铁质化现象，砾石性强。SOM 的累积过程明显的地区，地表生长着茂密的根系发达的植物，形成根系密集、盘结的生草层，进行着强烈的生草过程。钙的淋溶淀积过程与降水等水分要素密切相关；中亚大部分地区降水稀少，淋溶极弱，土壤多碳酸盐剖面；一般降水量多、植被茂密的区域钙淋溶深，钙积层出现的部位低而集中，降水量少、植被稀疏的区域钙淋溶浅，钙积层出现的部位较高而不集中。土壤灌淤熟化过程是人类长期干扰土壤的反映；特别是经过人们长期灌溉、施肥等熟化过程后，逐步形成了具有一系列新的重要形态和理化性状的土壤。

在植被资源方面，ACA 面积广阔(约 5.64×10^6 km^2)，地跨 21 个纬度和 50 个经度，具有丰富的物种资源，这其中甚至还包括孑遗物种。受境内高大山系及西风环流系统的综合影响，山区植被类型表现出明显的垂直地带性特征。就中亚五国而言，哈萨克斯坦植物约 4700 种，其中大部分是草本植物，在森林草原带生长着针茅、三叶草等；在荒漠草原中生长着蒿科植物；在荒漠地带生长着梭梭、盐节木等；灌木(如锦鸡儿、绣球儿、沙棘等)和乔木(白桦、松树、白杨等)所占的比例相对较低，大量湖泊的存在为芦苇提供了有利的条件。乌兹别克斯坦有 3800 余种植物，按地域特点大致分为以下 4 种类型，在平原地带分布有胡杨、柽柳、甘草等；在丘陵地带分布有郁金香、海甘蓝等；山区地带分布着松树、黄连木等；在荒漠地带分布有沙拐枣、梭梭等。乌兹别克斯坦的森林覆盖率很低，仅占国土面积的 3.1%。土库曼斯坦共有 2600 多种植物种类，分 105 科，稀有植物约占 1/6。受境内自然地理环境的制约，土库曼斯坦的植物多以荒漠植物为主，非荒漠植物主要分布在阿姆河附近。吉尔吉斯斯坦共有 3786 种植物，草类所占的比例最大，约 83.86%，灌木约占 1/10，森林覆盖率为 5.3%。塔吉克斯坦植物资源种类较多，超过 5000 余种，阔叶林分布在吉萨尔山南坡、达尔瓦兹山北坡，主要有核桃、梧桐等。小叶树林分布在河漫滩地带，分布较广，主要有沙棘、柳树等。灌木则分布在荒漠地带和山区，主要有大猪毛菜、棘豆等，草本植物种类繁多，主要有禾草、鸭茅等(蒲开夫，2006)。

2.2.1.3 资源禀赋特点

中亚地区自然资源具有独特性，从矿产资源的分布与赋存状况就可以略见一斑(陈正 等，2012)。主要从矿产与能源资源、社会与人文发展等方面，分析中亚地区资源环境状况，认识中亚矿产资源的特点。

中亚地区蕴藏富厚的矿产与能源资源，被称为第二个波斯湾，能源开发潜力巨大(李恒海等,2010)。充足的自然资源提升了中亚五国在国际政治经济格局中的地位,中亚—里海地区也成为举世瞩目的能源生命线,尤以油气资源最负盛名。据不完全统计,中亚五国的石油储量高达 2.6×10^{10} t,天然气蕴藏量是 8×10^{13} m^3,是世界三大能源供应基地之一。伴随着新冠疫情以及地缘政治的不确定性,世界经济复苏的预期不断增长,能源争夺战早已在中亚地区展开。

中亚五国及中国新疆地区地质地貌复杂,具有良好的成矿条件,是全球金属矿产的重要成矿带之一,矿产资源储量相当可观。而且,矿产现已几乎成为中亚五国经济的重要支柱产业,其中有很大一部分资源直接通过通商口岸出口到中国的内陆地区。从成矿情况上看,中亚阿尔泰山、天山山脉为世界瞩目的金属成矿带,哈萨克斯坦丘陵为煤矿的集中产地,这样就使得中亚五国成为独联体国家燃料动力和有色金属的主要产地,特别是哈萨克斯坦有多达 90 余种矿产类型,煤炭储量大,集中分布在哈萨克斯坦的中东部地区。铁矿储量也相对较大,此外还有锰、铜矿等多种类型矿产资源。吉尔吉斯斯坦的稀有金属储量十分巨大,汞、锑储量处于中亚前列。乌兹别克斯坦的矿产品种也十分丰富,如铜、钨矿等。中国新疆地区矿产种类齐全,能源资源也十分丰富,开发潜力巨大。现已探明新疆有 138 种矿产类型,其中部分种类的储量位居中国第一。

中亚五国油气资源储量丰富,且大部分集中在里海地区,这里沉积盆地发育完全,地质开采条件良好(孙力 等,2020;2021)。从油气资源储量的空间分布上看,哈萨克斯坦、土库曼斯坦、乌兹别克斯坦三国的石油和天然气资源最为丰富。中亚哈萨克斯坦、土库曼斯坦及乌兹别克斯坦的石油储量分别为 38.5×10^8 t,1.5×10^8 t 及 1.0×10^8 t,分别占全球石油储量的 1.8%、0.05%及 0.05%。吉尔吉斯斯坦、塔吉克斯坦两国虽然油气资源储量不高,但却是重要的交通要塞。中国新疆维吾尔自治区石油储量较高,约占中国陆上总资源量的 1/3,特别是天山北坡的克拉玛依市"克一号井"是中国第一个出油井,其天然气资源量也约占中国陆上总资源量的 40%左右。中国新疆油气资源开采潜力大,具有广阔的前景。此外,新疆地区的煤炭资源储量也相对较高,占全国总量 40%以上。在天然气方面,哈萨克斯坦、土库曼斯坦、乌兹别克斯坦三国现存天然气储量占全球天然气储量的 13.4%,其中土库曼斯坦的天然气储量最高,占全球总储量的 11.7%左右。

在社会人文方面,中亚五国现有总人口约 6300 万人(表 2.1),人口密度为 16 人/km^2,其中乌兹别克斯坦人口密度最高(64 人/km^2),而哈萨克斯坦人口密度最低(6 人/km^2)。同时,中亚地区民族成份复杂,共有 100 余个民族聚居于此。

表 2.1　中亚五国人口及经济简况

国家	首都	人口数(万人)	人均年国内生产总值(美元)
哈萨克斯坦	阿斯塔纳	1773.7	11426
吉尔吉斯斯坦	比什凯克	548.2	1167
塔吉克斯坦	杜尚别	734.9	1039
土库曼斯坦	阿什哈巴德	511.0	6549
乌兹别克斯坦	塔什干	2760.6	1862

哈萨克斯坦现有 3 个直辖市和 14 个州,总面积 2.7×10^6 km^2,总人口约占中亚五国的 28.2%,人均 GDP 位居中亚五国之首,经济发展态势较好。目前,哈萨克斯坦经济以加工业(如石油化工、轻纺、机械制造等)和农牧业为主。小麦、玉米等是其国内最主要的农作物,作物

播种面积约 1.7×10^7 hm^2，粮食产量为 1.8×10^7 t。吉尔吉斯斯坦现有 2 个直辖市和 7 个州合计 60 个区，总面积 1.9×10^5 km^2，总人口约占中亚五国的 8.66%，男女比例接近 1∶1，人均 GDP 位居中亚五国第四，自然资源丰富，有“中亚煤都”的美誉。吉尔吉斯斯坦是中亚首个加入 WTO 组织的国家，目前经济走势平稳，主要以农牧业为主，农业人口占 60%以上。塔吉克斯坦现有 1 个直属区，1 个直辖市和 3 个州，总面积 1.4×10^5 km^2，总人口约占中亚五国的 11.61%，2021 年人均 GDP 仅为 897.1 美元，位居中亚五国末尾。但其境内水利资源丰沛，水能蕴藏量占中亚的 50%以上，达 6.4×10^7 kW/h。目前，服务业占塔吉克斯坦 GDP 的比重最高（超过 40%），而工业占比最低（不足 15%）。土库曼斯坦现有 5 个州 16 个市合计 46 个区，总面积 4.8×10^5 km^2，总人口约占中亚五国的 7.91%，人口总数位于中亚末尾。目前，土库曼斯坦经济以工业（油气资源开采、机械制造、纺织等）和农业（棉花、小麦等）为主。乌兹别克斯坦现有 1 个自治共和国、1 个直辖市和 12 个州，总面积 4.4×10^5 km^2，总人口约占中亚五国的 43.62%，人口总数位于中亚之首，经济实力较强。目前，乌兹别克斯坦的经济以农牧业和采矿业为主，加工业较为薄弱。棉花和洋麻产量分别占中亚的 60%和 90%以上。

2.2.2 多元数据来源及其特征

借助 GITP 与多源数据的理念，本研究充分体现数据分析过程的多尺度性、多时空性及多样性等特征。

2.2.2.1 气象数据

受多种因素的制约，ACA 长序列观测资料的气象站点较少，且空间分布不均（图 2.4）。而格点资料所具有的时空连续性优势，在一定程度上能降低这一因素的负面影响。因此，在实际研究过程中，一方面基于美国国家海洋和大气管理局国家气候数据中心（NOAA-NCDC）（https://www.ncdc.noaa.gov/），获取中亚具有完整序列的 82 个气象台站逐日观测资料；另一方面通过东英吉利大学，又译东安格利亚大学（University of East Anglia，简称 UEA），（http://www.cru.uea.ac.uk）获取 ACA 0.5°×0.5°逐月网格化气象资料。具体包括最高温度、最低温度、平均温度及降水量等。虽然目前 SSPs 情景等已被逐渐地应用于开展气候变化的相关研究中，但由于在不同自然与社会经济发展背景下已对 RCPs 情景进行了大量的理论与实践检验，RCPs 情景目前仍然具有广泛的适用性。专家们还针对 RCPs 与 SSPs 不同情景进行了相关性的分析，力图共享不同情景模式的研究结果，增强人们对气候变化不确定性的认识。在开展中亚全球变化的区域响应研究过程中，BCC 模式的 RCP4.5 和 RCP8.5 情景数据（http://www.ipcc.ch/）也被应用于研究中，主要涉及未来 ECE 的分析以及作为模型的输入数据。

2.2.2.2 矢量数据

矢量数据是由表示大小和方向的两部分矢量共同构成，以矢量形式存储在计算机中。本书使用的矢量数据主要来源于中国科学院新疆生态与地理研究所（http://www.egi.ac.cn）和美国地质调查局（USGS）平台（http://glovis.usgs.gov/）。获取中亚五国及新疆地区的基础地理数据后，通过 ENVI 和 ArcGIS 软件裁剪获得 ACA 的矢量图，并将矢量图的坐标系统由北京 GCS 1954（Beijing Geodetic Coordinate System 1954）转换为 WGS84（World Geodetic System 1984），以有利于后续在 ArcGIS 软件中完成 GITP 的处理。

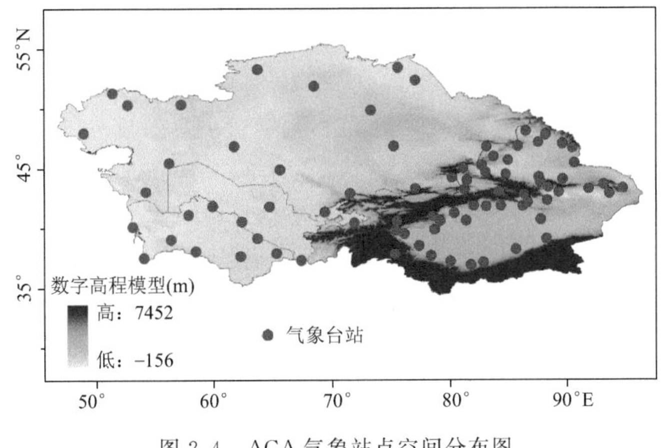

图 2.4　ACA 气象站点空间分布图

2.2.2.3　遥感影像

RSD 是区域研究的重要基础，在区域分析中具有重要价值。本研究使用的 Landset/TM、CBERS/CCD 资料来源于中国科学院遥感与数字地球研究所(XJIEG)，获取 1990 年、2000 年、2013 年 6—9 月无云 Landset/TM RSD。通过数据质量评估和时空一致性检查，筛选出适合遥感解译的 ACA 遥感影像数据，并进行校正、配准等相关前期预处理工作。

本书使用的 MODIS 遥感影像来源于 NASA(http://ladsweb. nascom. nasa. gov/data/search. html)。与 Landsat /TM 影像相比，MODIS 数据现已广泛应用于大气、地表、海洋及植被等领域，进行多区域、多时相、多尺度的长期监测。本研究所使用的 MOD09、MOD13、MOD15 及 MOD17 数据产品，为陆地 2～3 级标准产品系列(表 2.2)。

表 2.2　ACA 研究采用的 MODIS RSI(EOS/Terra 卫星)

数据产品	列号	行号	获取日期(yyyy-mm-dd)	
MOD09 MOD13 MOD15 MOD17	20	3	2001-01-01	2013-12-31
	21	3	2001-01-01	2013-12-31
	21	4	2001-01-01	2013-12-31
	21	5	2001-01-01	2013-12-31
	22	3	2001-01-01	2013-12-31
	22	4	2001-01-01	2013-12-31
	22	5	2001-01-01	2013-12-31
	23	3	2001-01-01	2013-12-31
	23	4	2001-01-01	2013-12-31
	23	5	2001-01-01	2013-12-31
	24	3	2001-01-01	2013-12-31
	24	4	2001-01-01	2013-12-31
	24	5	2001-01-01	2013-12-31
	25	4	2001-01-01	2013-12-31
	25	5	2001-01-01	2013-12-31
	26	5	2001-01-01	2013-12-31

2.2.2.4　其他数据

(1)土壤数据：土壤含水量及土壤质地数据来源于 IGBP-DIS 数据集（http://daac.ornl.gov/cgi- bin/dsviewer.pl? ds_id=569)，通过矢量图裁剪，获得 ACA 土壤数据。

(2)植被资料：1∶10 万植被类型数据来源于 XJIEG。典型研究区植被生理过程参数资料来源于新疆维吾尔自治区林业科学院。作物生长季信息由新疆维吾尔自治区气象局提供。

(3)统计资料：中亚五国的经济、社会资料来源于各国的统计部门以及相关统计年鉴。新疆维吾尔自治区各地(州)、市的统计数据来源于 XJIEG 及各地(州)、市统计局。

2.3　研究方法与实施途径

应用生态科学、大气科学以及地理科学的原理与方法，以 ACA MODS 格局与 C-W 要素为主线，基于 3S 技术及模型模拟等手段，揭示 MODS 格局下中亚 C-W 循环过程及其对气候变化的响应规律，量化基于 C-W 足迹的中亚 RECC，提出适应气候变化的资源环境承载策略。

2.3.1　样带尺度野外观测与室内分析

针对 ACA 的地貌、土壤、水文、气象以及植物等生态系统要素的组成特征，围绕 MODS 格局与生态系统 C-W 过程，制定野外观测与室内实验方案。

(1)样带选取及采样

获取中亚地区多源 RSI，进行生态景观格局分析，并对研究区景观类型进行划分。按照 MODS 格局的分布特征及典型性，在样带尺度上，设立 1 个野外观测站(如图 2.5 所示)。东天山—精河—古尔班通古特沙漠(精河站)，开展生态系统的水、土、气等要素的监测。此外在 ACA 境内选择若干典型样地，如巴音布鲁克草原区、布尔津森林区、墨玉荒漠区、克拉玛依市区以及哈萨克斯坦 DZ 和 SH 站、土库曼斯坦 BD 站等进行样地尺度上的土壤与植被的调查取样工作。样带/样地的选取基本覆盖了中亚不同区域、不同类型的生态系统，为后续研究工作的开展积累基础性数据资料。

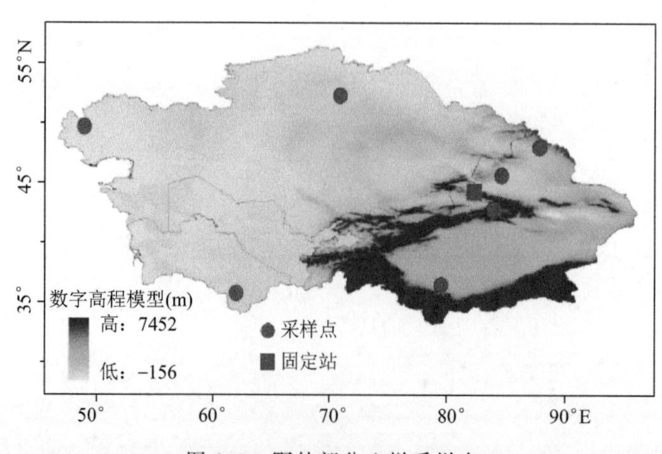

图 2.5　野外部分土样采样点

(2)植被样的采集与分析方法

在典型样地内，按照乔灌草不同类型植被的分布特征(如胡杨、柽柳、梭梭等)设置若干个样方，调查样方内植被的生长状况，如在乔木层记录高度、胸径、郁闭度等信息；在灌木层记录高度、冠幅、盖度等信息；在草本层记录高度、盖度等信息。采集植被地上部分的根、茎、叶等，用于实测植被生物量等生态参数。图 2.6 反映了野外土样采集(图 2.6a，2.6b)及实验室分析的状况(图 2.6c)。

图 2.6　野外土样采集(a，b)及实验室分析(c)

(3)土壤理化性质分析方法

在样方内根据土壤发生学的原理与方法，挖掘深约 1 m 的土壤剖面，并按照 20 cm 一个间隔采集不同层的土壤样品。把野外所采集的土壤样品(如图 2.6 所示)，利用实测方法测定土壤容重、土壤温度和含水率。实验室化验分析土壤 pH、SOM、土壤养分及可溶性盐等理化性质。

2.3.2　气象要素与景观格局指数分析

(1)气候要素分析方法

通过 NOAA-NCDC 中心、UEA 大学、国家气候中心等获取中亚地区 82 个气象站逐日气象数据、EUA 的 Climatic Research Unit(CRU)格点数据及 BCC 模式 RCP4.5 和 RCP8.5 情景数据。同时，结合野外实际观测所获取的气象数据进行适当补充。

通过联合国粮食及农业组织(FAO)的标准化降水蒸发指数(SPEI)与世界气象组织(WMO)的极端气候指数(ECI)，将常规气象数据生成具有表征干旱与 ECE 特征的时序数据。

通过时间序列分析法、统计分析法、小波分析法等方法，构建相关气候要素的时空变化趋势图。同时应用数字制图方法，构建不同时空特征的气候要素信息图谱，直观地反映中亚气候变化特征。

(2)Mann-Kendall 检验

Mann-Kendall 法(曼-肯德尔法，简称 M-K 法)是一种应用于时间序列分析的非参数统计检验方法，现已广泛应用在气象、水文、植被等相关领域。其最显著优势在于它不需要样本遵从一定的正态分布(You et al.，2011)。M-K 方法能很好地揭示时间序列的变化趋势及突变特征，其具体计算方法如下。

① M-K 趋势检验

在 M-K 计算中，统计量 S 计算方法如下所示：

$$S=\sum_{i=1}^{n-1}\sum_{j=i+1}^{n}\operatorname{sgn}(x_j-x_i) \tag{2.1}$$

$$\operatorname{sgn}(x_j-x_i)=\begin{cases}+1,x_j>x_i\\0,x_j=x_i\\-1,x_j<x_i\end{cases} \tag{2.2}$$

式中，x_j 和 x_i 代表时间序列的数值，n 代表数据个数。当 $n\geqslant 8$ 时，统计量 S 呈正态分布，其平均值和方差如下：

$$E(S)=0 \tag{2.3}$$

$$V(S)=\frac{n(n-1)(2n+5)-\sum_{i=1}^{n}t_i i(i-1)(2t+5)}{18} \tag{2.4}$$

式中，n 代表数据个数，t_i 反映 i 的数量，标准化的统计量 Z 如下：

$$Z=\begin{cases}\dfrac{S-1}{\sqrt{\operatorname{Var}(S)}},S>0\\0,S=0\\\dfrac{S-1}{\sqrt{\operatorname{Var}(S)}},S<0\end{cases} \tag{2.5}$$

式中，若 Z 为正数时，代表趋势增加；若 Z 为负数时，代表趋势减少；若 Z 为零时，代表没有趋势。趋势的检验通常要考虑特定的显著性水平(α)。本研究中 α 设定为 5%，当 $|Z|>1.96$ 时，代表数据序列具有显著趋势。

同时，与之匹配的一个有效指数 Kendall 趋势值，它可以衡量趋势变化的大小，计算过程如下：

$$\beta=\operatorname{Median}\left(\frac{x_j-x_i}{j-i}\right),\forall j<i \tag{2.6}$$

式中，x_j 和 x_i 代表时间序列的数值。

② M-K 突变检验

对于具有 n 个样本量的时间序列 x，构成一秩序列：

$$S_k=\sum_{i=1}^{k}r_i\quad(k=1,2,3,\cdots,n) \tag{2.7}$$

$$r_i=\begin{cases}1,&x_i>x_j\\0,&x_i\leqslant x_j\end{cases}\quad(j=1,2,3,\cdots,i) \tag{2.8}$$

由上述公式可知，秩序列 S_k 是第 i 时刻值大于第 j 时刻值个数的累计数。

在时间序列随机独立的假定下，定义统计量：

$$\mathrm{UF}_k=\frac{S_k-E(S_k)}{\sqrt{\operatorname{Var}(S_k)}}\quad(k=1,2,3,\cdots,n) \tag{2.9}$$

式中，$\mathrm{UF}_1=0$；$E(S_k)$，$\operatorname{Var}(S_k)$ 分别为累计数 S_k 的均值和方差，在 $x_1,x_2,\cdots,x_n$ 相互独立且有相同连续分布时，可以由下列公式计算：

$$\begin{cases}\operatorname{Var}(S_k)=\dfrac{n(n-1)(2n+5)}{72}\\E(S_k)=\dfrac{n(n-1)}{4}\end{cases} \tag{2.10}$$

UF_k 是按时间序列 x 的顺序 $x_1, x_2, \cdots, x_n$ 计算出的统计量序列，给定显著性水平 α，若 $|UF_k| > U\alpha$，则表明序列存在明显的趋势变化。按时间序列 x 的逆序 $x_n, x_{n-1}, \cdots, x_1$，再重复上述过程，同时使 UF_k（序列的逆序值）$= -UF_k$（$k = n, n-1, \cdots, 1$），$UB_1 = 0$。

一般取显著性水平 $\alpha = 0.05$，绘制 UF_k 和 UB_k 两条曲线和±1.96 的直线。当超过±1.96 的直线时，表明序列的变化趋势显著。当两条曲线在临界线之间出现交点，则交点即认定为突变点。

（3）生态景观格局分类流程

基于遥感影像的生态景观分类是一个较为复杂的过程。从目前来看，各种主流的监督分类与非监督分类方法对于分类精度的影响不是很大（陈曦 等，2015）。但是输入更多的辅助信息有助于提高景观分类的准确性，降低后期修正的工作量。前期经过一系列预处理工作（如校正、配准等）的 ACA 无云遥感影像（2013 年）见图 2.7。

图 2.7　预处理的 ACA 无云遥感影像

分类流程如下。首先，通过多尺度分割，将一景观遥感影像划分成若干个子区域，每个子区域具有相似特征的像素集合，如光谱值相似、纹理相近等；其次，通过光谱认知将像素所反映的光谱信息作为对象属性进行保存，再基于决策树监督分类法对矢量图层中每一个斑块赋予特定类别；最后，通过野外实地调查对分类结果进行修正。

野外验证与调查的内容包括如下两个方面。其一，通过典型调查和 GPS 随机点、线、面采样，获得抽样区域内不同地类客观存在的状态信息，以此对比验证遥感解译结果。其二，对遥感内业中无法识别判断的地物进行实地核实，在野外使用 GPS 仪采集一定数量的特征点数据，进而获得准确的判定。

（4）景观格局指数分析

为了能更好地表征中亚地区生态景观格局的时空特征，本研究从类型水平和景观水平两方面选择 10 个景观指数，定量描述研究区景观格局变化，揭示 ACA MODS 格局特征。

在描述景观斑块变化方面，选择斑块数量、平均斑块面积指数；在描述景观异质性变化方面，选择景观斑块形状破碎化指数、破碎度指数、景观分离度、香农多样性指数、辛普森多样性指数、香农均匀性指数等。

各景观指数的具体含义及计算方法参见文献(Estoque et al. ,2016)。运用美国俄勒冈州立大学研发的 Fragstats3.3 软件计算上述景观格局指数。

2.3.3 生态系统 C-W 过程模型验证

(1)Biome-BGC 模型完善

Biome-BGC 模型是美国蒙大拿州立大学研发的一款生物地球化学循环模型,它可以模拟和估算 TES 植被和土壤中的能量、碳、水等要素的流动与贮存。Biome-BGC 模型以气象数据、土壤质地和植被生理参数等作为输入数据。Biome-BGC 模型的理论框架如图 2.8 所示。

Biome-BGC 模型中有一个涉及植被生长季起止时间的模块,原模型中它是由气温数据确定,但是中亚地区地形、地貌复杂多样,受限于气象台站分布及观测资料完整性等问题,仅用气象数据反推植被生长季可能存在一定的误差,而基于遥感方法估算植被物候信息具有一定的可靠性。因此,在实际估算过程中,将遥感估算植被物候的信息融入 Biome-BGC 模型中。

(2)植被物候信息的遥感估算

通过获取的 GIMMS-NDVI 数据,基于非对称高斯函数重建 NDVI 的年变化曲线,并采用动态阈值的方法提取植被物候参数(生长季的起止及长度),如图 2.8 所示。该方法在时空分布上具有较好的适用性(Atkinson et al. ,2012)。动态阈值的确定主要根据农业气象旬/月报资料或者野外实地调查获取。

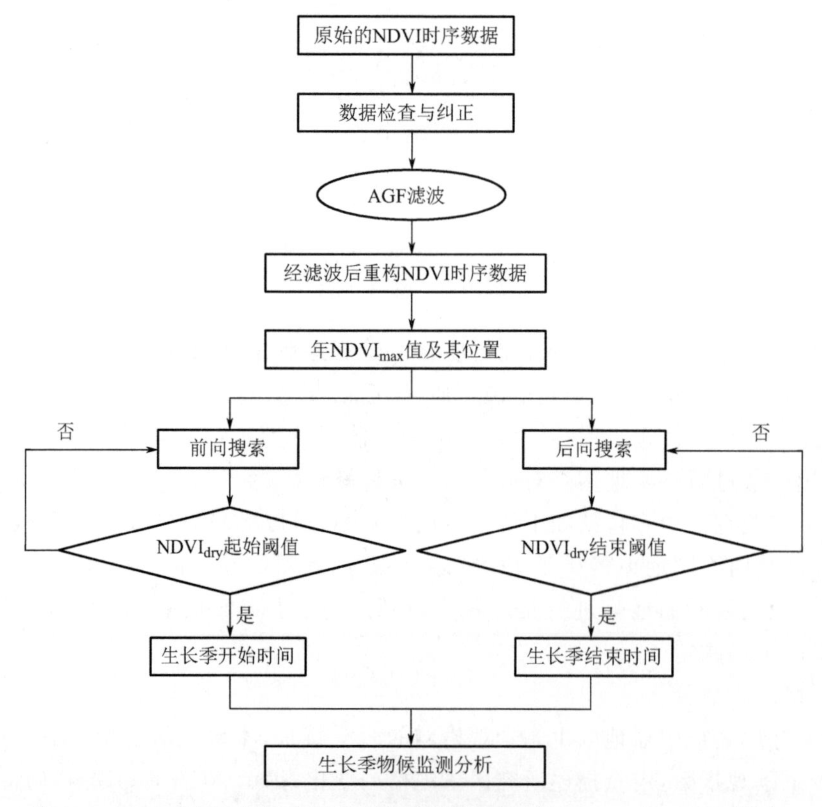

图 2.8　RSD 表征物候信息的理论框架及流程图(据 Shen et al. ,2016 修改)

(3)Biome-BGC 模型验证

结合模型输出变量的情况,并考虑到验证的难易程度,选择 NPP 作为典型验证参量。首先,每年 7—8 月在野外观测站和样地中,选择典型植被类型(针叶林、阔叶林、灌木林、草地等),对植物地上部分的根、茎、叶等采集(收割),烘干后测定生物量,与模型输出的 NPP 值进行比较。其次,基于 MODIS-NPP 产品在区域尺度上与同时段模型输出的 NPP 值进行比较,从上述两方面检验模拟效果。

2.3.4　C-W 足迹模型及定量化估算

C-W 足迹用于评估温室气体排放对环境的影响以及人类社会对水资源的需求。

(1)CFP 与碳承载力

CFP 是描述某一产品在其生命周期内排放 CO_2 的含量。基于 IPCC 排放清单及研究区能源消费数据,估算中亚各国及中国新疆地区的碳排放量(CE)。其表达式如下:

$$C_t = \sum Q_i \times \alpha_i \times \beta_i \tag{2.11}$$

式中,C_t 为碳排放量,Q_i 为各类能源的消费量,α 为各类能源的标准煤折算系数,β 为各类能源的碳排放系数。

碳承载力由 CFP 与生态系统碳吸收能力共同决定。其中,生态系统碳吸收能力由 NEP 来表征,它是根据 Biome-BGC 模型估算而得。在量化区域能源 CFP 与植被碳承载力关系的过程中,强化以 NEP 为代表的碳汇能力在生态系统碳固定方面的应用(Oda et al.,2010)。从总量和人均等方面反映碳压力及其碳赤字(CD)水平,用于反映温室气体排放对环境的影响。

(2)WFP 与 WRCC

作为水资源占用的综合指标,WFP 涵盖了人类生产生活用水与农作物及动物的虚拟用水等多方面。人类生产生活用水的足迹估算可以通过统计公报获得。而虚拟用水的足迹估算则相对复杂。以农业为例,其生产/消费全过程中所消耗的蓝水足迹(灌溉用水 WF_{blue},如地表水和地下水)、绿水足迹(降水 WF_{green})及灰水足迹(氮肥所引起的污染水 WF_{grey}),其表达式如下:

$$WF_T = WF_{blue} + WF_{green} + WF_{grey} \tag{2.12}$$

$$WF_{blue} = 10 \times \max(0, ET_c - P_e)/Y \tag{2.13}$$

$$WF_{green} = 10 \times \min(ET_c, P_e)/Y \tag{2.14}$$

$$WF_{grey} = (a \times AR)/(C_{max} - C_{nat}) \tag{2.15}$$

式中,ET_c 为作物需水量,由 P-M 公式及 CROPWAT8.0 软件计算;P_e 为有效降水量,由美国农业部 USDA-SCS 的方法计算;Y 为作物单位面积产量;10 为单位换算系数。AR 为氮肥施用量;a 为氮淋失量,即进入水体的污染量占总氮肥施用量的比例;C_{max} 为氮肥的最大容许浓度;C_{nat} 为污染物的自然本底浓度。

其他行业虚拟用水的足迹估算采用产品“生产树”方法(Duarte et al.,2014;Herath et al.,2014)。

水资源承载力(Water resources carrying capacity,WRCC)由 WFP 与水资源总量共同决定。本研究着重从流域尺度考虑,分析蓝水足迹与蓝水可用量的关系,进一步反映水资源短缺现状,揭示人类社会对水资源的需求状况。

2.3.5 遥感云计算方法及实现途径

中亚资源环境要素复杂多样，各类 BD 成为分析资源环境状况与潜力的主要基础。无论是资源科学研究方法、环境科学研究方法，还是地理科学研究方法、生态科学研究方法，都需要从多维、动态、立体、多尺度信息获取与处理的角度，进行数据挖掘（DM），获得中亚资源环境特征的数据，进一步凝练中亚资源环境演变规律、评价中亚资源环境禀赋状况、探索中亚生态系统稳定性，为科学管理各类资源、保护区域生态环境、促进 B&R 建设与低碳绿色发展奠定基础。而目前快速发展的遥感云计算（RSCC）则是开展中亚 BD 获取及应用的创新领域，值得我们进一步探索。

RSCC 是遥感图像处理与云计算（cloud computing，CC）及网络的有机结合。CC 是分布式计算技术的一种，其最基本的概念，是透过网络将庞大的计算处理程序自动分拆成无数个较小的子程序，再交由多部服务器所组成的庞大系统经搜寻、计算分析之后将处理结果回传给用户。CC 是分布式处理（distributed computing）、并行处理（parallel computing）和网格计算（grid computing）的发展，或者说是这些计算机科学概念的商业实现。CC 将计算任务分布在大量计算机构成的资源池上，使各种应用系统能够根据需要获取计算力、存储空间和各种软件服务。CC 技术实质是计算、存储、服务器、应用软件等 IT 软硬件资源的虚拟化，CC 在虚拟化、数据存储、数据管理、编程模式等方面具有自身独特的技术。CC 的关键技术包括虚拟机技术、数据存储技术、数据管理技术、分布式编程与计算、虚拟资源的管理与调度技术等。随着 IOT 业务量的不断增加，对数据存储和计算量的需求将带来对 CC 能力的更高要求。目前，RSCC 虽然还在快速发展阶段，但已显示出了巨大的应用前景。遥感信息技术正在逐步进入一个以数据模型驱动、BD 智能分析为特征的遥感 BD 时代，对遥感 BD 进行快速处理、分析和 DM 是一个新创新领域。RSCC 极大地改变了传统遥感数据处理和分析的模式，为资源环境 BD 处理提供了理论基础，也提供了方法途径。目前国际及国内主要 RSCC 平台如表 2.3 所示（付东杰 等，2021）。

表 2.3 当前国内外主要遥感 CC 平台信息表

遥感 CC 平台	国家	数据	API	网址
GEE	美国	遥感影像数据，地形数据，土地覆被数据，天气，降雨和大气数据，人口数据，部分矢量数据	JavaScript，Python	https://earthengine.google.com/
NEX	美国	MODIS，Landsat，VIIRS，GOES，Sentinel，NEX 降尺度气候模拟数据集	MATLAB，IDL	https://www.nasa.gov/nex/
笛卡尔实验室（Descartes Labs）	美国	遥感影像（Landsat，Sentinel，SPOT，Pleiades），气象数据（NCEP，CFSR，NOAA GSOD，NOAA GFS），高程数据，地理位置/Ats 数据，土地领域数据	Python	https://decarteslabs.com/
AWS	美国	Landsat，Sentinel，CBERS 数据，OpenStreetMap 数据	C++，Java，JavaScript，.NET，Node.js，PHP，Python，Ruby	https://aws.amazon.com/cn/earth

续表

遥感 CC 平台	国家	数据	API	网址
数据立方体 Data Cube	澳大利亚	Landsat，Sentinel，MODIS，水体，潮间带高程，植被覆盖，动态土地覆盖数据集	Python	https://opendatacube.org
CODE-DE	德国	Sentinel，Landsat，土地覆被	Python	https://code-de.org/
地球大数据挖掘系统（EarthDataMiner）	中国	卫星遥感数据，生物生态数据，大气海洋数据，基础地理数据及地面观测数据，地层学与古生物数据，中国生物物种名录，微生物数据，组学数据	Python	https://earthdataminer.casearth.cn/
PIE-Engine	中国	Landsat，Sentine，葵花-8 数据集	JavaScript	https://engine.piesat.cn/engine/#/home

注：据付东杰（2021）修改。

中亚资源问题、环境问题以及社会发展问题，涉及大量的遥感数据处理问题，特别区域及景观尺度的遥感空间分析具有重要的地位与作用。RSCC 创新了以往用户需要将数据输入本地专业软件进行处理的方式，用户可以在 RSCC 平台开发自己的算法，节约了大量数据获取及预处理的时间，有利于把侧重点集中在后续的复杂问题科学分析方面。

第 3 章　ACA 气候要素的时空变化特征

全球尺度的气温、降水变化具有明显的区域性特征。全球变化背景下，干旱化趋势明显。ACA 作为亚欧内陆干旱区的主体，受西风环流和北大西洋涛动的影响，形成了显著区别于非洲、美洲和大洋洲的水热组合配置。近年来，在自然环境演变及经济社会发展的双重影响下，ACA 生态环境脆弱性显著增强。随着《巴黎协定》在全球的实施，B&R 国际合作中，中长期气候变化问题受到广泛关注，诸多国家的学者对气候变化问题的探索逐步深入。中国学者基于 B&R 综合评估模型(BRIAM)和现有数据，评估了 B&R 国家的国家自主贡献(NDCs)实施情况以及《巴黎协定》为将全球平均气温较工业化前水平的升幅控制在远低于 2 ℃(2 ℃情景)的排放限制。研究结果表明，在一切照旧的情景下，B&R 地区 CO_2 排放将继续上升，从 2015 年的 20 Gt 增加到 2030 年的 27.7 Gt 和 2050 年的 38.1 Gt；NDC 情景和 2 ℃情景下 2030 年分别减排 3.2 Gt 和 11.2 Gt，2050 年分别减排 9.0 Gt 和 34.0 Gt(Chai et al.，2020)。B&R 国家现有的 NDC 还不足以实现《巴黎协定》提出的 2 ℃目标。有鉴于此，本研究选取中亚地区 82 个气象站 1961—2013 年的观测资料及 CRU 格点资料，对基本气候要素及 ECE 的变化趋势进行系统分析，揭示区域气候变化的时空演变规律，进一步探索生态环境状况。

3.1　基本气候要素变化特征

3.1.1　年际变化特征

监测及分析表明，1961—2013 年 ACA 年平均气温为 7.76 ℃，其中 2013 年出现 9.01 ℃最高气温，而 1972 年出现 6.05 ℃最低气温。自 1961 年开始年平均气温曲线呈上升趋势(表 3.1)，增幅为 0.28 ℃/10 a($p<0.05$)，特别是 1985 年以来增温幅度明显加快(0.43 ℃/10 a，$p<0.05$)。与中国和全球气温增幅(两者分别为 0.22 ℃/10 a 和 0.13 ℃/10 a)相比，ACA 的升温幅度相对较大(Deng et al.，2017；IPCC，2014)。研究时段内，ACA 年降水量为 263.65 mm，其中 1969 年出现 363.08 mm 最大降水量，而 1971 年出现 200.94 mm 最低值，总体上增幅约为 3.30 mm/10 a($p>0.05$)。其中自 1971 年以来年降水量曲线呈波动增加的趋势，特别是 2001 年以后降水明显增多。相关研究表明，伴随西风环流的增强以及境内山盆结构的影响，自 20 世纪 80 年代中后期以来中亚地区水汽增多，山区降水较多(Chen et al.，2011；胡汝骥等，2014)。

表 3.1　ACA 气温与降水量的变化特征

年代	1961—1970	1971—1980	1981—1990	1991—2000	2001—2013
平均气温(℃)	7.30	7.33	7.64	7.82	8.49
距平值(℃)	−0.46	−0.43	−0.12	0.06	0.73

续表

年代	1961—1970	1971—1980	1981—1990	1991—2000	2001—2013
降水量(mm)	265.28	249.45	264.06	262.72	266.46
距平值(mm)	1.64	−14.20	0.41	−0.93	2.81

从空间特征而言，ACA 年平均气温呈现东西部高而中部低的空间分布特征，如图 3.1a 所示。中亚西部卡拉库姆沙漠地区、中国新疆的塔里木盆地等地区气温较高，约在 10 ℃以上，而天山、阿尔泰山及帕米尔山等地区气温相对较低，普遍在 5 ℃以下。新疆北疆及东天山地区和咸海周边区域增温趋势显著，增幅高于 0.34 ℃/10 a，而哈萨克斯坦北部丘陵区增幅相对较小，降幅低于 0.24 ℃/10 a(图 3.1b 和图 3.1c)。从年降水量的空间分布上看，其呈现出中部高、两边低的分布格局，山区降水量较多(图 3.1d)。咸海地区及南疆盆地的降水量较少普遍不足 15 mm；而帕米尔山区降水较多，约在 400 mm 以上。里海沿岸以及中国新疆大部分地区降水增加趋势明显，增幅普遍高于 10 mm/10 a；而咸海周边区域、中亚西部卡拉库姆沙漠地区以及哈萨克斯坦北部丘陵区等区域降水呈显著减少趋势，线性倾向率在−3.40 mm/10 a 以下(图 3.1e 和图 3.1f)。

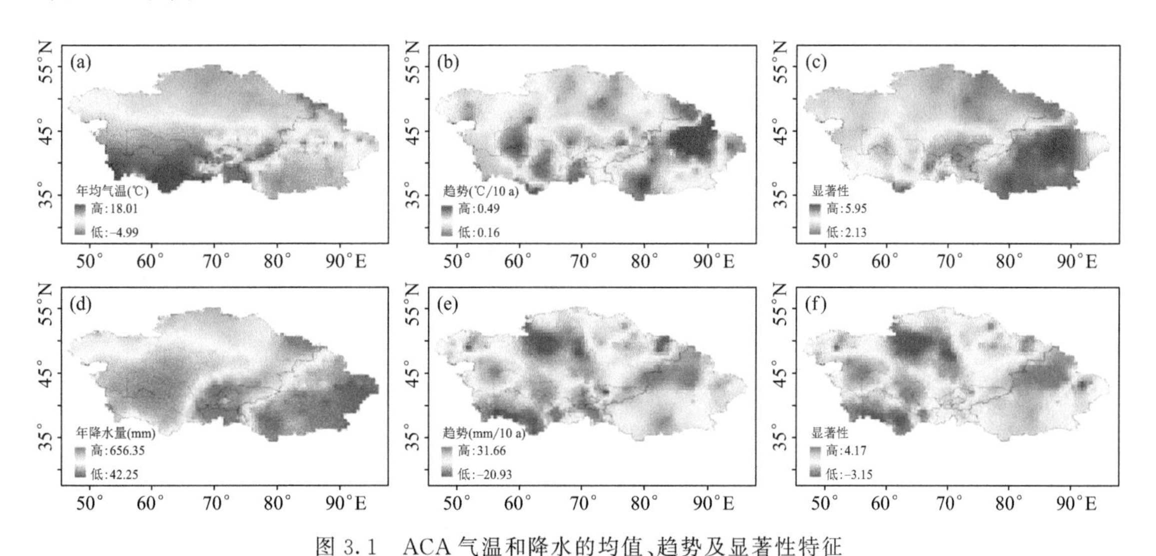

图 3.1　ACA 气温和降水的均值、趋势及显著性特征

(a—c：年平均气温；d—f：年降水量)

SPEI 是一种既考虑降水变化，又考虑潜在蒸散影响的综合性干旱监测指标，现已被 FAO 推荐使用(Vicenteserrano et al.，2012)。干湿级别划分如表 3.2 所示。

表 3.2　基于 SPEI 值的干湿等级分类

SPEI 值	干旱等级	SPEI 值	湿润等级
≤−2.0	极端	≥2.0	极端
(−2.0,−1.5]	中等	[1.5,2.0)	中等
(−1.5,−1.0]	轻度	[1.0,1.5)	轻度

研究时段内，ACA 年均 SPEI 值介于−1.02～1.31，总体呈现出小幅增加的趋势，线性倾向率为 0.06/10 a($p>0.05$)。从空间分布而言，哈萨克斯坦北部丘陵区及中国新疆塔里木盆

地是 SPEI 的低值区；而帕米尔山、东天山北坡及中亚西北部的图尔盖高原等地区 SPEI 值相对较高。新疆北疆及东天山地区 SPEI 增加趋势显著，增幅约在 0.31/10 a 以上，而土库曼斯坦东部地区 SPEI 降幅明显，变化趋势约为－0.15/10 a。

3.1.2　季节变化特征

研究时段内，ACA 四季平均气温均表现出显著的增加趋势（$p<0.05$），但各季节的升温幅度存在差异（图 3.2），其中秋季增幅最大，达 0.32 ℃/10 a；春、冬两季紧随其后，增幅均为 0.30 ℃/10 a；而夏季升幅最小，为 0.24 ℃/10 a。由此可见，秋季增温对全年气温的升高具有较大贡献。

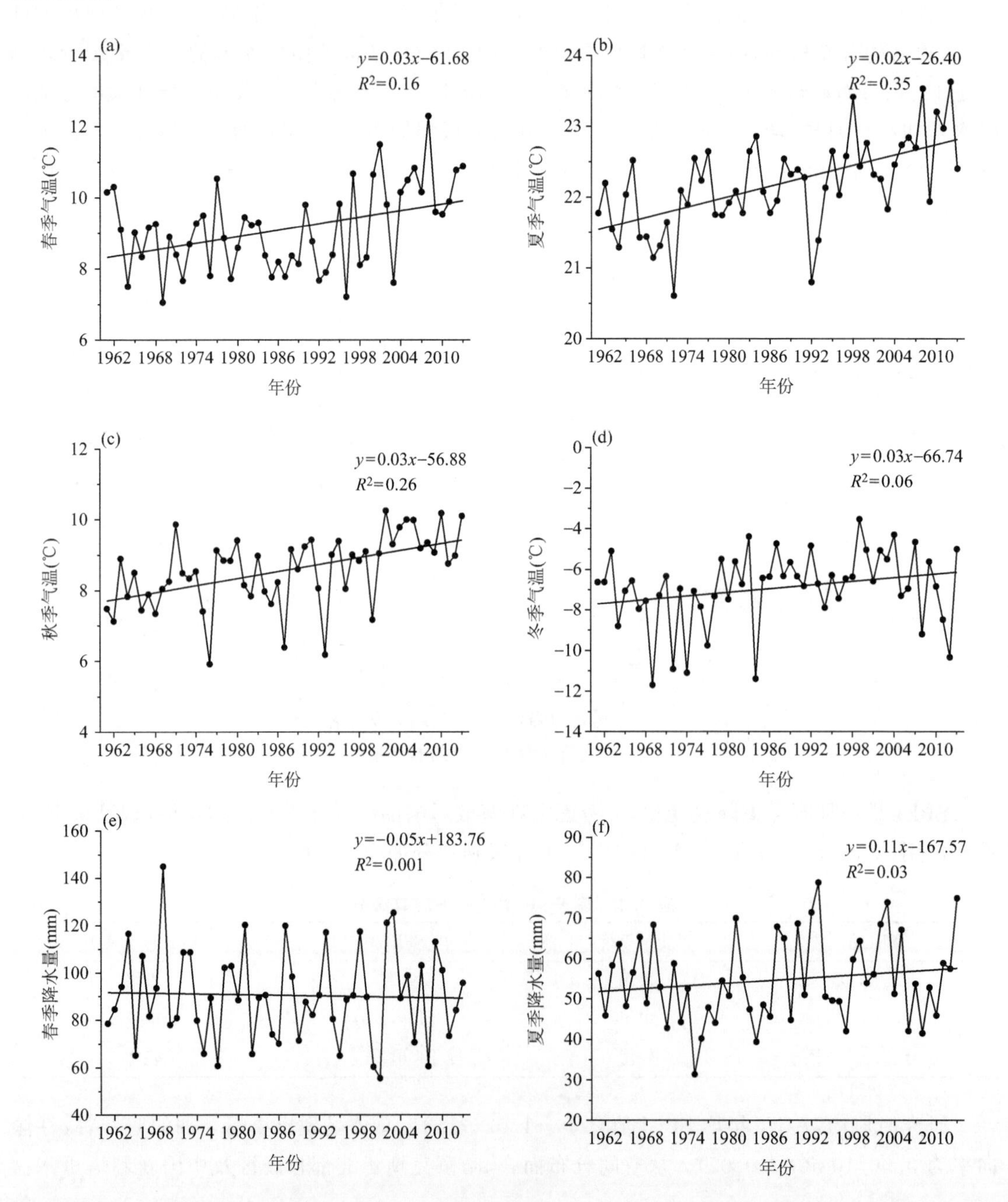

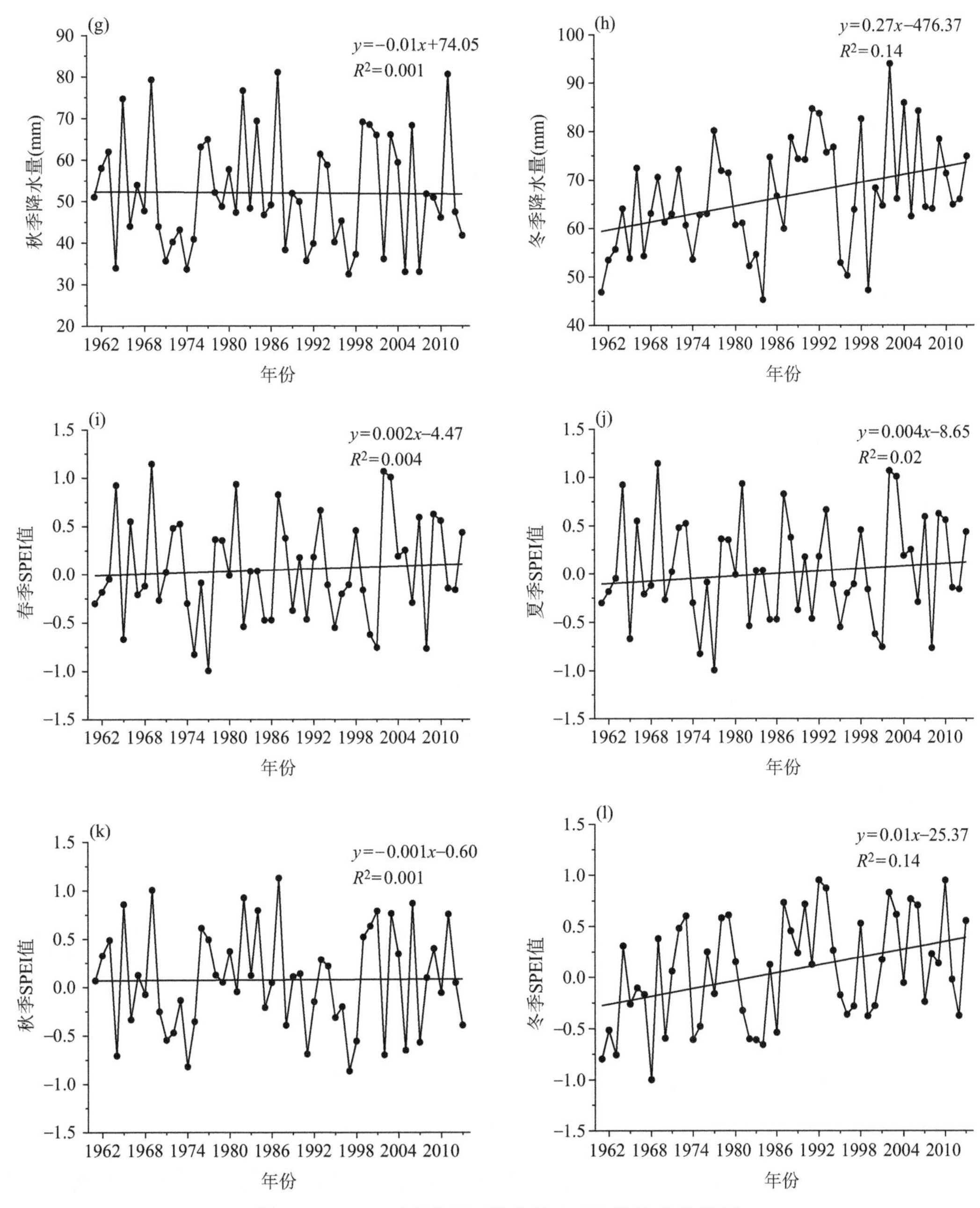

图 3.2　ACA 四季气温、降水及 SPEI 值的变化特征

(a—d:气温;e—h:降水;i—l:SPEI 值)

ACA 四季平均气温的空间分布表现出较好的空间一致性,即呈现出两边高、中间低的分布格局(图 3.3)。具体而言,中亚西部及南疆的绝大多数区域处于气温的高值区,尤以中亚西南部气温最高,而高海拔山区及哈萨克斯坦北部等区域属于气温的低值区。此外在夏季时段中,里海沿岸的周边平原区气温也相对较高,介于 21.83～25.15 ℃。

中亚地区不同季节的升温幅度具有明显空间差异。春季哈萨克斯坦北部丘陵区、图尔盖低地、乌兹别克斯坦西部等地区增幅较大,介于 0.31～0.55 ℃/10 a,特别是乌兹别克斯坦西

部地区增幅通过了 $\alpha=0.05$ 的显著性水平；夏季中亚西北部的图尔盖高原、卡拉库姆沙漠周边区域等地区升温较为明显($p<0.05$)，幅度为 0.34～0.49 ℃/10 a；秋季哈萨克斯坦北部及中部丘陵区、中国新疆北疆的大多数区域升温幅度较大($p<0.05$)，普遍高于 0.40 ℃/10 a；冬季中国新疆北疆的多数区域增温趋势显著，增幅较大，在 0.57～0.87 ℃/10 a($p<0.05$)之间。

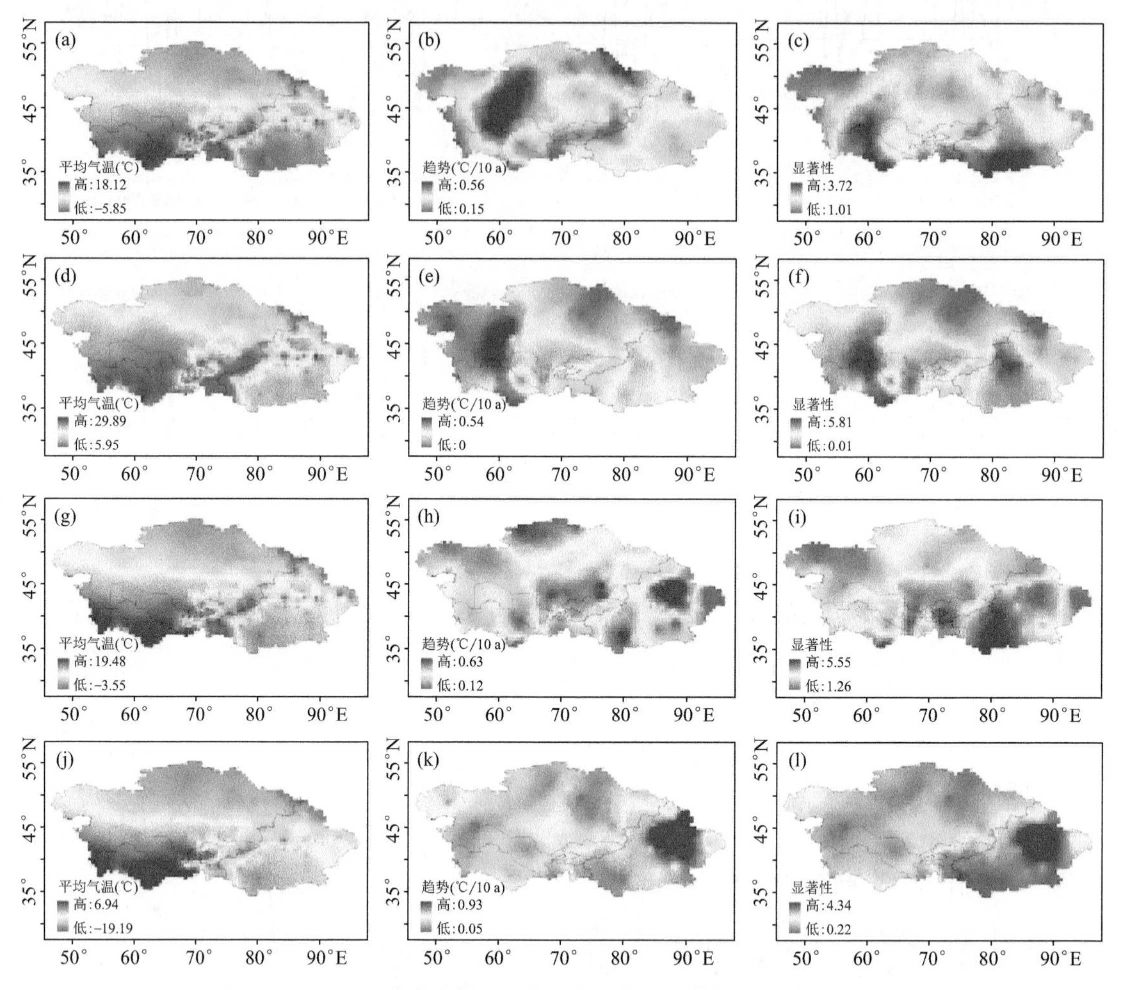

图 3.3 ACA 四季平均气温及其变化趋势和显著性水平的空间特征

(a—c：春；d—f：夏；g—i：秋；j—l：冬)

研究时段的 50 多年内，ACA 不同季节降水量的变化趋势较为复杂，夏、冬季降水呈增加趋势，特别是冬季降水增加明显，增幅为 2.73 mm/10 a($p<0.05$)；而春、秋两季降水呈微弱的减少趋势(图 3.4)。由此可见，冬季降水增加对全年总降水量增多起到了一定的作用。ACA 春、冬两季降水量的分布特征相似，整体呈现出中间高、两边低的分布格局；而夏、秋两季降水量在高海拔山区及哈萨克斯坦北部丘陵区较多，天山中段是典型的降水高值区之一。

中亚地区不同季节的降水空间变化趋势。春季哈萨克斯坦北部丘陵区、图尔盖高原以及新疆阿尔泰山等地区增幅较大(≥2.59 mm/10 a)且通过了 $\alpha=0.05$ 的显著性水平；夏、秋两季新疆大部分地区降水增加明显，特别是东天山地区降水增幅显著($p<0.05$)，分别为 4.97 mm/10 a(夏)和 4.14 mm/10 a(秋)；冬季帕米尔山、天山东段和中段降水显著增加，分

别为 10.73 mm/10 a、6.51 mm/10 a 和 4.78 mm/10 a。

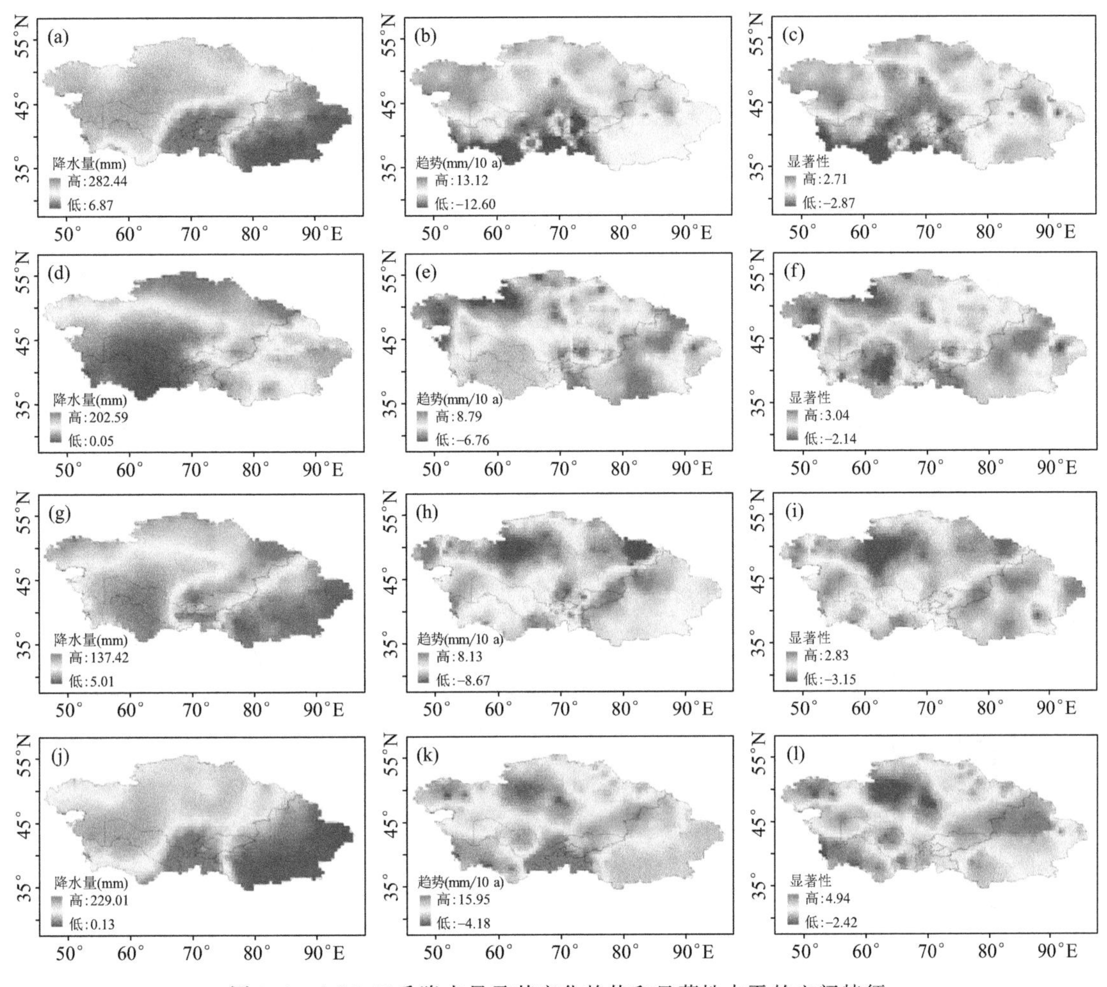

图 3.4　ACA 四季降水量及其变化趋势和显著性水平的空间特征

(a—c:春;d—f:夏;g—i:秋;j—l:冬)

研究时段的 50 多年间,ACA 不同季节 SPEI 值呈不同程度的增加趋势(图 3.5),其中冬季 SPEI 增幅明显($p<0.05$),线性倾向率达 0.13/10 a,而其余 3 个季节的变化趋势均不显著($p>0.05$),特别是秋季 SPEI 值出现小幅下降趋势,降幅为 0.01/10 a。除夏季外,中国塔里木盆地的 SPEI 值均较小,而高海拔山区各季节 SPEI 值普遍较大,这反映了 SPEI 在空间分布上具有差异性。总体而言,中亚西北部地区在不同季节均表现出下降趋势,而东天山北坡呈明显的增加趋势。春季中亚西部卡拉库姆沙漠地区、哈萨克斯坦中部平原区下降趋势显著($p<0.05$),变幅介于−0.21～0.12/10 a;夏、冬两季图尔盖高原以及乌兹别克斯坦西部地区降幅较大,普遍低于 0.09/10 a;秋季哈萨克斯坦北部丘陵区是主要的下降区域之一,降幅达 0.05/10 a 以下。

3.1.3　气候突变分析

研究时段的 50 多年内, ACA 气温、降水及 SPEI 的突变检验结果,如表 3.3 所示。年平均气温在 1996 年发生了突变,且突变点通过了 $\alpha=0.05$ 的显著性水平。与中国西北干旱区及

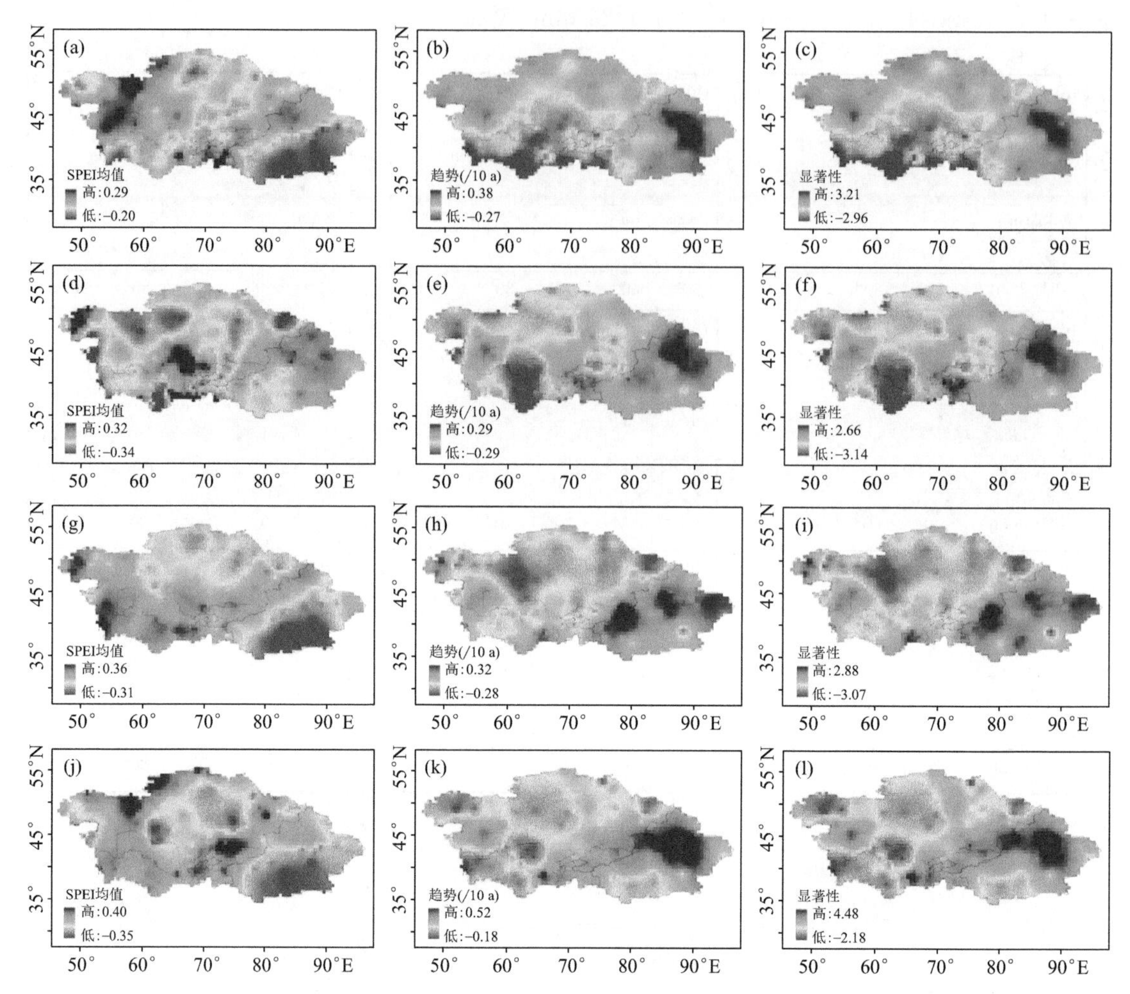

图 3.5　ACA 四季 SPEI 值及其变化趋势和显著性水平的空间特征

(a—c:春;d—f:夏;g—i:秋;j—l:冬)

新疆地区的突变时间(约 1993 年前后)相比,中亚地区气温的突变时间明显推后,但与天山地区气温突变结果相一致(姚俊强 等,2012)。同样,中亚地区四季平均气温的突变结果全部通过了显著性检验,并表现出明显的季节差异。秋、冬两季突变时间明显早于春、夏两季,特别是冬季气温的突变时间最早,发生在 1978 年。

年降水量的可能突变点发生在 1987 年,但并未通过显著性检验,而同时段天山地区的降水量在 1986 年发生了突变,这与 Shi 等(2007)提出的西北气候转型时间相一致。冬季降水量在 1984 年发生了突变($p<0.05$),与同时段天山及新疆大部分地区的突变点相似(Chen et al.,2014)。冬季 SPEI 在 1986 年发生了突变($p<0.05$),表明自 1986 年以来中亚地区冬季气候开始变湿。

ACA 年平均气温的 Hurst 指数值为 0.77,超过了 0.5 的阈值,反映了较强的持续性,预示未来一段时间内中亚增温的趋势还将持续。同样,中亚地区四季平均气温的 Hurst 指数值均在 0.58 以上,超过了 0.5 的阈值,反映了未来一段时间不同季节的增温趋势仍将继续保持。表 3.3 反映了 ACA 气温、降水及 SPEI 的突变及趋势检验特征。

表3.3 ACA气温、降水及SPEI的突变及趋势检验

平均气温	突变点(年)	Hurst指数	降水量	突变点(年)	Hurst指数	SPEI	突变点(年)	Hurst指数
年	**1996**	**0.77**	年	1987	0.51	年	1987	0.52
春季	**1999**	**0.62**	春季	2001	0.50	春季	2001	0.54
夏季	**1994**	**0.72**	夏季	1986	0.70	夏季	1986	0.67
秋季	**1987**	**0.58**	秋季	1987	0.57	秋季	1975	0.61
冬季	**1978**	**0.73**	冬季	**1984**	**0.68**	冬季	**1986**	**0.67**

注：黑体数字表示通过$\alpha=0.05$的显著性检验。

由M-K突变检验可知，冬季降水量和SPEI存在显著的突变点($p<0.05$)，两者的Hurst指数值分别为0.68和0.67，反映了未来一段时间冬季降水量会继续增多，并且冬季变湿状况仍将持续。

3.2 ECI变化特征

3.2.1 ECI的时空分布特征分析

WMO的相关工作组基于逐日气温和降水数据定义了27个ECI，用于反映ECE的不同方面，现已在全球范围内广泛使用(Fischer et al.,2012)。根据研究区的实际情况，有针对性地选取8个ECI，包括4个气温指数(冷夜[TN10p]、暖夜[TN90p]、冷日[TX10p]、暖日[TX90p])；4个降水指数(降水日数[R1]、最长无降水日数[CDD]、一日最大降水量[RX1d]、强降水量[R95p])进行分析，各指数的具体定义参见文献(Fischer et al.,2012)。需要说明的是，降水数据中仅考虑日降水量≥1 mm的情况(IPCC,2014)。

研究时段内，ACA TX10p的变化曲线，如图3.6a所示。TX10p曲线在1964年及2009年分别出现最高与最低值。自1961年开始TX10p呈明显的下降趋势，降幅为1.42 d/10 a ($p<0.05$)。M-K突变检验结果表明，TX10p曲线在1982年存在一个显著的突变点，突变前后TX10p均值减少了约4.07 d。在空间分布上，TX10p的均值及变化趋势均呈东高西低的特征，但中亚西北部的图尔盖高原及里海沿岸的周边区域降幅较大($p<0.05$)。

同样，TN10p曲线的变化特征及空间分布与TX10p较为类似(图3.6b)。近53 a TX10p呈显著的下降趋势(−1.62 d/10 a，$p<0.05$)，并且在1986年前后发生了显著的突变。此外，TX10p和TN10p的Hurst指数值分别为0.83和0.87，反映两者的变化趋势具有较强持续性，未来一段时间仍将继续保持下降趋势。

研究时段内，ACA TX90p的变化曲线如图3.6c所示。由TX90p曲线在2004年及1965年分别出现最高与最低值。自1961年开始TX90p呈显著的上升趋势，增幅达2.8 d/10 a ($p<0.05$)。M-K突变检验结果表明，1984年是TX90p曲线的一个显著突变点，突变前后其均值增加了约5.96 d。TX90p均值及变化趋势的空间分布均呈西高东低的特征，特别是里海沿岸的周边区域增幅显著($p<0.05$)。同样，TN90p曲线的变化特征与TX90p较为类似(图3.6d)。TN10p呈明显的增加趋势(2.43 d/10 a，$p<0.05$)，并且在1985年前后发生了显著的突变。此外，TX90p和TN90p的Hurst指数值分别为0.84和0.89，表明了两者在未来一段时间仍将继续保持升高趋势。

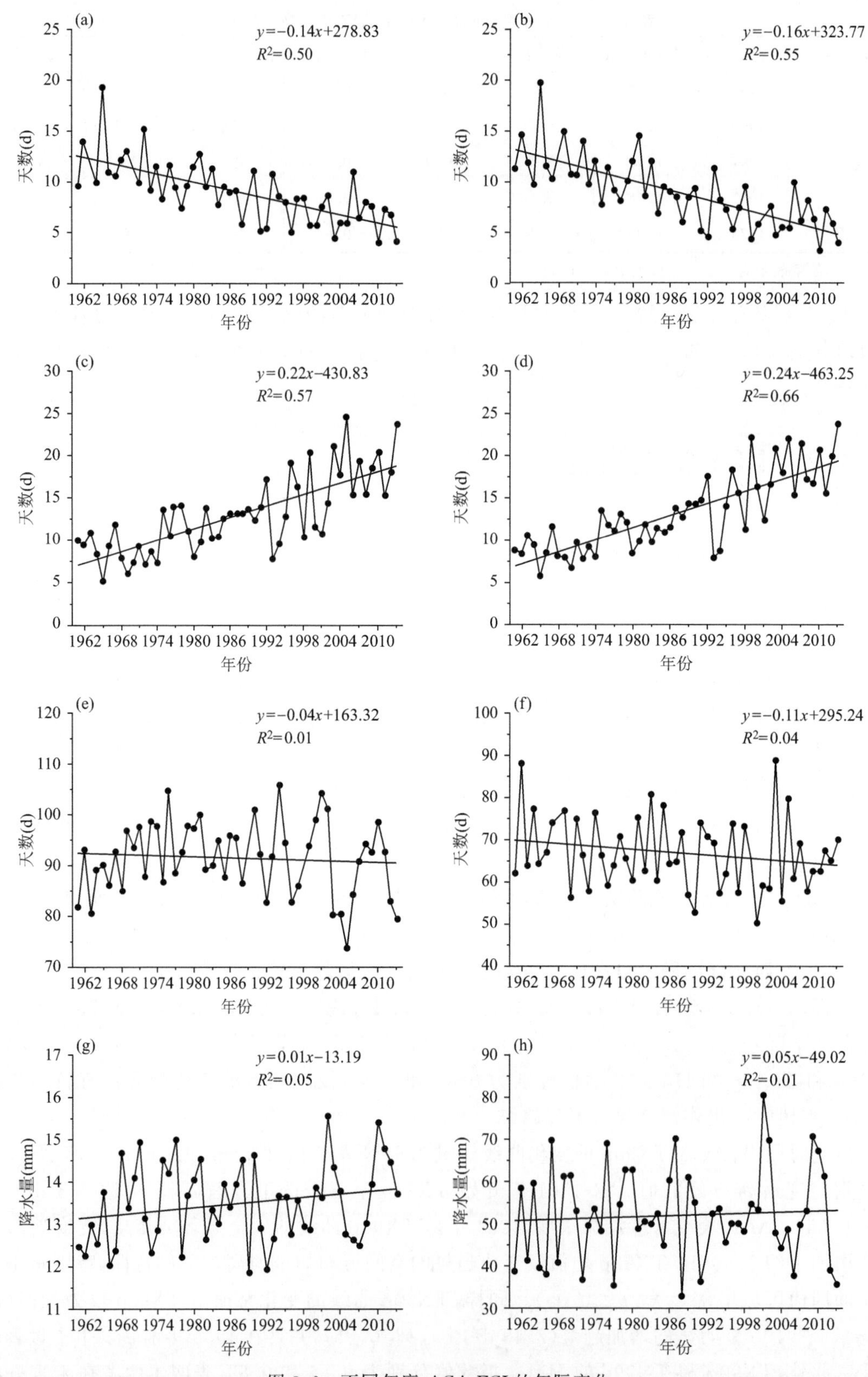

图 3.6　不同年度 ACA ECI 的年际变化

（a—d：依次是 TX10p、TN10p、TX90p 及 TN90p；e—h：依次是 R1、CDD、RX1d 及 R95p）

研究时段内，ACA R1 的变化曲线，如图 3.6e 所示，其曲线的最高值出现在 1994 年(105.65 d)，而 2005 年出现最低值(73.93 d)。自 1961 年以来 R1 呈波动变化的特征，总体而言其变化趋势为 −0.4 d/10 a($p>0.05$)。在空间分布上，R1 的均值呈两边高、中间低的特征，中国塔里木盆地及中亚西部卡拉库姆沙漠地区 R1 值偏低；而哈萨克斯坦北部丘陵区、高海拔山区 R1 值相对较高。中国新疆北疆及东天山地区降水增多趋势显著，增幅高于 1.33 d/10 a($p<0.05$)。如图 3.6f 所示，CDD 的变化曲线整体呈波动下降的趋势，降幅为 1.14 d/10 a($p>0.05$)，CDD 均值的空间分布特征与 R1 类似，也表现为两边高、中间低的特征。具体而言，中国新疆南疆塔里木盆地及中亚西部卡拉库姆沙漠地区 CDD 值基本在 85 d 以上；而哈萨克斯坦北部丘陵区 CDD 值则在 53 d 以下。中国新疆大部分地区 CDD 呈显著的下降趋势，降幅普遍在 3.7 d/10 a 以上；而里海沿岸的周边区域 CDD 呈小幅增加的趋势，增幅普遍高于 0.74 d/10 a。

研究时段内，ACA RX1d 的变化曲线如图 3.6g 所示，其曲线的最高值 15.56 mm 出现在 2002 年，而 1989 年出现最低值 11.88 mm。自 1961 年以来 RX1d 呈波动上升的趋势，总体增幅为 0.13 mm/10 a($p>0.05$)。帕米尔山、天山、阿尔泰山及中亚西北部的图尔盖高原是 RX1d 的高值区域；而哈萨克斯坦中部平原区、中亚西部卡拉库姆沙漠地区则是典型的低值区。从 RX1d 的空间趋势上看，其在中亚东、中部的大多数地区均呈现显著增加的趋势，线性倾向率在 0.26 mm/10 a 以上，其中尤以高海拔山区增幅最明显。研究时段内，ACA R95p 的变化曲线，如图 3.6h 所示。其曲线的最高值 80.57 mm 出现在 2001 年，而 1988 年出现最低值 33.06 mm。总体而言，R95p 呈增加趋势(0.5 mm/10 a)，但并未通过 $\alpha=0.05$ 的显著性水平。R95 均值的空间分布特征与 RX1d 类似，整体表现为高海拔山区及中亚西北部的图尔盖高原是典型的高值区；而中亚西部卡拉库姆沙漠地区和南疆塔里木盆地处于低值区。中亚东、中部的大多数地区 R95p 均呈现出明显增加的趋势，其中尤以高海拔山区的增幅最为明显，介于 3.19～5.49 mm/10 a。

3.2.2 ETI 与年平均气温的关系

研究时段内，ACA ETI 与年平均气温(Mean-T)的相关系数及显著性结果，如表 3.4 所示。Mean-T 与 4 个 ETI 的相关系数均在 0.45 以上($p<0.05$)，特别是 Mean-T 与 TX90p 和 TN90p 的相关系数较高，分别为 0.51 和 0.59，表明伴随 Mean-T 的逐步上升，TX90p 和 TN90p 出现的频次会进一步增加；Mean-T 与 TX10p 和 TN10p 呈显著负相关关系($p<0.05$)，相关系数分别为 −0.45 和 −0.46，表明伴随 Mean-T 的逐步上升，TX10p 和 TN10p 出现的频次会进一步减少。除 Mean-T 外，4 个 ETI 之间也具有较好的相关性，且均通过了 $\alpha=0.05$ 的显著性检验(表 3.4)。上述结果与中国西北干旱区及中国大陆的研究成果相似(You et al.，2011；Wang et al.，2013)。

表 3.4　ACA ETI 与 Mean-T 的相关系数

气温指标	Mean-T	TX10p	TN10p	TX90p	TN90p
Mean-T	1				
TX10p	**−0.45**	1			
TN10p	**−0.46**	**0.97**	1		

续表

气温指标	Mean-T	TX10p	TN10p	TX90p	TN90p
TX90p	**0.51**	**−0.79**	**−0.81**	1	
TN90p	**0.59**	**−0.81**	**−0.83**	**0.96**	1

注:黑体数字表示通过 $\alpha=0.05$ 的显著性检验;Mean-T 代表年平均气温。

3.2.3 EPI 与年降水总量的关系

研究时段内,ACA EPI 与年降水量(Prcptot)的相关系数及显著性结果,如表 3.5 所示。

表 3.5 ACA EPI 与 Prcptot 的相关系数

降水指标	Prcptot	R1	CDD	RX1d	R95p
Prcptot	1				
R1	**0.95**	1			
CDD	**−0.29**	**−0.37**	1		
RX1d	**0.65**	**0.48**	−0.20	1	
R95p	**0.82**	**0.64**	−0.19	**0.87**	1

注:黑体数字表示通过 $\alpha=0.05$ 的显著性检验;Prcptot 代表日降水量≥1 mm 的年总降水量。

Prcptot 与 R1、RX1d 和 R95p 呈显著正相关关系($p<0.05$),相关系数在 0.65 以上;而与 CDD 呈显著负相关关系($p<0.05$),表明随着年降水量的增多(减少),极端降水事件的发生次数会进一步减弱(增强),这与中国西北干旱区及新疆地区的研究结果相似(Wang et al.,2013;Deng et al.,2014)。除 Prcptot 外,R1 和 RX1d 等大多数 EPI 之间也具有较好的相关性,且均通过了 $\alpha=0.05$ 的显著性检验(表 3.5)。

3.3 未来 ECI 演变

气候模式是开展未来气候变化研究的重要途径之一(Zhou et al.,2007)。近年来一系列气候模式应运而生,如 BCC-CSM1.1、CanESM2、GISS-E2-H(Russo et al.,2014;Jiang et al.,2015)、SSPs 等。考虑到现有的模式在中亚地区的模拟能力(Huang et al.,2014;何清,2016),本研究基于 BCC 模式的 RCP4.5 和 RCP8.5 情景数据,分析 ACA 未来 ECI 的变化趋势及空间分布差异。

3.3.1 RCP4.5 情景下 ECI 变化

RCP4.5 情景下,2013—2100 年 ACA ECI 的统计特征如表 3.6 所示。

表 3.6 RCP4.5 情景下 2013—2100 年 ACA ECI 的统计特征

ECI	均值	趋势	M-K 突变检验(年)	Hurst 指数
TX10p	4.90(d)	**−0.43**(d/10 a)	**2060**	0.80
TN10p	4.33(d)	**−0.46**(d/10 a)	**2040**	0.83
TX90p	26.14(d)	**1.78**(d/10 a)	**2045**	0.98
TN90p	27.35(d)	**1.89**(d/10 a)	**2045**	0.96

续表

ECI	均值	趋势	M-K 突变检验(年)	Hurst 指数
R1	92.17(d)	−0.24(d/10 a)	2036	0.70
CDD	70.82(d)	−0.01(d/10 a)	2035	0.56
RX1d	14.45(mm)	**0.10**(mm/10 a)	**2057**	0.66
R95p	65.04(mm)	**1.15**(mm/10 a)	**2057**	0.62

注：黑体数字表示通过 $\alpha=0.05$ 的显著性检验。

从表 3.6 可知，TX10p 和 TN10p 呈明显的下降趋势($p<0.05$)，下降幅度分别为 0.43 d/10 a 和 0.46 d/10 a。M-K 突变检验结果表明，2013—2100 年 TX10p 和 TN10p 曲线各存在一个显著的突变点($p<0.05$)，分别为 2060 年和 2040 年。两者的 Hurst 指数均超过了 0.80，反映了 TX10p 和 TN10p 的变化趋势具有较强持续性，未来一段时间两者仍将继续保持下降趋势。由表 3.6 还可知，TX90p 和 TN90p 呈明显的上升趋势($p<0.05$)，上升幅度分别为 1.78 d/10 a 和 1.89 d/10 a。M-K 突变检验结果表明，2013—2100 年 TX90p 和 TN90p 曲线各存在一个显著的突变点($p<0.05$)，均可能发生在 2045 年。两者的 Hurst 指数也均超过了 0.95，反映 TX90p 和 TN90p 的变化趋势具有较强持续性，未来一段时间两者仍将继续保持上升趋势。

从空间特征而言，TX10p 呈现出中间低、四周高的特征，下降幅度较大的地区主要分布在中亚西北部的图尔盖高原、哈萨克斯坦中部平原区等，降幅超过 0.38 d/10 a。TN10p 的空间趋势分布与 TX10p 类似，除中亚西北部的图尔盖高原、哈萨克斯坦中部平原区外，中国新疆大部分地区也是主要的降幅区之一，变幅在−0.42 d/10 a 以下($p<0.05$)；而里海沿岸的部分地区降幅较小，普遍在−0.25 d/10 a 以下。与此同时，TX90p 呈现出西高东低的特征，增长幅度较大的地区主要分布在里海沿岸及帕米尔山等(≥2.28 d/10 a)。TN90p 的空间趋势分布与 TX90p 类似，除里海沿岸及中亚西部卡拉库姆沙漠区外，中国新疆大部分地区也是主要的增幅区之一(≥1.98 d/10 a，$p<0.05$)；而哈萨克斯坦北部丘陵区、中亚南部的大部分地区增幅较小。

如表 3.6 所示，R1 和 CDD 呈下降趋势($p>0.05$)，下降幅度分别为 0.24 d/10 a 和 0.01 d/10 a。尽管 2013—2100 年 TX10p 和 TN10p 曲线存在可能的突变年份分别为 2036 年和 2035 年，但结果并不显著($p>0.05$)。R1 和 CDD 的 Hurst 指数也均超过了 0.56，反映了两者的变化趋势具有较强持续性。同时，R1 主要下降的区域出现在中亚南部的大部分地区、帕米尔山周边区域等，降幅普遍在 0.33～1.51 d/10 a；但其在哈萨克斯坦北部丘陵区及中亚西北部图尔盖高原区等出现了小幅增加的趋势。CDD 的空间趋势分布较为复杂，其中东天山北坡及中亚西部卡拉库姆沙漠地区是主要的减少区域，降幅在 1.19～3.34 d/10 a 之间($p<0.05$)，而土库曼斯坦东部及中亚西北部图尔盖高原等地区表现出小幅增加的趋势。

由表 3.6 可知，RX1d 和 R95p 均呈显著的上升趋势($p<0.05$)，上升幅度分别为 0.10 mm/10 a 和 1.15 mm/10 a。M-K 突变检验结果表明，两者的变化曲线均存在一个显著的突变点($p<0.05$)，可能发生在 2057 年。RX1d 和 R95p 的 Hurst 指数也均超过了 0.62，反映了两者的变化趋势具有较强持续性，未来一段时间仍将继续保持上升趋势。RX1d 在中国南疆的部分地区、哈萨克斯坦北部丘陵区及高海拔山区呈一定的增加趋势，增幅高于 0.15 mm/10 a($p<0.05$)；而在里海沿岸及土库曼斯坦和乌兹别克斯坦西北部地区出现下降趋势。R95p 的

空间趋势分布与RX1d较为相似，高值区主要位于南疆及哈萨克斯坦北部地区，上升幅度在1.48 mm/10 a以上。

3.3.2 RCP8.5情景下ECI变化

RCP8.5情景下，2013—2100年ACA ECI的统计特征如表3.7所示。由表3.7可知，暖指数的变化幅度明显高于冷指数的幅度，其中TX10p和TN10p呈明显的下降趋势（$p<0.05$），降幅分别为0.66 d/10 a和0.61 d/10 a，TX90p和TN90p呈显著的上升趋势（$p<0.05$），增幅分别为4.35 d/10 a和4.98 d/10 a，表明变暖背景下不同类型的指数具有一定差异性。M-K突变检验结果表明，4个ECI的变化曲线均存在一个显著的突变点（$p<0.05$），且集中于2048—2050年。各指数的Hurst指数均超过了0.93，反映4个ECI仍将保持原有的变化趋势。

表3.7 RCP8.5情景下2013—2100年ACA ECI的统计特征

ECI	均值	趋势	M-K突变检验(年)	Hurst指数
TX10p	3.37(d)	**−0.66**(d/10 a)	**2049**	0.93
TN10p	2.83(d)	**−0.61**(d/10 a)	**2050**	0.93
TX90p	35.15(d)	**4.35**(d/10 a)	**2048**	0.98
TN90p	38.07(d)	**4.98**(d/10 a)	**2049**	0.96
R1	90.12(d)	**−0.38**(d/10 a)	**2056**	0.61
CDD	72.26(d)	**0.88**(d/10 a)	**2042**	0.63
RX1d	14.82(mm)	**0.20**(mm/10 a)	**2040**	0.79
R95p	70.39(mm)	**3.29**(mm/10 a)	**2040**	0.76

注：黑体数字表示通过$\alpha=0.05$的显著性检验。

从空间分布的变化趋势而言，TX10p与TN10p的分布特征类似，即呈现出西高东低的特征。以TX10p为例，其在中国新疆大部分地区、土库曼斯坦和乌兹别克斯坦东南部呈较明显的下降趋势（$p<0.05$），降幅介于0.59～0.73 d/10 a之间。TN10p在北疆、土库曼斯坦和乌兹别克斯坦的大部分地区下降趋势显著（$p<0.05$），最大降幅可达0.67 d/10 a。同时，TX90p变化趋势的空间分布呈现出南高北低的特征，其在新疆南疆大部分地区、土库曼斯坦和乌兹别克斯坦东南部上升趋势明显（$p<0.05$），增幅可达4.58 d/10 a以上，而在哈萨克斯坦北部丘陵区以及中亚西北部图尔盖高原区的增幅相对较小，一般在2.71 d/10 a以下。TN90p与TX90p的分布特征类似，典型的高值区主要位于新疆全境（≥4.29 d/10 a，$p<0.05$），而里海沿岸的部分地区是主要的低值区（≤1.98 d/10 a）。

RCP8.5情景下2013—2100年ACA ECI的统计特征，如表3.7所示。由表3.7可知，除R1外，CDD、RX1d及R95p均呈显著增加的趋势，增幅分别为0.88 d/10 a、0.20 mm/10 a及3.29 mm/10 a。M-K突变检验结果表明，这3个ECI的变化曲线均存在一个显著的突变点（$p<0.05$），且集中于2040—2042年。各指数的Hurst指数均超过了0.63，反映了ECI仍将保持原有的变化趋势。

在空间分布的变化趋势方面，R1在中亚南部的大部分地区、帕米尔山周边区域等均出现了不同程度的下降，最大降幅达3.17 d/10 a（$p<0.05$）。CDD的空间趋势分布与R1相反，其在中国新疆大部分地区、哈萨克斯坦北部及中亚西北部图尔盖高原等地区呈减少趋势，但降幅

普遍较小。RX1d 在里海沿岸及中亚西北部图尔盖高原区呈明显的增多趋势（≥0.27 mm/10 a，$p<0.05$），而在天山中段及哈萨克斯坦中部平原区出现小幅下降。R95p 的空间趋势分布与 RX1d 较为相似，高值区主要位于新疆南疆、里海沿岸及中亚西北部图尔盖高原区，上升幅度普遍在 4.70 mm/10 a 以上。

第 4 章 ACA 土地资源与景观格局特征

LUCC 能够客观地反映人类活动与自然生态系统之间的相互作用与相互影响，并在气候变化、地表过程及环境效应等领域中发挥关键作用（刘纪远 等，2014）。基于景观生态学的 LUCC 研究不但能有效地反映 LUCC 的空间变化特征，而且还能定量分析景观要素的结构特征及其相互作用的关系（王让会 等，2008）。有鉴于此，本研究选取 ACA 1990—2013 年的 3 期 RSI，基于遥感、GIS 的空间分析技术及景观生态学的原理与方法，对中亚地区 LUCC 及景观格局的动态变化进行分析，揭示 ACA 土地利用与景观格局的时空变化特征。

4.1 LUCC 分析

ACA 土地利用类型复杂多样（图 4.1a—4.1c），包括耕地、林地、草地、水域、建设用地及未利用地。基于 1990 年、2000 年和 2013 年的 3 期 RSI，分别从总体变化特征、土地利用变化速度及其程度 3 个方面，对中亚地区不同土地利用类型的特征进行分析。

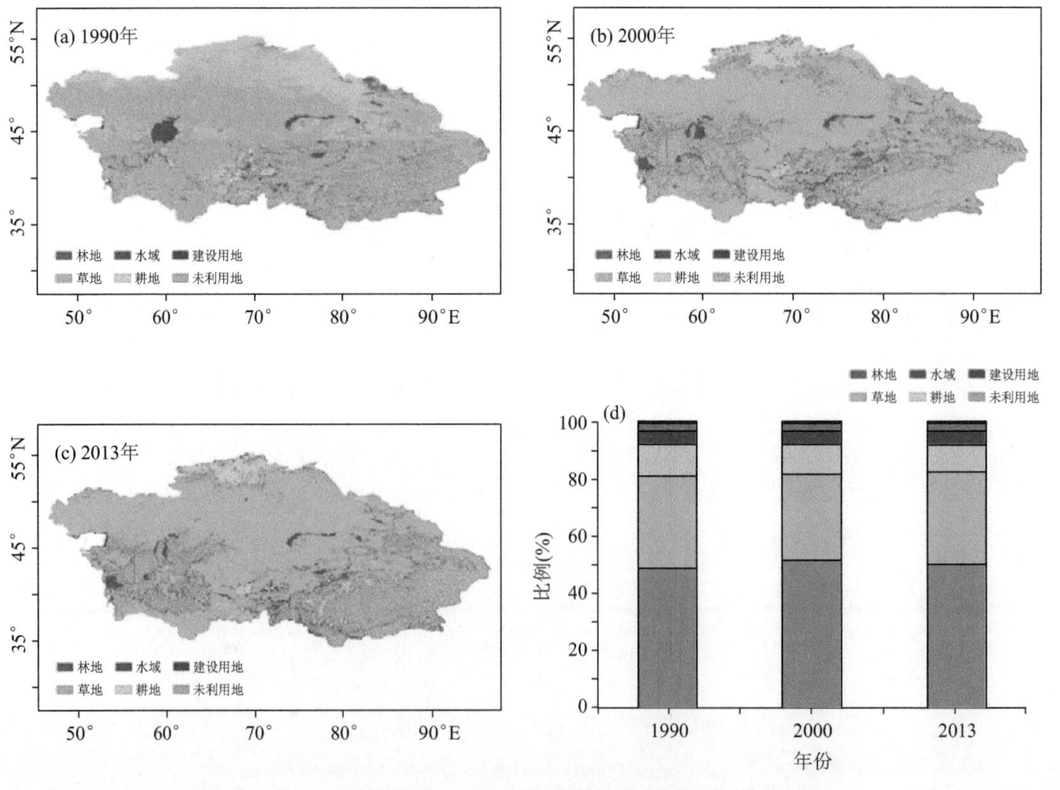

图 4.1 ACA 1990 年、2000 年、2013 年 LUCC 图

4.1.1 时空演变过程

由图 4.1d 可以看出，ACA 占主导的土地利用类型包括未利用地(沙地、戈壁及盐碱地等)和草地，两者约占总面积的 80%以上。其中未利用地面积最大，1990 年、2000 年和 2013 年未利用地面积分别占总面积的 48.77%、51.83%和 50.18%；其次是草地，三个年份所占的比例分别为 32.34%、30.27%和 32.26%；再次是耕地，三个年份的面积占比分别为 10.93%、10.24%和 9.44%；而水域(包括湖泊、冰川及积雪等)和建设用地的比例都相对较少，两者占总面积的 10%以下。三个年份水域面积分别占总面积的 5.08%、4.79%及 4.83%，建设用地在近 24 年面积占比最小，未超过 1%，对应年份比例分别为 0.63%、0.68%及 0.77%。

虽然研究期限内，ACA 以未利用地及草地为主的用地结构没有发生明显改变，但是其内部各土地利用类型的面积(比例)已发生了变化(表 4.1)。

表 4.1　1990—2013 年 LUCC 主要量化特征

土地利用类型	1990—1999 年		2000—2013 年		1990—2013 年	
	面积(km^2)	比例(%)	面积(km^2)	比例(%)	面积(km^2)	比例(%)
耕地	−38945.47	−6.31	−45098.87	−7.80	−84044.34	−13.63
林地	−3657.82	−2.89	19032.38	15.47	15374.56	12.13
草地	−116791.48	−6.40	111843.02	6.55	−4948.46	−0.27
水域	−16159.23	−5.64	2082.09	0.77	−14077.14	−4.91
建设用地	2868.12	8.06	4984.91	12.97	7853.03	22.07
未利用地	172685.92	6.28	−92843.55	−3.18	79842.37	2.90

在 1990—1999 年间，建设用地和未利用地的面积呈明显增加趋势，两者的增幅分别为 8.06%和 6.28%。除建设用地和未利用地外，其他土地利用类型均呈减少趋势，尤以草地和耕地的下降比例最为明显，降幅分别为 6.40%和 6.31%。而水域和林地的面积降幅分别为 5.64%和 2.89%。总体而言，这一时期 ACA 土地利用类型发生了较大程度的退化，生态环境也在一定程度上有所恶化。

在 2000—2013 年内，林地、草地、水域和建设用地的面积均呈增加趋势，尤其是林地和建设用地的面积增加最为明显，分别为 15.47%和 12.97%。其次为草地，增速为 6.55%，水域面积增速最小，仅为 0.77%。而耕地和未利用地呈下降趋势，降幅分别为 7.80%和 3.18%。总体而言，这一时期 ACA 干旱区土地利用类型并未持续出现较大程度的退化，生态环境状况也在一定程度上有所缓和。

在 1990—2013 年整个研究时段内，建设用地、林地和未利用地的面积呈增加趋势，其中建设用地的面积增幅最大，达到了 22.07%。其次是林地，其增加比例达到 12.13%。此外，未利用地面积在整个时段中也有小幅增加，幅度约为 2.90%。除建设用地、林地和未利用地外，其余 3 种土地利用类型均呈减少趋势。耕地的降幅最大，下降幅度约为 13.63%。而水域和草地面积的降幅不大，变幅分别为−4.91%和−0.27%。总体而言，自 1990 年起，近 24 a ACA 未利用地面积呈先增后减的趋势，变化面积最大，始终是中亚最主要的土地利用类型；草地面积呈先减后增的趋势，2013 年基本接近于 1990 年的水平；耕地面积呈减少的趋势，为最大的人工景观类型；水域面积是区域生态和环境质量的一个重要衡量指标，24 a 来水域面积的减少应当引起中亚各国政府部门的高度关注；林地面积呈先减后增的趋势，2013 年较 1990 年增加了 12.13%，恢复态势明显；建设用地面积呈增加趋势，2013 年较 1990 年增加了 22.07%，为中亚增幅最大的土地利用类型，这可能与 ACA 人口增长、城市化推进速度加快等因素密切相关。

4.1.2 变化速度分析

基于动态度指标可以表征自 1990 年以来，近 24 a ACA 土地利用的变化速度，其计算结果能反映区域某种土地利用类型的相对稳定度，这对于宏观把握各类土地利用类型的变化差异具有重要意义。

单一土地利用动态度：

$$K_{\mathrm{L}}=\frac{U_{\mathrm{b}}-U_{\mathrm{a}}}{U_{\mathrm{a}}}\frac{1}{T}\times 100\% \tag{4.1}$$

式中，K_{L} 为某一时段内（如 1990—1999 年、2000—2013 年和 1990—2013 年）研究区单一土地利用类型（如耕地、林地、草地等）的变化速度，U_{a}、U_{b} 分别为某一时段起、止土地利用类型的面积，T 为某一时段的长度。

综合土地利用动态度：

$$C_{\mathrm{L}}=\frac{\sum_{i=1}^{n}\Delta \mathrm{UL}_{i-j}}{2\sum_{i=1}^{n}\Delta \mathrm{UL}_{i}}\frac{1}{T}\times 100\% \tag{4.2}$$

式中，C_{L} 为研究区某一时段土地利用的动态度，UL_i 为某一时段起始时第 i 类土地利类型的面积，$\Delta\mathrm{UL}_{i-j}$ 为某一时段第 i 类土地利用类型转为第 j 类土地利用类型的面积，T 为某一时段的长度。

基于上述公式，计算了 ACA 3 个不同时段（1990—1999 年、2000—2013 年和 1990—2013 年）单一土地利用的动态度，结果如图 4.2 所示。

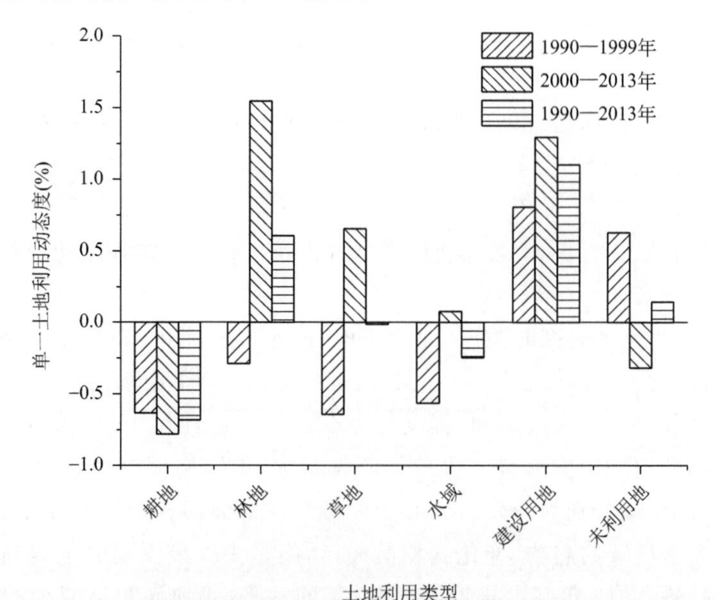

图 4.2　ACA 不同时段 LUCC 变化速度

耕地在这3个时段的 K_L 值均小于0，表明耕地的面积呈减少趋势，其变化幅度分别为－0.63%、－0.78%和－0.68%。建设用地在这3个时段的 K_L 值均大于0，表明建设用地的面积呈增加趋势，其增加幅度分别为0.81%、1.30%和1.10%。林地、草地和水域的变化状况具有一定的相似性，在1990—1999年内，林地、草地和水域的 K_L 值均小于0，表明各土地利用类型的面积均呈减少趋势，其中草地变化幅度最大为－0.64%，其次水域为－0.56%，而林地变幅最小为－0.29%；在2000—2013年内，林地、草地和水域的 K_L 值均大于0，表明各土地利用类型的面积均呈增加趋势，其中林地增速最大为1.55%，其次为草地0.65%，而水域的增速最小为0.08%；在1990—2013年内，除林地的 K_L 值超过0，达到0.61%外，草地和水域的 K_L 值均小于0，分别为－0.01%和－0.25%。未利用地在这3个时段的 K_L 值呈“增减增”的特征，其变化幅度分别为0.63%、－0.32%和0.15%。

基于上述公式，计算了ACA 3个不同时段综合土地利用的动态度，结果如表4.2所示。总体而言，这3个时段的 C_L 值相对较小，分别为0.62%、0.49%和0.18%，反映了ACA土地利用的变化速度并不快。以1990—2013年为例，每年约有0.18%的土地利用类型发生了改变（表4.2）。

表4.2 ACA综合LUCC动态度结果

时段(年)	综合土地利用动态度(%)
1990—1999	0.62
2000—2013	0.49
1990—2013	0.18

4.1.3 变化程度分析

土地利用类型的变化也可以通过土地利用程度指标来定量描述。根据刘纪远等(2014)提出的土地利用程度评价模型及分类标准（表4.3），确定土地利用程度的变化。

表4.3 土地利用程度分级

土地利用类型	分级指数
未利用地	1
林地、草地、水域	2
耕地	3
城镇用地	4

土地利用程度综合指数：

$$L = 100 \times \sum_{i=1}^{n} A_i \times C_i \tag{4.3}$$

式中，L 为研究区内土地利用程度综合指数，A_i 为研究区第 i 级土地利用程度的分级指数，C_i 为研究区域内第 i 级土地利用类型面积占研究区总面积的比例。

土地利用程度变化模型为：

$$\Delta L_{b-a} = L_b - L_a = 100 \times \left[\sum_{i=1}^{n}(A_i \times C_{ib}) - \sum_{i=1}^{n}(A_i \times C_{ia})\right]$$

$$R = \frac{\sum_{i=1}^{n}(A_i \times C_{ib}) - \sum_{i=1}^{n}(A_i \times C_{ia})}{\sum_{i=1}^{n}(A_i \times C_{ia})} \tag{4.4}$$

式中，ΔL_{b-a} 为土地利用程度变化量，R 为土地利用程度变化率，L_a 和 L_b 分别为研究时段起、止时间节点研究区土地利用程度综合指数，A_i 为第 i 级土地利用程度分级指数，C_{ib} 和 C_{ia} 分别为研究时段起、止时第 i 级土地利用程度面积比例。

依据上式可知，ACA 1990—2013 年土地利用综合程度指数整体不高（图 4.3），1990 年、2000 年及 2013 年分别为 163.42、159.75 和 160.8，较土地利用程度指数的上限（400）总体偏低（杨依天 等，2013），反映了 ACA 土地资源仍有较大的可开发性。

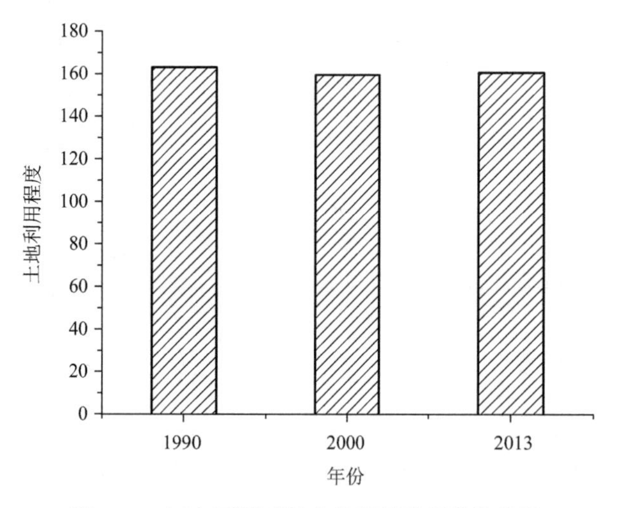

图 4.3　ACA 不同时段土地利用程度指数特征

由表 4.4 可知，ACA 在上述三个不同时段土地利用程度的变化量分别为－3.67、1.05 和－2.62，对应的 R 值分别为－2.25％、0.66％和－1.60％。特别是近 10 a 土地利用程度指数一直呈现上升趋势，且 ΔL_{b-a} 与 R 均大于 0，说明土地开发仍有较大的空间，且随着时间的推移，土地利用仍保持一定速度的开发，ACA 内各土地利用类型的面积及比例仍将继续发生动态变化。在上述模型中，R 仅能反映区域土地利用程度的变化特征，对于研究时段内各土地利用类型的具体特征仍需进一步分析。

表 4.4　ACA 不同时段土地利用程度变化

时段(年)	变化量	变化率 R(％)
1990—1999	－3.67	－2.25
2000—2013	1.05	0.66
1990—2013	－2.62	－1.60

4.2 景观动态变化特征分析

为了能更好地表征中亚地区生态景观格局的时空特征，从类型水平和景观水平两方面选择 10 个景观指数，定量描述研究区景观格局变化，揭示中亚地区 MODS 格局特征。

在描述景观斑块变化方面，选择斑块数量、平均斑块面积指数；在描述景观异质性变化方面，选择斑块数量、平均斑块面积指数、景观斑块形状指数、破碎度指数、景观分离度、香农多样性指数、辛普森多样性指数、香农均匀性指数等 10 个景观指数。各景观指数的具体含义及计算方法参见文献（Estoque et al.，2016；张敏 等，2016）。运用美国俄勒冈州立大学研发的 Fragstat3.3 软件计算上述 10 个景观格局指数。

4.2.1 景观尺度的景观变化分析

基于 Fragstat 软件，计算了 ACA 1990—2013 年不同时段景观水平上的景观格局指数，结果如图 4.4 所示。

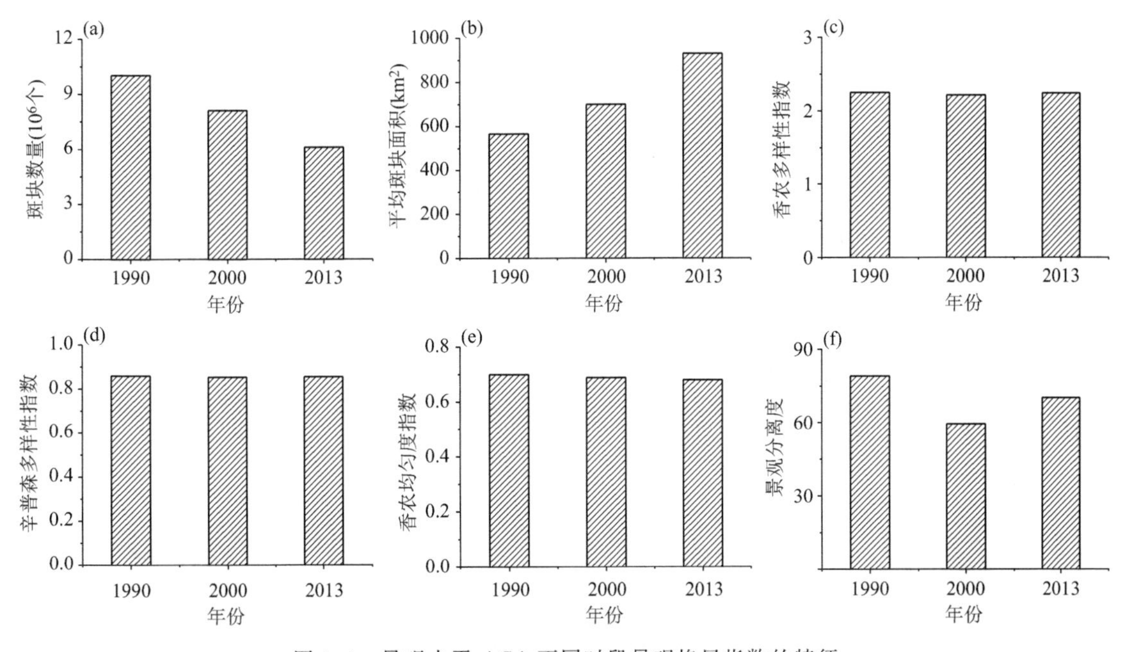

图 4.4 景观水平 ACA 不同时段景观格局指数的特征

由图 4.4a 可以看出，ACA 斑块数量呈递减趋势，约减少了 3.93×10^6 个，降幅达 39.19%。就各时段而言，在 1990—1999 年间斑块数量缩减了约 1.93×10^6 个，下降幅度约为 19.23%；在 2000—2013 年间斑块数量继续减少，缩减了约 2.0×10^6 个，降低幅度达 19.96%。虽然斑块数量显著减少，但平均斑块面积却呈增大趋势。从图 4.4b 可以看出，近 24 a ACA 平均斑块面积增加了约 364 km^2，增幅达 64.42%。就各时段而言，在 1990—1999 年平均斑块面积增加了约 134 km^2，增加幅度约为 23.72%；在 2000—2013 年平均斑块面积增加明显，约增加了 230 km^2，上升幅度达 40.70%。上述结果在一定程度上反映了 2000 年以后 ACA 景观破碎度减小的变化特征。

香农多样性指数可以表征景观类型的数量及其构成状况，反映景观类型的复杂性。由图4.4c可以看出，ACA香农多样性指数差异不大，整体变化平稳，略呈“V”字形变化趋势，其中1990—1999年香农多样性指数略有下降，并在2000年时为2.21，处于最低水平；但随后在2000—2013年时段又略有上升，并在2013年时达到最高水平，为2.25。同样，辛普森多样性指数的变化也类似于香农多样性指数，但其波动幅度整体较为平稳，维持在0.85左右(图4.4d)。香农均匀度指数可以表征景观中不同斑块类型的均匀程度。由图4.4e可以看出，ACA香农均匀度指数整体呈下降趋势，但下降幅度为2.82%，不算太大。就各时段而言，在1990—1999年间香农均匀度指数降幅为1.66%，而在2000—2013年间降幅为1.18%。景观分离度指数用于表征景观组分的空间聚集程度。在1990—1999年间景观分离度指数下降趋势明显，但在2000—2013年间又呈明显的上升趋势(图4.4f)。上述结果在一定程度上反映了2000年以后ACA景观斑块空间分布不均匀，其形状和结构复杂，景观丰富度提高。

4.2.2 类型尺度的景观变化分析

基于Fragstat软件，计算了ACA 1990—2013年不同时段类型水平的景观格局指数，结果如图4.5所示。

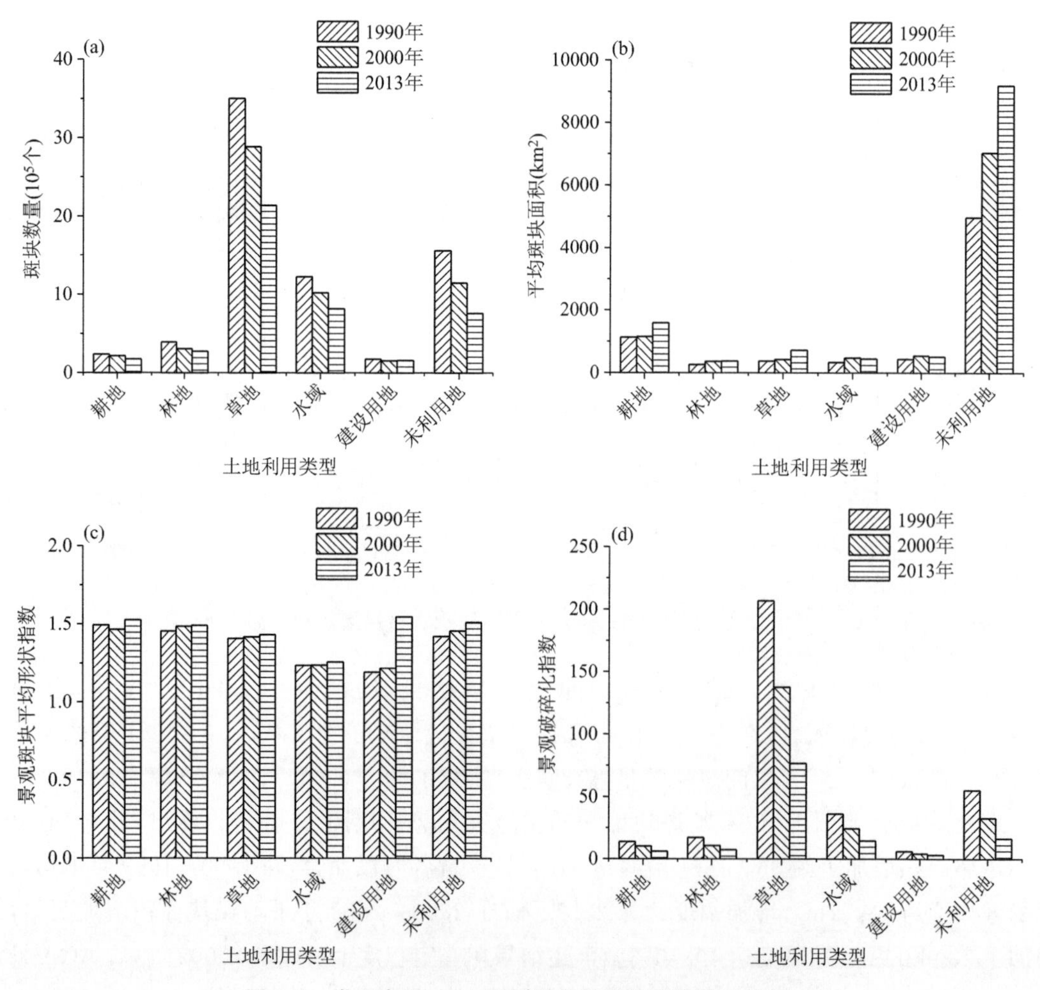

图4.5 类型水平ACA不同时段景观格局指数的特征

由图 4.5a 可以看出，ACA 6 种景观类型的斑块数量均呈一定的减少趋势。其中未利用地的降幅最大，高达 51.70%；其次为草地，降幅为 39.01%；林地和水域的降幅紧随其后，变幅都在 30.0%以上；而建设用地的降幅最小，仅为 10.29%。就各时段而言，林地的斑块数量在 1990—1999 年时段内降幅较大，建设用地斑块数在整个时段变化不大，其余景观类型的斑块数量均在 2000—2013 年时段内出现较大降幅。相反，ACA 6 种景观类型的平均斑块面积均呈一定的增加趋势(图 4.5b)。其中，草地和未利用地的平均斑块面积增加最为明显，分别达到了 95.41%和 84.85%，耕地、林地和水域的增幅也都超过了 33.0%以上，而建设用地的增幅最小，仅为 18.82%。

平均形状指数可以表征景观斑块的曲折程度。由图 4.5c 可以看出，ACA 6 种景观类型的平均形状指数呈一定的上升趋势，特别是在 2000 年以后增幅较为明显，反映了斑块形状发展的不规则特征。其中，建设用地的平均形状指数变幅最大，增加了 29.89%，其次为未利用地，增幅为 6.23%，而耕地、林地、草地及水域的平均形状指数出现了小幅增加的特征，大多处于 1.76%～2.43%。由图 4.5d 可以看出，ACA 各景观类型的破碎度呈减小趋势，其中草地和未利用地的破碎度指数下降幅度最为明显，分别达到了 70.62%和 62.91%，其余 4 种景观类型的降幅也相对较大，均超过了 45.0%。就各时段而言，大多数景观类型均在 2000—2013 年时段内出现较大降幅。上述结果在一定程度上反映了 ACA 各景观类型并未向破碎化发展，但斑块内部的复杂程度趋于增加。

4.2.3　景观变化的驱动要素分析

景观格局的动态演变是一个相对复杂的过程，其斑块数量及其分布受诸多要素的影响，但总体可分为人为和自然两大类。人为因素包括区域经济发展、人口快速增长、政策及城镇化建设等方面；自然因素包括气温、降水等。研究区地处亚洲中部的核心地段，境内下垫面结构复杂，区域性气候特征明显，具有典型的 MODS 耦合系统特征。因此水热耦合状况是重要的驱动要素。

基于中亚地区气温和降水量数据，计算它们与各景观斑块数量之间的相关系数，结果如表 4.5 所示。平均气温与耕地和水域的斑块数量表现出负相关关系，特别是与耕地斑块数量的相关系数达－0.95($p<0.05$)；而与林地、草地、建设用地和未利用地的斑块数量呈正相关关系，尤其是与林地和建设用地斑块数量的相关系数分别为 0.91 和 0.97，达到了 $\alpha=0.05$ 的显著性水平。同样，年降水量与耕地、水域和未利用地的斑块数量表现出负相关关系($p<0.05$)，而与林地、草地和建设用地的斑块数量呈正相关关系，尤其是与林地和建设用地斑块数量的相关系数较高，分别为 0.97 和 0.91，达到了 $\alpha=0.05$ 的显著性水平。综上所述，水热状况与林地和建设用地斑块数量的关系较为密切。水是干旱区 MODS 耦合关系的重要限制因子，水热条件是其赖以生存的基础(Karthe et al.，2015)，绿洲大小和规模受制于水热状况的影响。较好的水热资源配置也有助于植被的生长与恢复，以有利于生态环境稳定性。表 4.5 反映了 ACA 各景观斑块数量与气象要素的相关性。

表 4.5　ACA 各景观斑块数量与气象要素的相关性

土地利用类型	平均气温	年降水量
耕地	**－0.95**	－0.88
林地	**0.91**	**0.97**

续表

土地利用类型	平均气温	年降水量
草地	0.42	0.58
水域	−0.74	−0.60
建设用地	**0.97**	**0.91**
未利用地	0.14	−0.04

注：黑体表示通过 $\alpha=0.05$ 的显著性检验。

人为因素也会对景观格局产生一定的影响，以农田弃耕和水域的变化为例予以说明。

24 年来中亚地区耕地面积减少了约 13.63%，这主要受苏联的垦荒运动的影响。当时共新垦荒地 4.18×10^{9} km^2，其中约有 60% 的面积分布在哈萨克斯坦，但是由于对垦荒后的生态后果估计不足，造成大面积自然植被的破坏，引发大范围的植被退化、土地沙漠化和土壤盐渍化等一系列问题，对水资源和粮食生产造成了重大影响，并具体表现在望天田的数量增多，粮食产量不稳定等方面。由于新开垦的土地都属旱地，因而苏联解体以后，中亚各国纷纷放弃原先开垦的土地，退耕还牧或成为撂荒地。至 2000 年左右，苏联时期开垦的大部分荒地已经弃耕。同时，中亚地区水域面积减少了约 4.91%，这与水资源的不合理利用密切相关。一方面，ACA 降水不足 200 mm，但蒸发量却达到了 2000 mm 以上；另一方面，灌溉农业、高耗水工业占有较大比例，直接导致水资源被过度利用，湖泊水位不断下降，水域面积不断缩减。如咸海作为原全球第四大水体，其面积不断萎缩，造成区域性跨国生态系统灾变，导致大量生态难民的出现。但不可否认的是，中亚地区部分水域的面积有增大趋势，主要分布在里海周边区域、图尔盖河流域、帕米尔高原北部等。里海周边区域水域面积增大与里海近 20 a 水位上涨密切相关，水位上涨后，其周边区域受淹，导致原先草地和未利用地转化为水域。帕米尔高原北部水域面积增大与高原冰川消融有关，进而使得部分区域水位升高，水域面积增大。

4.3 ESSV 估算

生态系统服务(ESS)是指人类从生态系统中直接或间接获得的产品和服务(Fu et al.，2013)，其中既包括食物、原材料等生态系统产品，也包括涵养水源、固碳释氧等 ESS 功能。对其进行货币化评估可以定量反映 ESS 的价值。目前，ESS 研究的理念、方法逐步完善与深化。一些专家系统地研究并梳理了国际范围的 ESS 研究状况，揭示了 ESS 的 8 个主题和 28 种方法(Torres et al.，2021)。研究主题主要涉及了农业生态系统与粮食安全、生物多样性保护、经济价值、生态系统服务研究、人类福祉、景观规划、社会生态系统、城市化与土地利用。而研究与评估方法则更加丰富多样，如计量、计算、决策支持、经济学的核算、矩阵、元分析/文献计量分析、非货币估值、软件模型、空间显式、统计额等。同时，还涉及概念的探索、混合/集成、指标等。围绕着方法问题，还涉及保护管理、基于生态系统的管理、治理、操作、规划、利益相关者参与等。更有方法涉及人与环境的相互作用、景观生态学、政治生态学等。无论侧重哪方面的方法，目的是要解决 EES 的相关问题，深化人们对 EES 的认识，更好地提升 ESS，持续地保障人类福祉。

基于 Costanza(2008)提出的 ESSV 计算模式，并参考谢高地等(2015)提出的单位面积

ESSV当量表，建立适合ACA的ESSV系数。具体而言，以1990—2013年中亚五国及中国新疆的平均粮食产量及平均粮食收购价为基础，确定单个ESSV的当量因子为885.90元/hm^2，进而获得ESSV系数，如表4.6所示。

表4.6 中亚生态系统单位面积ESSV当量表(10^2 元/hm^2)[①]

ESS	耕地	林地	草地	水域	未利用地
食物生产	885.90	88.59	265.77	177.18	8.86
原材料生产	88.59	2303.34	44.30	35.44	0
气体调节	442.95	3100.65	708.72	797.31	0
气候调节	788.45	2391.93	797.31	7778.20	0
水文调节	531.54	2834.88	708.72	15893.05	26.58
废物处理	1452.88	1160.53	1160.53	16105.66	8.86
土壤保持	1293.41	3455.01	1727.51	761.87	17.72
生物多样性	628.99	2888.03	965.63	2210.32	301.21
文娱休闲	8.86	1133.95	35.44	4380.78	8.86
小计	6121.57	19356.92	6413.92	48139.81	372.08

本研究中区域ESSV估算模型如下：

$$\mathrm{ESSV} = \sum A_k \times \mathrm{VC}_k \tag{4.5}$$

$$\mathrm{ESSV}_f = \sum A_k \times \mathrm{VC}_{kf} \tag{4.6}$$

式中，ESSV、ESSV_f 分别为ESS总价值和第 f 单项ESSV；A_k 是第 k 类土地利用类型的面积；VC_k 是第 k 类土地利用类型相对应的ESSV系数；VC_{kf} 是第 k 类土地利用类型、第 f 单项的生态系统服务功能的价值系数。

生态敏感性分析：为了衡量ESSV随时间变化以及它对所选取的价值系数变化的依赖程度，我们引入敏感性指数(CS)定量分析，以此检验计算结果的可信性(Kindu et al.,2016)。具体而言，将各土地利用类型的价值系数分别调整±50%，估算调整后的ESSV的变化。其计算公式如下：

$$\mathrm{CS} = \left| \frac{(\mathrm{ESSV_b} - \mathrm{ESSV_a})/\mathrm{ESSV_a}}{(\mathrm{VC}_{kb} - \mathrm{VC}_{ka})/\mathrm{VC}_{ka}} \right| \tag{4.7}$$

式中，$\mathrm{ESSV_a}$、VC_{ka} 与 $\mathrm{ESSV_b}$、VC_{kb} 分别为生态价值系数调整前后的值。若CS>1，表明ESSV对于VC富有弹性，计算结果可靠性较低；反之若CS<1，则表明ESSV对于VC缺乏弹性，计算结果可靠。

4.3.1 ESSV的时空变化

基于修正后的ESSV估算模型及ArcGIS等软件，核算了ACA 1990—2013年ESSV，结果如表4.7和图4.6所示。研究时段内中亚地区ESSV整体维持在 1.09×10^{13} 元左右，但表现出负增长的趋势，累计降幅达0.14%。就各时段而言，2000—2013年ESSV较1990—1999年下降明显，两者分别下降0.09%和0.05%。

① ESS强调生态系统服务类型；ESSV强调对应服务类型的价值。

表 4.7　不同土地利用类型的变化特征

土地利用类型	1990—1999 年		2000—2013 年		1990—2013 年	
	价值量	比例(%)	价值量	比例(%)	价值量	比例(%)
耕地	−0.75	−6.31	−0.87	−7.80	−1.63	−13.62
林地	−0.07	−2.88	0.37	15.47	0.30	12.15
草地	−2.26	−6.40	2.16	6.55	−0.10	−0.27
水域	−0.31	−5.63	0.04	0.77	−0.27	−4.91
未利用地	3.34	6.28	−1.80	−3.18	1.55	2.90

注:价值量的单位为 10^{11} 元。

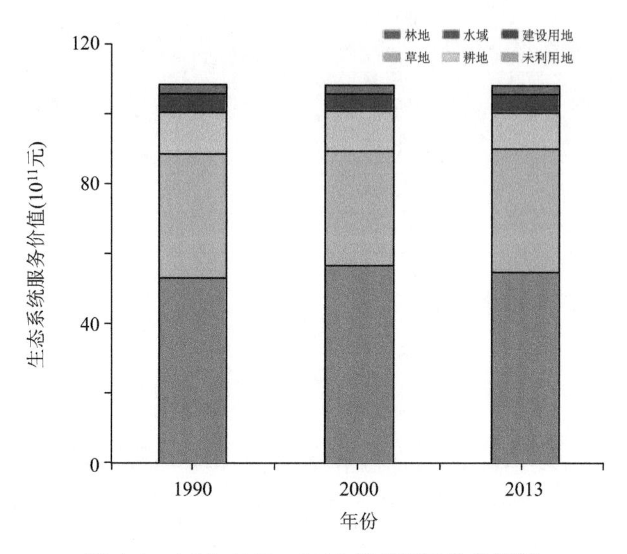

图 4.6　ACA 1990—2013 年 ESSV 分布特征

从 ESSV 的构成比例上而言,未利用地的服务价值所占的比例最大,达 49.08%以上;其次为草地和耕地,两者的服务价值分别占 30.48%和 9.52%以上;而林地和水域的服务价值占比相对较小。研究时段内林地和未利用地的服务价值呈增加趋势,分别上涨 12.15%和 2.90%;但其他 3 种土地利用类型均出现不同程度的下降趋势,尤其是耕地的服务价值变幅最大,为−13.62%,其次是水域,为−4.91%,草地的服务价值变幅最小,为−0.27%。

就各时段而言(表 4.7),在 1990—1999 年内未利用地的服务价值增加 6.28%。除此之外,其余 4 种土地利用类型均呈下降趋势,草地、耕地和水域的降幅最为明显,变幅分别为−6.40%、−6.31%和−5.63%,而林地降幅相对较小,变化率仅为−2.88%。在 2000—2013 年内林地、草地和水域的服务价值均出现不同程度的增加,增加比率分别达到 15.47%、6.55%和 0.77%,而耕地和未利用地的价值呈下降趋势,降幅分别为 7.80%和 3.18%。

在 ArcGIS 软件中,以 5 km×5 km 的网格来反映每一网格内 ESSV 的空间差异。1990—2013 年 3 期 ESSV 的空间分布较为相似。整体表现为中间高,两边低的分布特征。特别是哈萨克斯坦东部与伊犁河谷地区的 ESSV 相对较高,这种区域分布形态可能与林地和水域的分布密切相关。一方面,林地和水域的单位面积服务价值相对较高;另一方面,这些区域内林地和水域面积也相对较大。此外,ACA 东南部与西南部的 ESSV 相对较低,这与其境内分布有较大面积的荒漠具有直接相关关系。

基于前述的各单项ESSV估算方法，初步核算了ACA 1990—2013年各单项ESSV，结果如图4.7和表4.8所示。

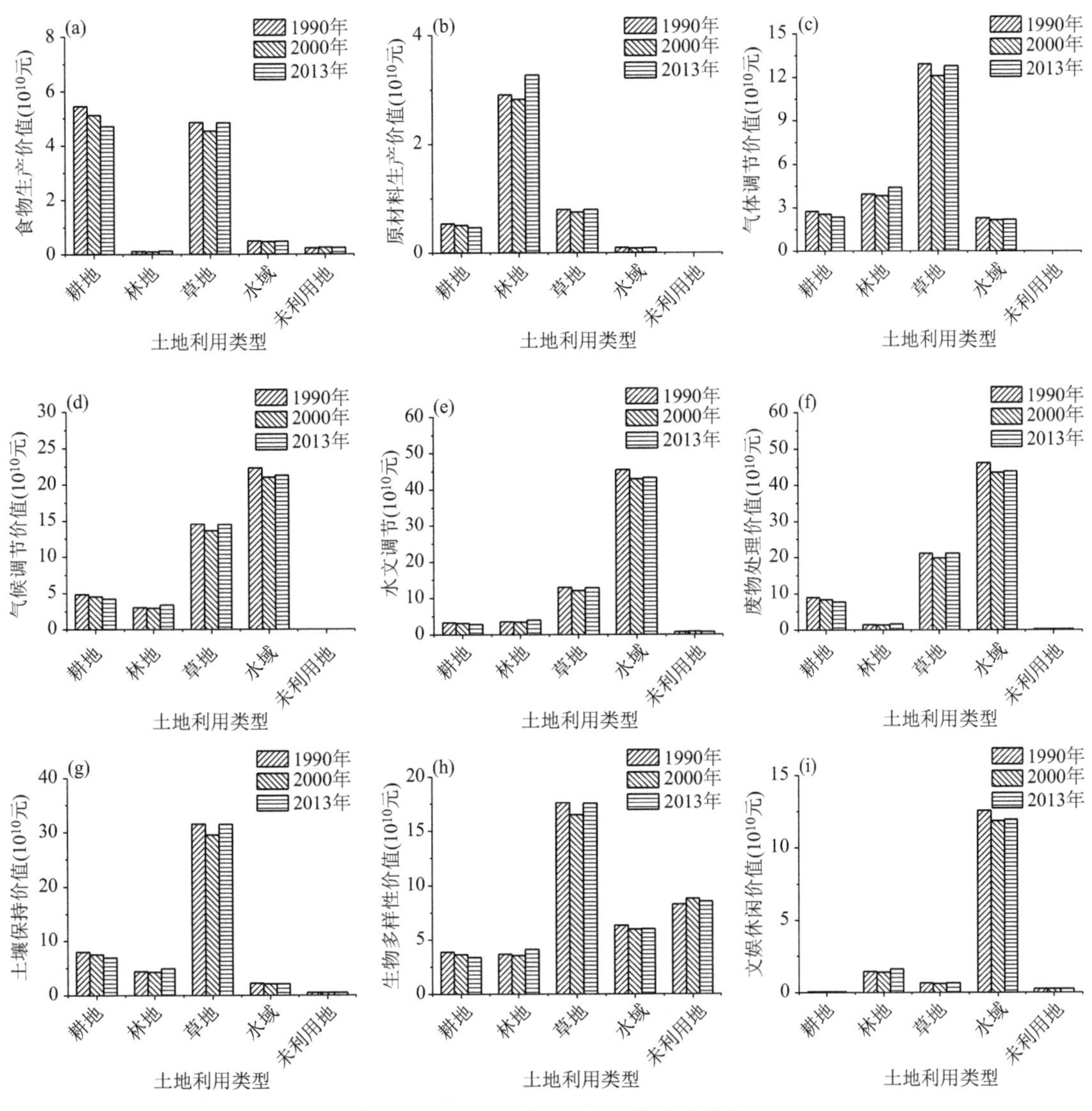

图4.7　ACA各单项ESSV的分布特征

总体而言，土壤形成与保护、废物处理、生物多样性保护及水源涵养等是中亚地区生态系统的主要服务功能，它们占总服务价值的70.27%以上，而食物生产和原材料生产约占总服务价值的4.75%，这表明中亚地区生态系统以服务性功能为主、生产性功能为辅。就不同土地利用类型而言，耕地和草地在食物生产服务价值中所占的比例明显高于其他土地利用类型，两者占比分别达到48.89%和43.33%；草地在气体调节、土壤保持及生物多样性保护方面占比最高，分别占对应单项ESSV的59.12%、67.83%和44.30%；水域在气候调节、涵养水源及废物处理等方面所占的比例最高，分别为49.82%、68.92%和59.16%；林地则在原材料生产方面占比最高，达到了66.59%。

从变化趋势上看，研究时段内除原材料生产的服务价值呈增加趋势外，其余8种类型的服务价值均呈降低趋势，其中尤以食物生产、废物处理及水文调节服务价值降幅较大，变化率分别为－6.82%、－4.31%和－3.42%（表 4.8）。就各个时段而言，在 1990—1999 年内所有类型的 ESSV 均呈下降趋势，特别是食物生产的服务价值降幅最大，为－6.01%；废物处理及土壤保持等服务价值的降幅次之，变化幅度均在－5.80%以上；生物多样性保护的服务价值降幅最小，仅为－3.30%。在 2000—2013 年研究时段内，除食物生产的服务价值呈小幅下降趋势外，其他 8 种类型的服务价值均呈增加趋势，原材料生产的服务价值增幅最大，达到了 10.69%，气体调节和土壤保持的服务价值增幅紧随其后，分别为 5.81%和 4.58%，废物处理的服务价值增幅最小，仅为 1.62%。

表 4.8　ACA 各单项 ESSV 的变化特征

ESSV	1990—1999 年		2000—2013 年		1990—2013 年	
	价值量	比例(%)	价值量	比例(%)	价值量	比例(%)
食物生产	－0.67	－6.01	－0.09	－0.86	－0.76	－6.82
原材料生产	－0.18	－4.02	0.45	10.69	0.27	6.24
气体调节	－1.24	－5.68	1.20	5.81	－0.04	－0.19
气候调节	－2.58	－5.77	1.15	2.74	－1.43	－3.19
水文调节	－3.66	－5.53	1.40	2.24	－2.26	－3.42
废物处理	－4.55	－5.83	1.19	1.62	－3.36	－4.31
土壤保持	－2.74	－5.89	2.01	4.58	－0.73	－1.58
生物多样性	－1.31	－3.30	1.11	2.89	－0.20	－0.51
文娱休闲	－0.78	－5.21	0.33	2.36	－0.44	－2.97

注：价值量的单位为 10^{10} 元。

4.3.2　ESSV 敏感性分析

基于前述的生态敏感性分析方法，将各土地利用类型的 ESSV 指数分别增加(减少)50%，核算出 ACA 1990—2013 年的 ESSV，进而得出敏感性指数值(CS)。

如表 4.9 所示，仅有林地和草地的 CS 值呈递增趋势，反映了两者价值指数的变化对中亚地区生态系统服务总价值的变化产生了放大作用。相反，耕地和水域的价值指数变化对生态系统服务总价值的变化产生了减小作用。总体而言，各年度的 CS 值均小于 1，这表明 ACA ESSV 对价值指数缺乏弹性。

表 4.9　1990—2013 年 ACA ESSV 的敏感性指数变化

土地利用类型	1995 年		2000 年		2010 年	
	ESSV 系数(%)	CS	ESSV 系数(%)	CS	ESSV 系数(%)	CS
耕地	5.76	0.12	5.71	0.11	5.12	0.10
林地	3.75	0.07	3.85	0.08	4.32	0.09
草地	17.87	0.36	17.68	0.35	18.32	0.37
水域	21.06	0.42	21.01	0.42	20.59	0.41
未利用地	1.56	0.03	1.76	0.04	1.65	0.03

第 5 章　ACA 植被变化的时空分布特征

植被作为 SPAC 的关键一环，是全球变化的重要指示器，在地表过程、生物地球化学循环过程及 ESS 中扮演了重要的角色(Detsch et al.，2016；Du et al.，2016)。植被 NDVI 信息因能客观反映植被动态变化而具有广泛的应用性。近年来，有关北半球中高纬地区植被对气候要素的响应研究已成为全球变化与应对领域的热点问题之一(Yang et al.，2014；於琍 等，2014)。有鉴于此，本研究采用 ACA 1982—2013 年的 GIMMS-NDVI 数据，基于 3S 技术及数理统计等方法对中亚地区植被要素的分布格局及其动态变化进行分析，揭示气候变化背景下 ACA 植被变化的时空分布特征。

5.1　植被 NDVI 时序数据重建

理论上获取的逐期 NDVI 数据应是平滑状态，但实际中 NDVI 数据常受传感器观测、卫星传输以及气溶胶等诸多因素的影响，其数据多呈现出一定的锯齿状。如果直接进行相关参量的分析，势必会影响最终结果。近年来，一系列有关 NDVI 数据重建的方法应运而生，旨在获得具有更高可靠性的 NDVI 时序数据，进而反映真实的植被动态变化。一般而言，滤波法和曲线拟合法是 NDVI 数据重建的主要方法，具体包括 S-G 滤波法、非对称高斯函数法(AGF)、双逻辑斯蒂函数法(DLF)等。本研究基于上述 3 种方法对 MODS 格局下中亚不同区域的 GIMMS-NDVI 数据进行处理，选择最优的重建方法。

具体流程通过如下步骤予以实现。首先，在 NASA 平台获取 ACA GIMMS-NDVI 数据，进行前期预处理工作(矢量数据裁剪、拼接，DN 值转换等)。其次，基于 S-G 滤波法、AGF 法和 DLF 法对待处理的 NDVI 时序数据进行拟合，并设置相关参数，参数取值可参考有关文献(Lara et al.，2016；张晗 等，2014)。最后，针对典型区域的主要土地利用类型，随机选取若干个样点，获得其像元上 NDVI 原始序列及其拟合数据，并根据关键参量的评价结果，筛选出最优方法进行 NDVI 时序数据的重建。

5.1.1　整体拟合效果

结合前期制作的土地利用类型图，选择 3 种不同的拟合方法在伊犁河谷林区、精河绿洲农垦区、巴音布鲁克草原区及古尔班通古特沙漠周边地区，选择相应土地利用类型(林地、耕地、草地及荒漠)上若干样点的 NDVI 时序数据进行重建(图 5.1)。长期受传感器观测、卫星传输以及气溶胶等诸多因素的影响，原始 NDVI 数据的数值出现降低的情况。整体拟合效果表明，3 种拟合方法均在一定程度上提高了原始 NDVI 值，但 NDVI 值的变化幅度各不相同(图 5.1)。特别是不同植被类型均在 4 月份出现较大的增幅，这与研究区自然地理本底特征及自然状况的转变密切相关(如冰雪消融、土壤解冻等)。

综合图 5.1 不难看出，AGF 法和 DLF 法的拟合效果较为接近，但 DLF 法在 NDVI 峰值

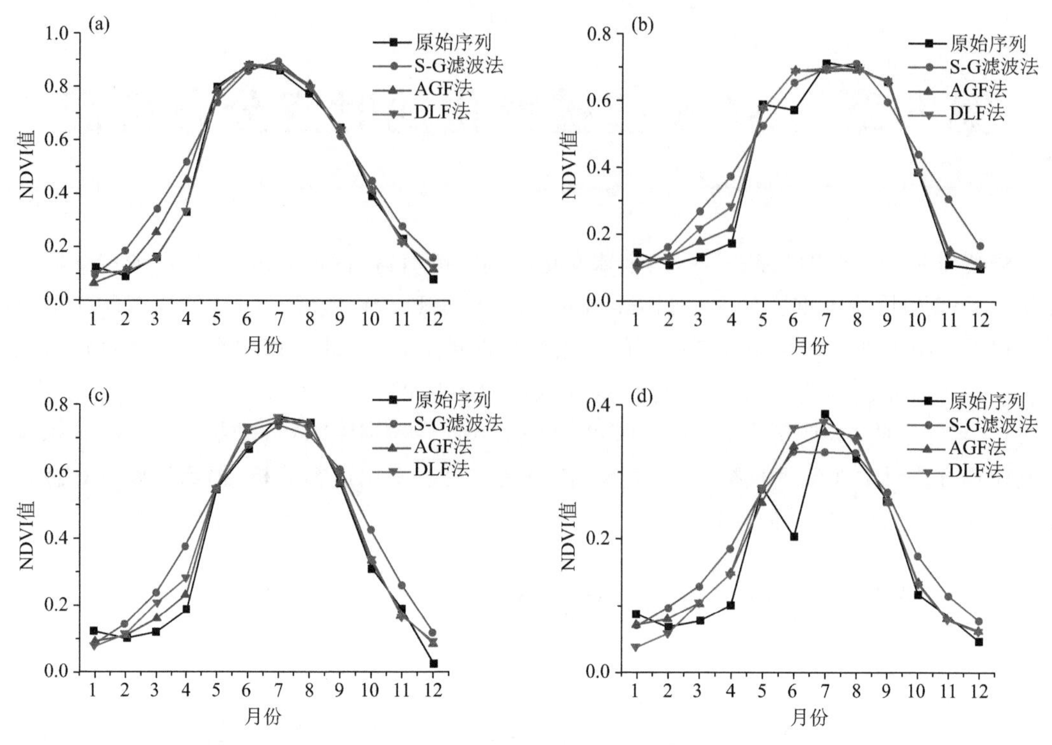

图 5.1　不同土地利用类型下 3 种拟合方法的效果

(a:伊犁河谷林区;b:精河绿洲农垦区;c:巴音布鲁克草原区;d:古尔班通古特沙漠周边)

处较 AGF 法略偏高 0.003～0.008。S-G 滤波法与前 2 种方法存在一定的差异,表现在其平滑效果一般,易在 NDVI 峰值处出现小尖点的现象,并且经过 S-G 滤波拟合后的 NDVI 序列,其最大值在伊犁河谷林区及巴音布鲁克草原区超过原始序列(图 5.1)。因此,AGF 法和 DLF 法的整体拟合效果在一定程度上优于 S-G 滤波法。

5.1.2　关键参数评价

图 5.1 从宏观角度反映了典型代表区不同土地利用类型背景下 3 种拟合方法的效果,但仅从定性的角度分辨 3 种拟合方法的优劣并不可靠。本研究试图基于数理统计方法,选取均方根误差(RMSE)以及相关系数等参量,定量描述 3 种拟合方法的优劣。具体计算公式如下:

$$r=\frac{\sum_{i=1}^{n}[(\mathrm{NDVI}_{fi}-\mathrm{NDVI}_{afi})\times(\mathrm{NDVI}_{oi}-\mathrm{NDVI}_{aoi})]}{\sqrt{\sum_{i=1}^{n}(\mathrm{NDVI}_{fi}-\mathrm{NDVI}_{afi})^2\times\sum_{i=1}^{n}(\mathrm{NDVI}_{oi}-\mathrm{NDVI}_{aoi})^2}} \tag{5.1}$$

$$\mathrm{RMSE}=\sqrt{\frac{\sum_{i=1}^{n}(\mathrm{NDVI}_{fi}-\mathrm{NDVI}_{oi})^2}{n}} \tag{5.2}$$

式中,NDVI_{oi}、NDVI_{fi} 分别代表 NDVI 序列拟合前、后的值,NDVI_{aoi}、NDVI_{afi} 分别代表 NDVI 序列拟合前、后的平均值。

拟合前后的 NDVI 时序数据的 RMSE 以及相关系数的计算结果,如图 5.2 所示。不同土地利用类型下 3 种拟合方法的 RMSE 值均在 0.10 以下，但采用 AGF 法拟合后的误差均明显小于 DLF 法和 S-G 滤波法，而 S-G 滤波法的误差相对偏大(图 5.2a)。相关系数结果表明，基于 3 种方法拟合后的林地、耕地和草地的 NDVI 序列与原始序列的相关系数均高于 0.97，且通过了 $\alpha=0.01$ 的显著性水平。但基于 AGF 法拟合后的 NDVI 序列与原始序列的相关系数最高，达 0.99 以上(图 5.2b)。此外，3 种方法在荒漠区的拟合效果也表现出类似的特征。综合上述信息可知，3 种拟合方法中 AGF 法的拟合效果更优于其余 2 种方法，故采用 AGF 法重建原始的 NDVI 时序数据。

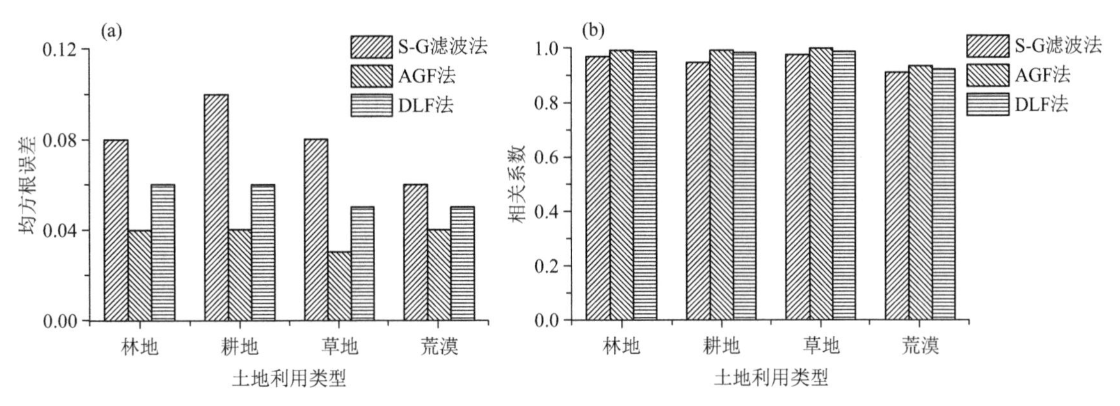

图 5.2 不同土地利用类型下 3 种拟合方法的效果检验

5.1.3 重建效果分析

基于 AGF 法重建后的 NDVI 数据与原始数据的对比，总体而言，重建后的 NDVI 数据能在一定程度上消除由不利因素所引起的噪声值，提高数据质量与可靠性。此外，重建后的数据也在一定程度上提高了原始数据的值，且在空间分布上也较原始数据更加平滑，有利于降低空间异质性问题。

5.1.4 关键时段提取

物候信息不仅是植被生长季指标的指示信号，也是 Biome-BGC 模型的重要输入数据。因此，准确提取植被物候信息对后续研究具有重要意义。基于 RSD 提取植被物候信息的难点，在于如何将地面物候观测资料与空间 RSD 相联系起来(Allen，2012)。而在物候观测资料相对缺乏的 ACA，现有的观测站点数量稀少，观测对象种类分散且数据质量也相对一般，难以满足本研究的要求。因此，在实际研究过程中，以中亚地区分布较广、类型较统一的农作物(春小麦)观测资料作为参照依据。首先，根据春小麦观测站点确定其所对应的像元位置，获取 36 个农业气象站春小麦的物候观测资料，并以此作为遥感方法提取物候信息的参考依据。其次，根据 GIMMS-NDVI 数据的年内波动幅度，设置 15%、20%和 25%不同的阈值，提取相应的生长季起始时间。最后，将采用遥感方法估算的 3 种不同结果与春小麦的实测资料进行对比，筛选出最合适的阈值。

根据 36 个观测站点所对应像元上的 NDVI 时序数据，利用 15%、20%和 25%不同的比例阈值分别提取相应生长季的开始时间，并与春小麦的出苗时间进行对比。春小麦的出苗期均值为第 115.7 d,而 3 种不同比例阈值的估算结果介于第 110.2～123.5 d,其中在阈值设为 20%时,其估算结果与实测结果最为接近。此外,平均误差的计算结果也类似于均值的变化情况,即在阈值设为 20%时,其平均误差也最小(图 5.3)。

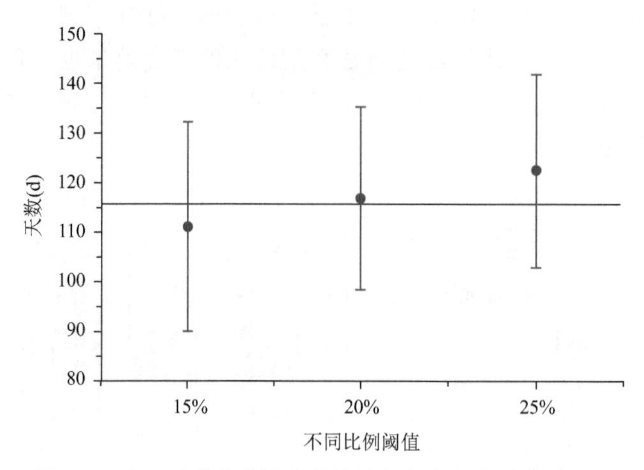

图 5.3 基于遥感方法提取的结果与春小麦实测资料对比

(图中水平线即为均值线)

5.2 植被要素的时空变化特征

基于重建后的 ACA 1982—2013 年 GIMMS-NDVI 数据,运用 3S 技术及数理统计等方法,分析植被 NDVI 与物候的变化特征。

5.2.1 时间变化特征

研究时段内 ACA 年平均 NDVI 值的变化特征,如图 5.4a 所示。其中 1994 年 NDVI 达到最大值(约为 0.28),而 1985 年出现 NDVI 最小值(小于 0.24)。自 1982 年开始 NDVI 曲线呈上升趋势,增幅为 0.002/10 a($p>0.05$),但在 1998 年以后 NDVI 的涨幅趋于平缓,上升幅度不如前一时段明显(图 5.4a)。相较同时段中国西北及北半球地区 NDVI 的变化趋势(Liu et al.,2015;李净 等,2016),ACA 的变化幅度相对较小,反映了在变暖背景下中亚地区 NDVI 的变化具有区域性特征。此外,研究时段内中亚 NDVI 的 Hurst 指数值达 0.69,反映了较强的持续性特征。

不同土地利用类型的 NDVI 变化趋势并不一致(图 5.4b)。就林地而言,其 NDVI 的变化呈上升趋势且增幅最大,达到了 0.004/10 a($p>0.05$);其次为耕地和草地,它们的增幅分别为 0.003/10 a 和 0.001/10 a;而荒漠的 NDVI 呈小幅下降趋势,降幅为 0.002/10 a,且通过了 $\alpha=0.05$ 的显著性水平(图 5.4b)。

研究时段内,ACA 植被物候信息的变化特征,如图 5.5 所示。研究时段内植被生长季的起始期(SOS)平均为第 86.43 d(图 5.5a),其中 1993 年起始期最晚(第 95.24 d),而 2000 年最早(第 81.32 d)。自 1982 年开始 SOS 曲线整体呈下降趋势,降幅为 1.0 d/10 a($p>0.05$),但在 2000 年以后 SOS 的波动幅度较前一时段趋于平缓(图 5.5a)。研究时段内植被生长季的结束期(EOS)平均为第 301.79 d(图 5.5b),其中 2009 年结束期最晚(第 307.96 d),而 2000 年

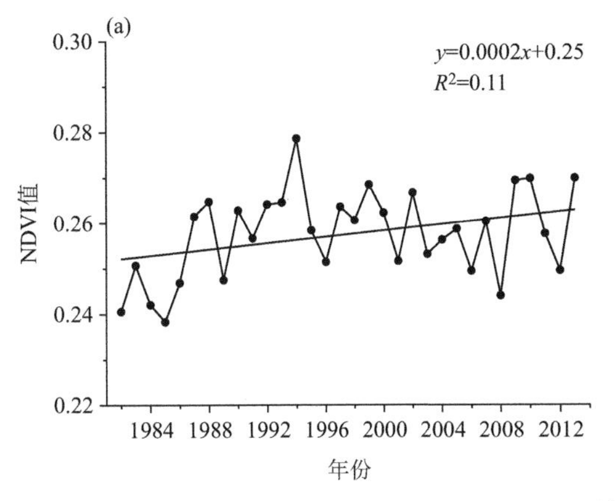

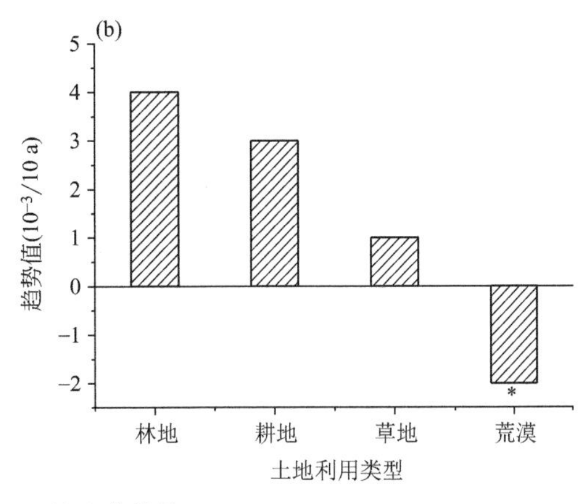

图 5.4　ACA 植被 NDVI 的变化趋势

(“*”表示通过 α=0.05 的显著性检验)

最早(第 296.41 d)。如图 5.5b 所示,EOS 曲线整体呈微弱的上升趋势,增幅较小,约为 0.4 d/10 a($p>0.05$)。研究时段内植被生长季的长度(LEN)平均为 215.75 d(图 5.5c),其中 2007 年 LEN 值最大(220.74 d),而 1993 年最小(206.06 d)。如图 5.5c 所示,LEN 曲线整体呈上升趋势,但增幅不显著,约为 0.9 d/10 a($p>0.05$)。总体而言,研究时段内 ACA 植被生长季开始时间提前,结束时间推后,生长季长度增加,但趋势变化不显著。相较于同时段中国西北及北半球地区物候变化的趋势(Wang et al.,2016;杨光 等,2015),ACA 植被 SOS、EOS 和 LEN 的整体变化趋势与上述研究结果相似,但其变化幅度相对较小。另外,Jiang 等(2011)研究指出受秋季 EOS 的推迟,中国新疆 LEN 出现明显增加的趋势,这反映在变暖背景下中亚地区植被物候变化呈现出区域性特征。此外,32 年间中亚地区植被 SOS、EOS 和 LEN 的 Hurst 指数值分别为 0.70、0.55 和 0.56,均超过了 0.5 的阈值,反映了它们具有较强的持续性,预示着未来一段时间内中亚植被 SOS、EOS 和 LEN 的变化趋势仍将继续保持先前的特征。

不同 LUCC 下,植被 SOS、EOS 和 LEN 的变化趋势存在一定差异(图 5.5d)。就 SOS 而言,林地、耕地、草地和荒漠的起始期均出现不同程度的提前,尤其是耕地的提前幅度最大,为 1.6 d/10 a($p<0.05$)。4 种土地利用类型的 EOS 均呈增加趋势,反映了它们的结束期普遍延后,特别是林地的延后幅度最明显(1.3 d/10 a,$p<0.05$)。受 SOS 和 EOS 的影响,各土地利用类型 LEN 呈一定的增加趋势,其中林地的增幅较大(2.12 d/10 a,$p<0.05$),耕地和草地的变幅紧随其后。

5.2.2　空间分布格局

前文述及的 NDVI 均值变化仅能反映其年际变化特征,难以表征其空间分布差异。为此,通过计算逐像元的 NDVI 均值,反映其趋势及显著性特征(图 5.6)。从空间分布而言,中亚西部卡拉库姆沙漠地区、哈萨克斯坦南部沙漠区以及中国新疆塔里木盆地内部的 NDVI 值相对较低,约在 0.11 以下;哈萨克斯坦北部丘陵区、中亚西北部的图尔盖高原等地区的 NDVI 值约为 0.33~0.40;而天山、阿尔泰山及帕米尔山等地区的 NDVI 值相对较高,普遍高于 0.44,这与区域植被类型及水热状况密切相关。值得一提的是,中国塔克拉玛干沙漠和古尔班

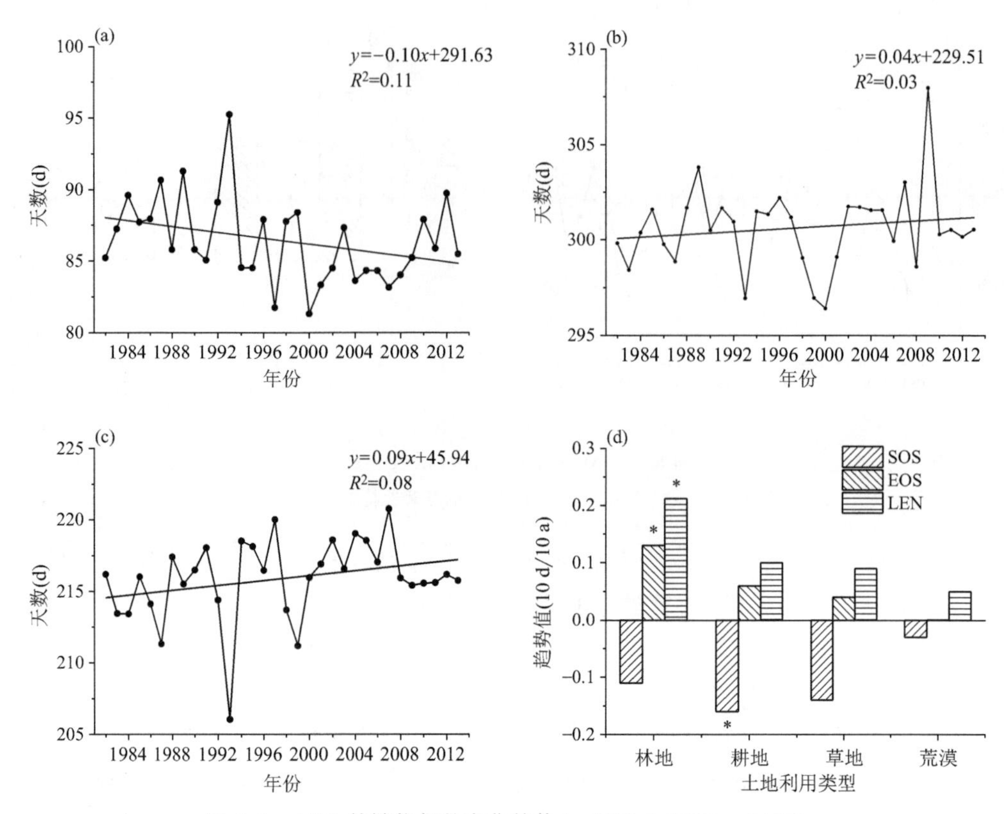

图 5.5　ACA 植被物候的变化趋势(a:SOS;b:EOS;c:LEN)

(“*”表示通过 $\alpha=0.05$ 的显著性检验)

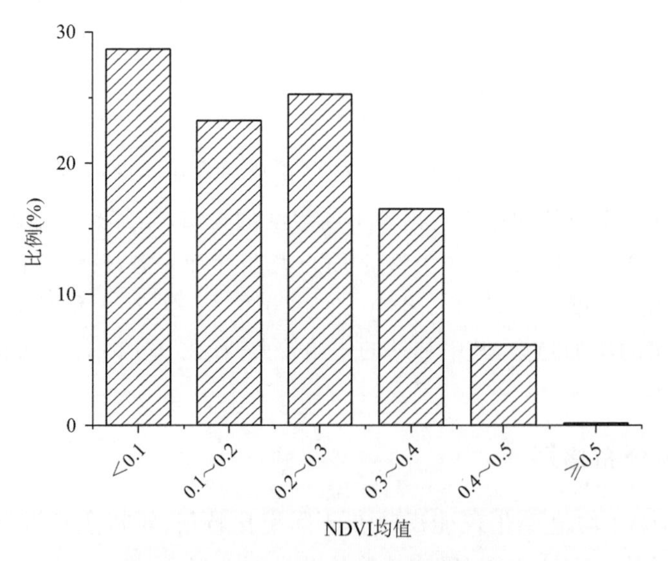

图 5.6　ACA 植被 NDVI 显著性特征

通古特沙漠的周边区域也出现变绿的现象,NDVI 值介于 0.24～0.31,这可能与近 30 a 中国干旱区实施的一系列重大生态工程密不可分。由 NDVI 均值的分布特征可知,NDVI 值小于 0.1 的像元数量最多,达到了 28.68%,而 NDVI 值大于 0.5 的像元数量最少,仅为 0.17%。

整体上 ACA 的 NDVI 值以小于 0.3 为主，其面积所占比例达 77.12%。

中亚西部地区和中国新疆塔里木盆地内部区域的 NDVI 值出现大范围下降趋势，特别是在哈萨克斯坦北部丘陵区和图尔盖高原等地区降幅尤为明显，变幅普遍低于 −0.03/10 a（$p<0.05$）；而天山、阿尔泰山、帕米尔山等山区及哈萨克斯坦东部林区的 NDVI 值呈增加趋势，其中三大山区的增幅最为明显，达 0.03/10 a 以上，且通过了 $\alpha=0.05$ 的显著性水平。

同样而言，前文述及的 ACA 植被 SOS、EOS 和 LEN 均值变化仅能反映其年际变化特征，难以表征其空间分布差异。同样地，通过计算逐像元植被物候信息的均值、趋势及显著性特征（图 5.7），以反映空间分布特征。从空间分布而言（图 5.7a），中亚西北部图尔盖高原、天山等地区 SOS 值相对较大，起始期较晚。而中亚西部和南部的典型绿洲区（如穆尔加布-捷詹绿洲，撒马尔罕等地区）EOS 值较小，结束期相对较早（图 5.7d）。受此影响这些地区的 LEN 值较小，生长季长度相对较短，但天山等高海拔地区的生长季相对较长（图 5.7g）。

逐像元尺度上植被 SOS、EOS 和 LEN 的变化趋势，以 SOS 为例，中亚西北部图尔盖高原、塔里木盆地等地区 SOS 呈显著增加的趋势，反映了这些地区生长季起始期推后，而中亚西部和南部典型绿洲区（如穆尔加布-捷詹绿洲，撒马尔罕等地区）、哈萨克斯坦南部等地区的生长季起始期显著提前（图 5.7c）。哈萨克斯坦北部、天山及阿尔泰山的大部分地区 EOS 都呈显著增加趋势，说明上述地区生长季结束期延后，而中亚西部和南部以及哈萨克斯坦北部等地区的生长季结束期显著提前（图 5.7f）。就 LEN 而言，哈萨克斯坦北部和天山等高海拔地区的生长季长度明显增加，而图尔盖高原和塔里木盆地等区域的生长季长度显著减少（图 5.7i）。

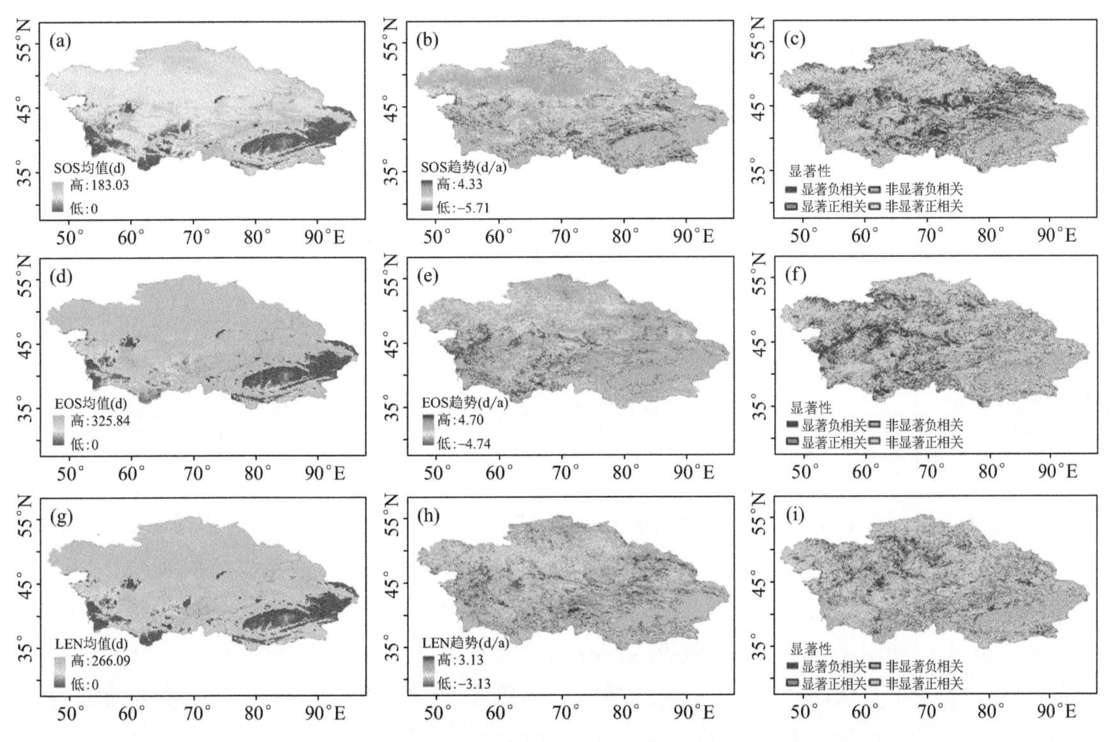

图 5.7 ACA 植被物候的均值、趋势及显著性特征

（a—c：SOS；d—f：EOS；g—i：LEN）

5.2.3　海拔差异特征

不同海拔梯度背景下植被 SOS、EOS 和 LEN 的变化趋势存在一定差异(图 5.8)。

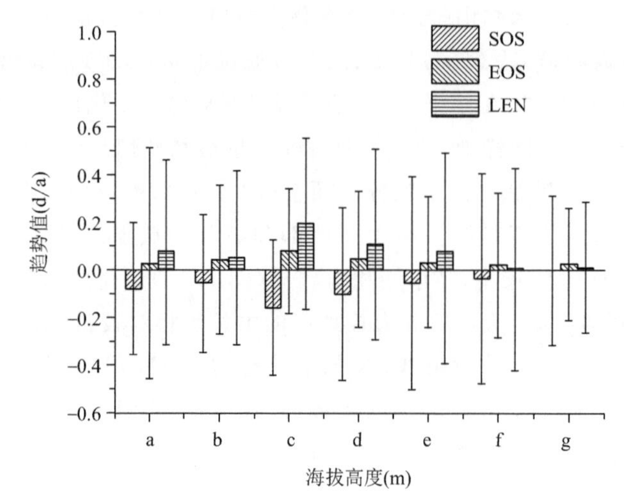

图 5.8　ACA 不同海拔条件下物候参数的变化趋势(a—g 依次为<1000 m、1000～2000 m、2000～3000 m、3000～4000 m、4000～5000 m、5000～6000 m 及≥6000 m)

就 SOS 而言,其趋势值在海拔 3000 m 以内随海拔升高而不断增大,但超过 3000 m 以后趋势值逐级递减。同样,EOS 和 LEN 的趋势值均表现为在海拔 3000 m 以内随海拔增加而不断增大,但超过 3000 m 以后,其趋势值也呈逐级递减的特征。

植被 SOS、EOS 和 LEN 随海拔高度的变化特征与水热状况密切相关。以海拔高度在 2000～3000 m 为例,这一高度处受人类活动的干扰相对较少,且区域内降水充足,因而温度是植被生长的重要限制因素之一。变暖背景下区域内水热条件趋好,形成 SOS 提前,EOS 延后,LEN 延长的变化特征。

5.3　气候因子与植被的相关性

在分析植被 NDVI 与物候变化的基础上,运用数理统计方法,揭示植被要素对气候因子的响应规律。

5.3.1　时间相关性

研究时段内 ACA NDVI 与平均气温和降水量的相关性结果,如图 5.9 所示。总体而言,区域尺度上 NDVI 与降水量呈显著正相关关系,相关系数达 0.38($p<0.05$),但其与气温的相关性一般,相关系数为 0.27($p>0.05$),反映了中亚地区 NDVI 变化主要受降水影响的客观状况。

就不同土地利用类型而言,林地的 NDVI 与气温关系密切,相关系数为 0.42($p<0.05$),而与降水的关系不显著,这可能与林地的地理分布格局有关。中亚地区的林地主要分布在高海拔的山区(如天山、阿尔泰山及帕米尔山等),这些地区降水丰沛,易形成地形雨,使气温成为影响植被生长的重要因素之一。耕地和草地的 NDVI 与降水量关系密切,其相关系数分别为 0.43($p<0.05$)和 0.44($p<0.05$),而与气温的关系不显著。ACA 分布有较多的望天田、雨养

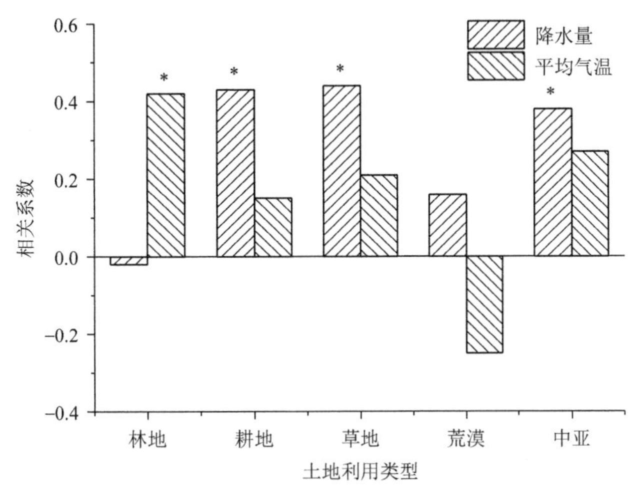

图 5.9　ACA NDVI 与气候因子的相关系数

（“*”表示通过 $\alpha=0.05$ 的显著性检验）

区，使得农作物生产及草本植物生长受降水的影响更为强烈。荒漠的 NDVI 与降水量呈正相关关系，而与气温呈负相关关系。荒漠区温度较高，且降水稀少，较多的降水在一定程度上有利于植被生长（图 5.9）。

研究时段内 ACA 植被 SOS 和 EOS 与春、秋季气候因子的相关性结果如图 5.10 所示。

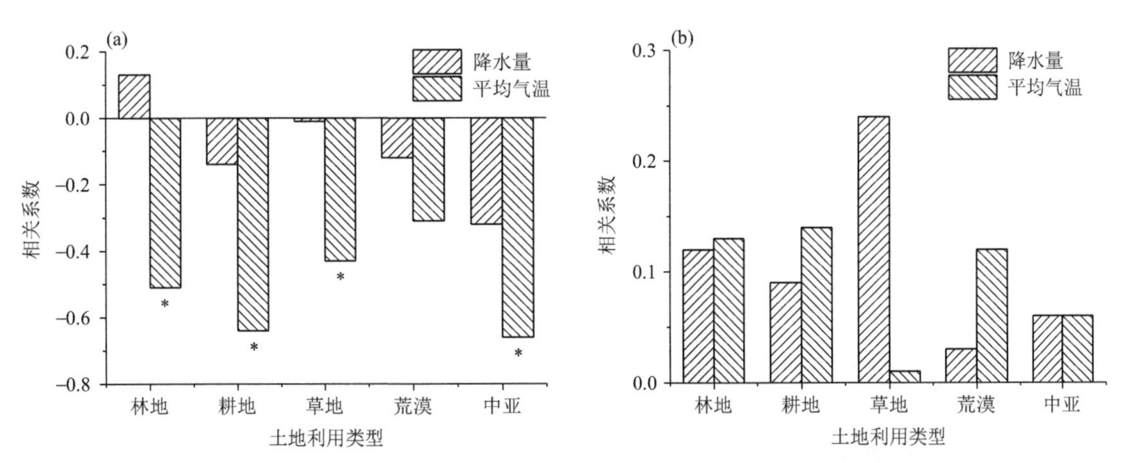

图 5.10　ACA 生长季起止时间与春季(a)、秋季(b)气候因子的相关系数

（a：SOS；b：EOS）

区域尺度上 SOS 与春季平均气温的相关系数达 -0.66（$p<0.05$），呈显著负相关关系，但其与降水量的相关系数为 -0.32（$p>0.05$），反映了中亚地区生长季开始时间的变化主要受气温影响的客观状况（图 5.10a）。如图 5.10b 所示，EOS 与秋季平均气温和降水量的相关系数均为正，但两者的相关关系并不显著。上述结果与温带地区及中国西北的物候变化情况相似（Piao et al.，2006；谢宝妮 等，2015）。一般而言，气温升高会加速植被生理过程，促进植被生长发育，使得植被生长季起始期提前、结束期延后。降水增多可以在一定程度上缓解植被对水分需求的压力，使植被生长季延长（Wu et al.，2013）。

就不同土地利用类型而言，林地、耕地及草地的 SOS 与气温关系密切，相关系数分别为

−0.51、−0.64 和−0.43，且均通过了 $\alpha=0.05$ 的显著性水平，但它们与降水的关系不显著，反映了在 SOS 阶段多数植被对气温的变化较为敏感。在 EOS 阶段，尽管林地、耕地、草地及荒漠的 EOS 与气温和降水的相关性不显著，但两者之间呈正相关关系，说明温度升高、降水增加可能有利于生长季结束期的延后。

5.3.2　空间相关性

为了进一步了解 NDVI 对气候要素的响应特征，计算了逐像元尺度上 NDVI 与气温和降水量的空间相关系数及显著性。从 NDVI 与降水的关系为例，两者的相关系数在大多数区域内为正，且约有 41.75%的像元与降水呈显著正相关关系，特别是在哈萨克斯坦北部丘陵区、中亚西北部图尔盖高原及东天山北坡绿洲区的相关系数普遍较高，约在 0.48 以上（$p<0.05$）；约有 1.39%的像元与降水呈显著负相关关系，主要分布在高海拔山区（图 5.11）。从 NDVI 与气温的关系而言，在高海拔山区、哈萨克斯坦中部平原区等，约有 13.45%的像元与气温呈显著正相关关系；而在中亚西部卡拉库姆沙漠及中国塔克拉玛干沙漠的周边区域内，部分像元与气温呈现出显著负相关关系（图 5.12）。

在 SOS 阶段，其与气温的关系较降水更加密切，两者的相关系数在大多数区域为负，特别是在中亚西北部图尔盖高原、乌兹别克斯坦东部绿洲区的相关系数较高（图 5.11a 和图 5.12a）。在 EOS 阶段，其在哈萨克斯坦北部丘陵区及东天山北坡绿洲等地区与降水呈显著正相关关系；而在乌兹别克斯坦东部绿洲区、哈萨克斯坦东部林区等则与气温呈显著正相关关系（图 5.11c 和图 5.12c）。

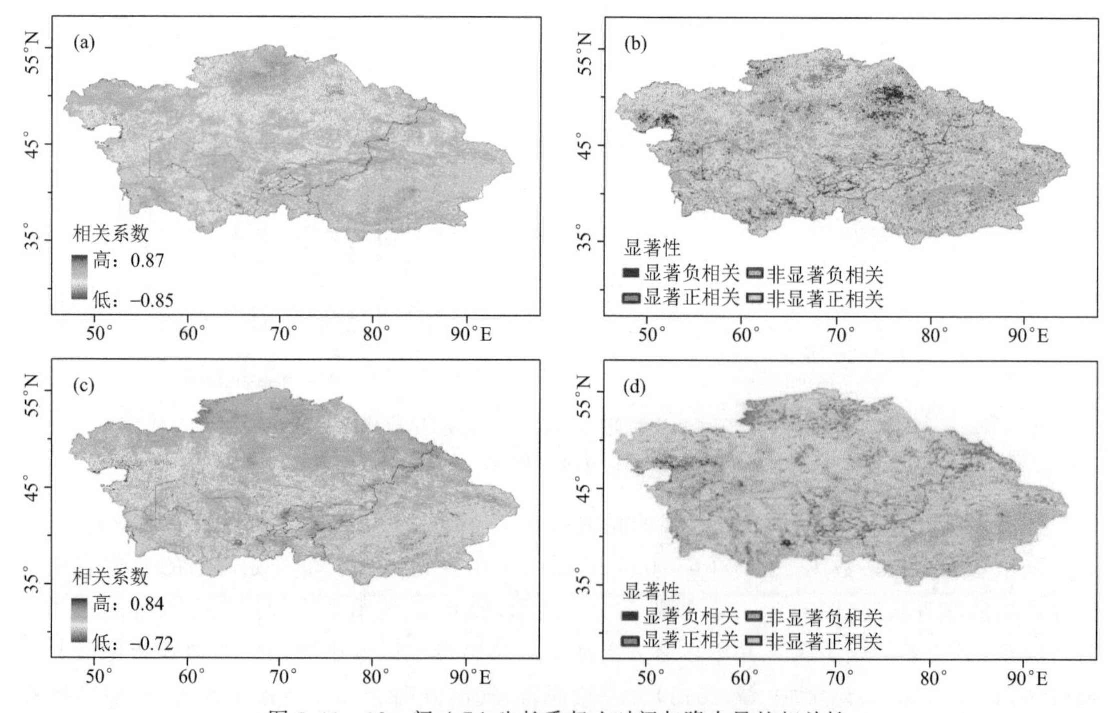

图 5.11　32 a 间 ACA 生长季起止时间与降水量的相关性

（a—b：SOS 和春季降水；c—d：EOS 和秋季降水）

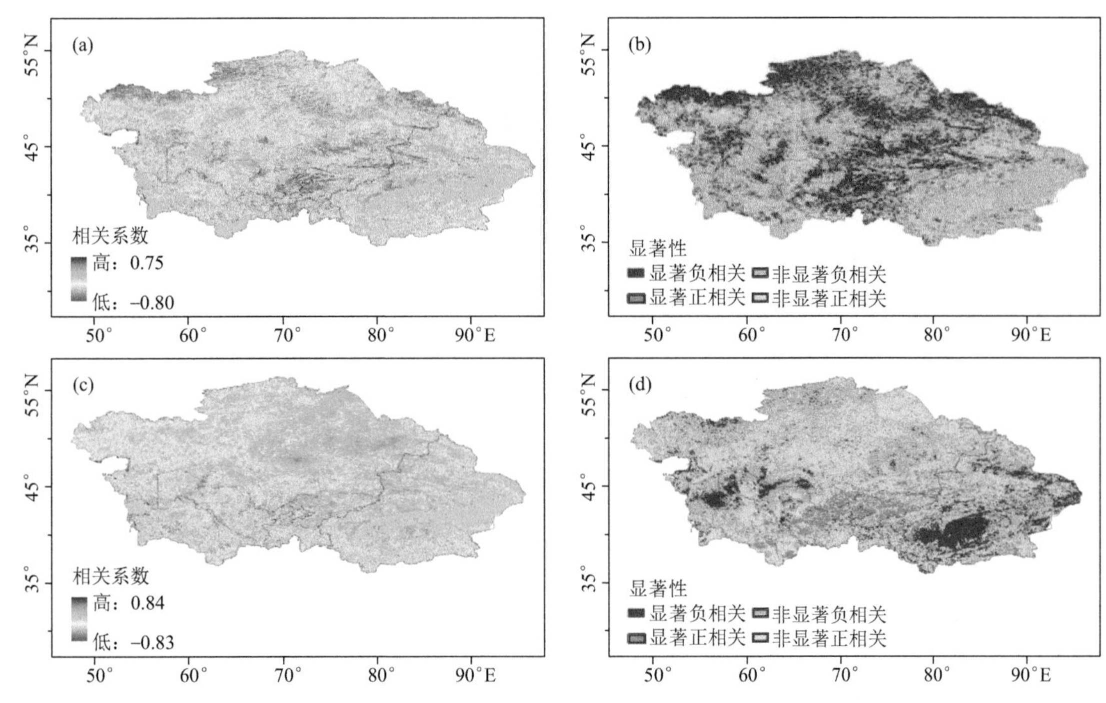

图 5.12　32 a 间 ACA 生长季起止时间与气温的相关性

（a—b：SOS 和春季气温；c—d：EOS 和秋季气温）

第 6 章　中亚生态系统碳-水循环的演变特征

生物地球化学循环过程是全球土壤-植被-大气耦合研究的重要组成部分，深入理解生态系统 C-W 循环过程对于科学应对气候变化问题具有重要意义。气候变化背景下作为亚欧内陆干旱区的主体，中亚地区增温趋势显著，水资源短缺问题日趋严重，由人口-资源-环境之间不协调所引发的生态脆弱性进一步加剧，甚至造成区域性跨国生态系统灾变(如咸海危机等)。新形势下脆弱生态系统的变化直接或间接地影响区域地-气之间的 C-W 循环过程，诸多要素及其问题交织在一起使其变化更加复杂。本书基于多源气象、遥感、土壤以及植被等数据驱动 Biome-BGC 模型，模拟 ACA 典型 C-W 要素的时空变化特征，揭示 MODS 格局下中亚生态系统 C-W 循环过程的演变规律及该过程对未来气候变化的响应机制，为中亚生态系统保护与管理提供科学依据。

6.1　Biome-BGC 模型改进及其验证

Biome-BGC 模型是美国蒙大拿大学研发的生物地球化学循环模型，它可以模拟和估算 TES 植被和土壤中的能量、碳、水等要素的流动与贮存，并在全球范围内具有较好的适用性(Han et al.，2014；Sándor et al.，2016)。

6.1.1　模型所需数据的获取

驱动 Biome-BGC 模型所需的输入数据包括地表环境、气象数据、土壤质地和植被生理参数等，上述数据可归类为初始化信息(.ini)、气象资料(.mtc)和植被生理条件(.epc)三类文件。

地表环境数据主要包括 DEM(数字高程模型)、土壤含水量、植被类型、大气 CO_2浓度等，具体来源如下所述。

(1)DEM 数据选用 SRTM30 全球数据集(http://srtm.csi.cgiar.org/index.asp)，按照 ACA 的矢量图裁剪，获得对应的 DEM 数据(图 6.1a)。

(2)土壤含水量及土壤质地数据来源于 IGBP-DIS 数据集(http://daac.ornl.gov/cgi-bin/dsviewer.pl? ds_id=569)，通过矢量图裁剪，获得中亚地区土壤数据(图 6.1b)。

(3)植被类型数据按照 IGBP 全球植被分类方案获得，并参考中国新疆植被图(中国科学院中国植被图编委会，2007)及中亚五国植被图(Rachkovskaya，1995)。如图 6.1c 所示，各数字所代表的植被类型参见 http://www.igbp-cnc.org.cn/。

(4)大气 CO_2 浓度数据来源于 NOAA 的 Mauna Loa(莫纳罗亚)观测站，时间序列从 1961 年 1 月—2013 年 12 月，其年均值的变化曲线如图 6.1d 所示。

台站与格点的气象数据主要包括基本气候要素(如气温、降水等)，针对部分台站资料缺测严重以及部分要素缺失等情况，使用 MT-CLIM 模型进行补充。未来气候数据选用 BCC 模式的 RCP4.5 和 RCP8.5 情景资料。

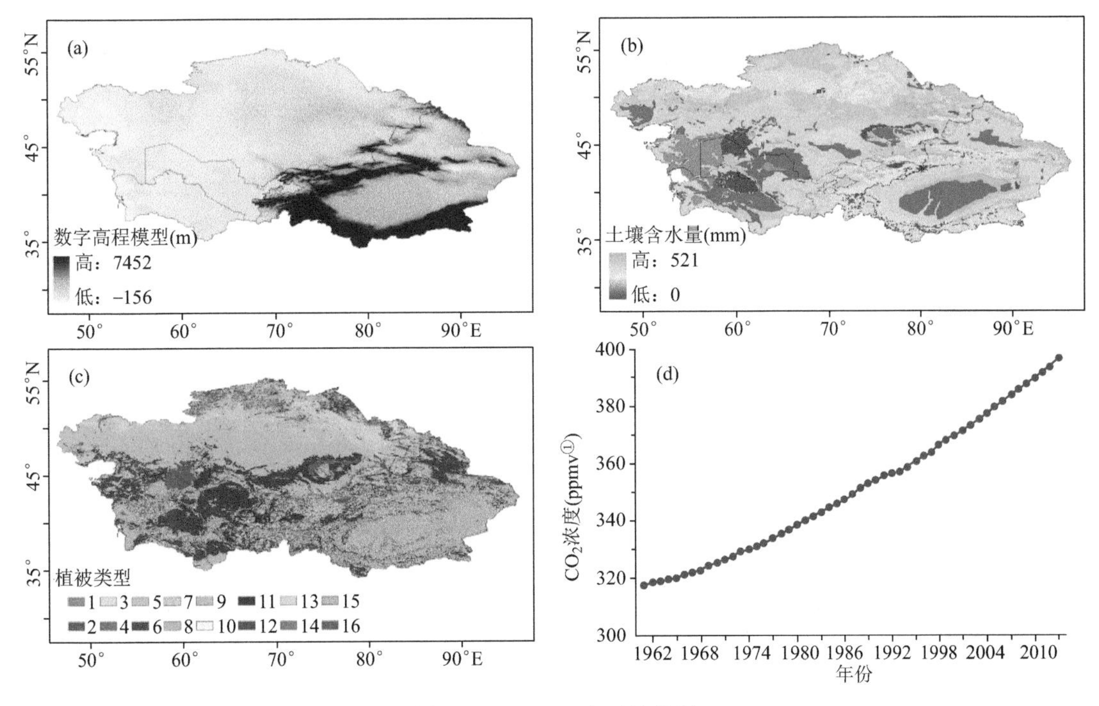

图 6.1　ACA 地表环境特征

植被生理参数主要是针对不同植被类型的特点，通过参数取值用于描述其生态过程的变化特征。White 等(2000)通过文献调查的方式，确定了适用于 Biome-BGC 模型的不同植被类型生理参数的取值范围(缺省值)。尽管多数参量的取值具有普适性，考虑到干旱、半干旱地区植物生理过程的特殊性，还需采用野外实测与文献整理的方法确定植被生理参数。

6.1.2　关键参数敏感性分析

由于东天山地区横贯中亚东部及中国新疆，且区域内涵盖中亚地区所有典型植被类型，因而具有一定的代表性。鉴于植被生理参数取值不易，且对最终模拟结果存在影响，可借助野外实测数据，确定部分参数值。

首先，需要对典型植被生理参数进行敏感性分析。Biome-BGC 模型的植被类型大致可分为木质植被(如林地等)和非木质植被(如草地等)，以东天山作为典型研究区进行初步模拟，并参照已有的研究成果(White et al.，2000；Schmid et al.，2006；Tatarinov et al.，2006)，选择典型植被生理参数，将其上下浮动 20%，分别判断其对 NEP(净生态系统生产力)和 ET(蒸散)变化的敏感性(α)。当 α 超过±20%时，表示某参数有较强的影响；当 α 超过±10%而小于±20%时，表示某参数有一定的影响；当 α 小于±10%时，表示某参数有微弱的影响。所选的生理参数如表 6.1 所示，结果如图 6.2 所示。

表 6.1　典型植被生理参数选取

编号	参数	单位	ENF	DBF	MF	GR	CR	SS
a	WIC	1/LAI×d	0.043	0.043	0.043	0.022	0.023	0.043

① 1 ppmv=10^{-6}(体积分数)，余同。

续表

编号	参数	单位	ENF	DBF	MF	GR	CR	SS
b	FLNR	%	0.046	0.11	0.08	0.12	0.20	0.06
c	SLA	m^2/kgC	9.7	40	35	30	35	15
d	LC∶LN	kgC/kgN	42	25	27	23.57	28.6	35
e	FRC∶FRN	kgC/kgN	42.4	36.2	37.9	46.36	58	42.4
f	NLWC∶NTWC	kgC/kgC	0.058	0.058	0.058	0	1.0	1.0
g	NFRC∶NLC	kgC/kgC	1.0	1.0	1.0	2.0	1.1	1.4
h	NSC∶NLC	kgC/kgC	2.1	2.23	2.1	0	1.65	0.22
i	MSC	m/s	0.003	0.003	0.003	0.006	0.006	0.006
j	BLC	m/s	0.08	0.01	0.08	0.04	0.03	0.02

注:① EFN、DBF、MF、GR、CR及SS分别代表常绿针叶林、落叶阔叶林、混交林、草地、农田及灌木。② a、b、c、d、e、f分别代表冠层截留量、酮糖二磷酸羟化酶中氮含量与叶片氮含量的比例、比叶面积、叶片碳氧比、细根碳氮比、活木质组织对所有木质组织碳分配比例;另外,g、h、i、j分别为细根碳与叶碳分配比例、新茎与新叶碳分配比、最大气孔导度、边界层导度。表中各缩写单词的全称参见文献(White et al.,2000)。

如图6.2所示,FLNR、叶片C∶N及最大气孔导度的变化对林地NEP和ET的变化特征类似,即变量增加(减少)20%,敏感性结果相应为正(负)值。以林地NEP为例,不论FLNR增加(减少),其对NEP变化均具有较强的影响;而冠层截留量、SLA和最大气孔导度等参数只有当其分别增大20%后,会对林地NEP产生一定的影响(图6.2a)。如图6.2b所示,SLA和最大气孔导度对林地ET的影响较大,不论SLA和最大气孔导度增加(减少),两者的敏感

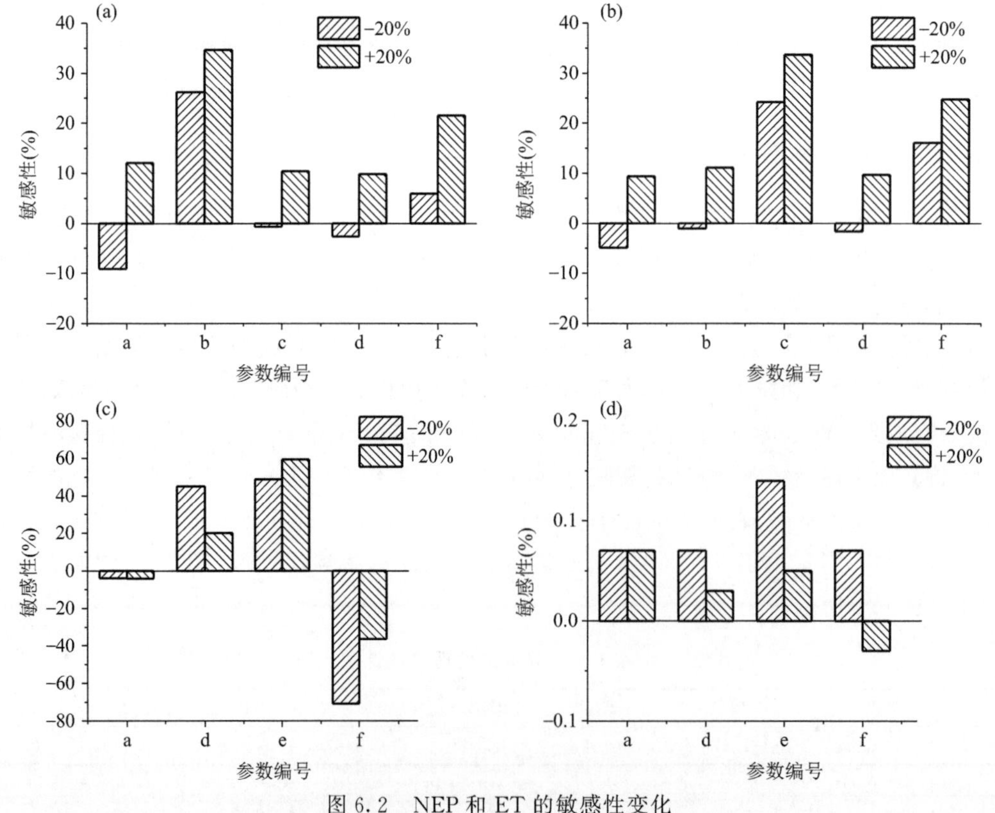

图6.2 NEP和ET的敏感性变化

(图(a),(b):林地NEP和ET;图(c),(d):草地NEP和ET)

性结果均超过了 20%；只有当 FLNR 增大时，其对 ET 具有一定的影响，反之影响较弱。就草地 NEP 和 ET 而言，细根和叶片的 C∶N 及最大气孔导度的变化对草地 NEP 的影响较大，特别是最大气孔导度的影响最为显著；所选参数对草地 ET 的影响相对较小。

综合上述敏感性计算结果，在东天山地区通过野外观测实验、典型样地的植被、土壤取样及实验室理化分析等方法，确定部分较敏感的植被生理参数取值(Luo et al.，2012；刘夏 等，2015)。

6.1.3 模型模拟效果的验证

结合模型输出变量的情况，并考虑验证的难易程度，选择 NPP(净第一性生产力)作为主要的验证参量，并从样点和区域两个尺度进行验证。

在样点尺度上，主要是通过野外实测 NPP 数据与同时段模型输出的 NPP 值进行比较，判断模型的模拟效果。实测 NPP 数据主要来源于两个方面：其一，在东天山地区选择相应的植被类型，于每年 7—8 月进行野外取样工作，对植物地上部分的根、茎、叶等采集(收割)，洗净烘干后测定生物量。其二，由俄罗斯科学院提供其在苏联解体前实测的部分草地 NPP 资料，样地主要布设在哈萨克斯坦北部(SH 站)、哈萨克斯坦西部(DZ 站)以及土库曼斯坦南部(BD 站)。

由图 6.3 可知，东天山地区不同地表类型的 NPP 实测值与模拟值之间存在较好的线性

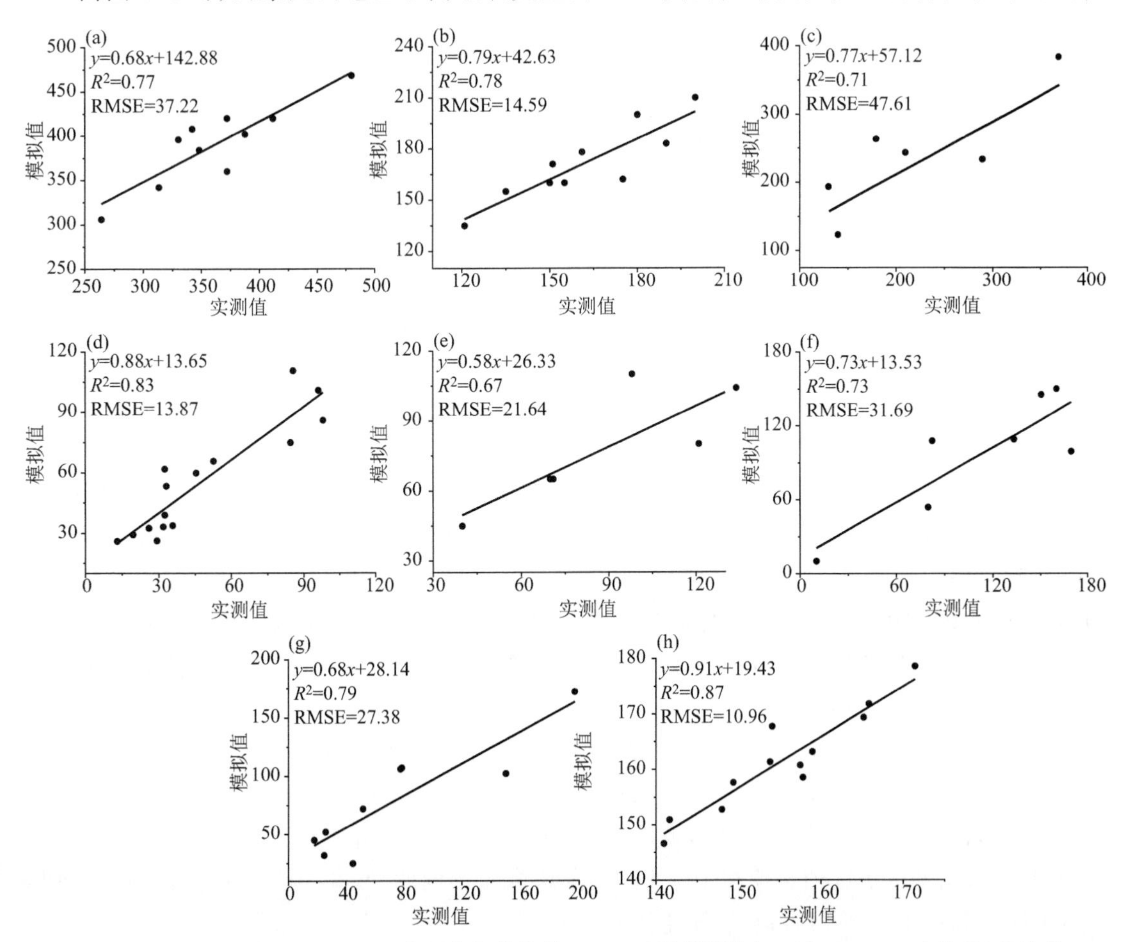

图 6.3 东天山及中亚地区 NPP 实测值与模拟值(a—g)以及模拟值与 MODIS-NPP 产品(h)的比较
(纵横坐标分别为 NPP 模拟值及 NPP 实测值，单位相同，均为 $gC/(m^2 \cdot a)$；
a—d 依次为林地、草地、耕地及荒漠；e—g：依次为 SH 站、DZ 站及 BD 站)

关系，R^2 值介于 0.67～0.83，RMSE 值介于 10.96～47.61 gC/(m^2 · a)，反映了参数调整后的 Biome-BGC 模型在样点尺度上的模拟效果较好。在中亚地区，3 个样点上的 NPP 实测值与模拟值之间也具有较好的相关关系，R^2 值介于 0.63～0.79，RMSE 值介于 21.64～31.69 gC/(m^2 · a)。

区域尺度上，由于 MODIS-NPP 产品(MOD17A3)在全球范围内具有广泛的适用性，且获取方便(Zhao et al.，2006)，因此，选择 MOD17A3 产品与同时段 Biome-BGC 模型输出的 NPP 结果进行比较，结果如图 6.3h 所示。2001—2013 年 MOD17A3 产品的 NPP 结果与同时段模型输出的 NPP 结果之间存在较好的线性关系，R^2 值为 0.87，RMSE 值为 10.96 gC/(m^2 · a)。区域尺度上 NPP 的对比效果也在一定程度上说明了基于 Biome-BGC 模型估算 ACA NPP 具有可信性。在区域尺度上，选择 MODIS-ET 产品(MOD16)与同时段 Biome-BGC 模型输出的 ET 结果进行比较，结果如表 6.2 所示。2001—2013 年 MOD16 产品的 ET 结果与同时段模型输出的 ET 结果之间存在较好的相关性，相关系数为 0.75($p<0.05$)，RMSE 值为 25.21 mm/a。区域尺度上 ET 数据的对比结果说明了基于 Biome-BGC 模型估算 ACA ET 具有一定的可信性。

表 6.2　模型输出的 ET 结果与 MODIS-ET 产品的对比

类别	最小值(mm/a)	最大值(mm/a)	相关系数	RMSE(mm/a)
Biome-BGC 模型	195.93	273.76	**0.75**	25.21
MODIS-ET 产品	194.36	229.65		

注：黑体数字表示通过 $\alpha=0.05$ 的显著性检验。

由于 Biome-BGC 模型一次可同时输出多种碳、水要素的结果(如 NPP、NEP、ET 等)，本研究受限于现有观测资料的影响，目前仅对 NPP 和 ET 的模拟结果进行了对比分析；随着未来获取相关通量观测资料的系统化，可对其他要素的模拟结果进行进一步的比较分析。

6.1.4　模拟结果的不确定性

受现有观测水平、模型结构及先验知识等因素的影响，基于模型方法估算相关参量或指标存在着一定的不确定性。在关注度较高的 NPP 模型估算方面，也存在着一定的局限性；以 NPP 为例，分析模型模拟结果的不确定性问题。一般表现在模型本身的差异性与模型输入数据等方面，目前对输入数据的不确定性分析较多(Luo et al.，2012；Han et al.，2014)，而对模型本身的不确定性考虑较少。为此以东天山地区作为典型研究区，基于 CASA 模型、GLOPEM-CEVSA 模型及 Biome-BGC 模型分别估算 NPP 的结果，并分析不同模型之间的估算差异(Zhang et al.，2013)。

如图 6.4 所示，空间上 3 种模型的估算结果虽大致相似，但在东南部吐-哈盆地的结果存在一定差异，其中 CASA 模型的估算结果偏高，而 Biome-BGC 模型的结果更符合野外实测结果。参照 Jia 等(2016)提出的相对不确定性概念(RU)，初步估算了像元尺度上的 RU 值，结果表明，东天山地区 RU 值普遍在 10%以下，占总像元比例的 60.63%，但高海拔山区部分格点的 RU 值超过了 20%，约占总像元比例的 5%(图 6.4d)。

除模型本身外，部分输入数据也存在一定的误差，但都符合科学研究的要求，如植被类型数据的精度在 90.9%左右，但对于 RSD 在获取及处理过程中的不确定性问题暂不予考虑。

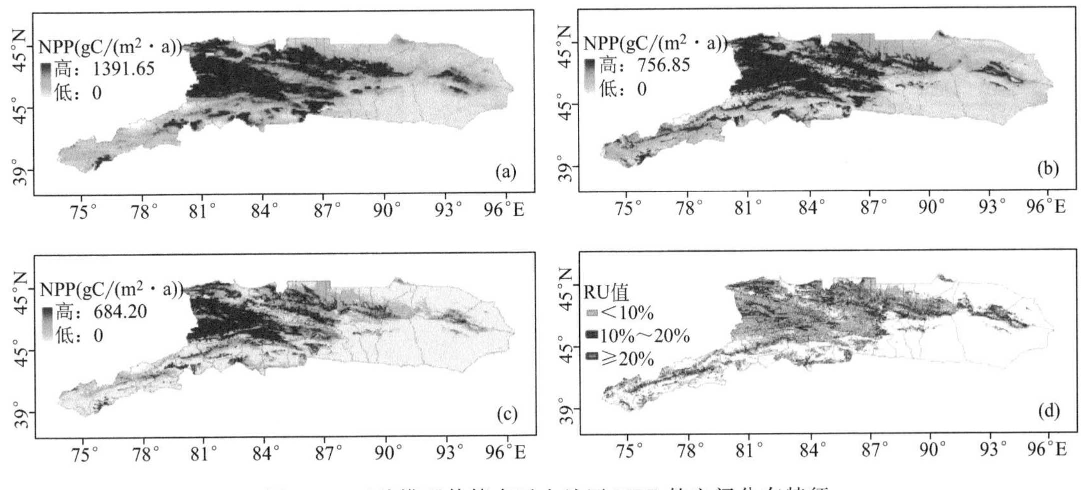

图 6.4　三种模型估算东天山地区 NPP 的空间分布特征

6.2　生态系统 C-W 要素的时空变化

考虑到多源数据类型以及模型运算速度等因素，将所有输入数据的空间分辨率统一重采样至 0.5°×0.5°，主要输出数据包括 NPP、NEP、ET、WUE（水分利用率）、Rh（相对湿度）及 SOM 等，分析中亚生态系统 C-W 要素的变化特征。

6.2.1　固碳效应

1982—2013 年研究时段内，ACA 年平均 NPP 和 NEP 的变化特征，如图 6.5 所示。NPP 年均值为 135.10 gC/(m^2 · a)，其中 2002 年 NPP 达到最大值（187.65 gC/(m^2 · a)），而 1982 年出现 NPP 的最小值（90.76 gC/(m^2 · a)）。自 1982 年以来 NPP 曲线整体呈增加趋势（$p<0.05$），尤其是在 1998 年以后 NPP 的增幅较之前阶段更为明显（图 6.5a）。同期 NEP 的年均值为 −3.54 gC/(m^2 · a)，表现出弱的碳源特征，但整体变化趋势不显著，变幅为 0.87 gC/[(m^2 · a) · 10 a]（图 6.5c）。与同时段中国西北及北半球地区的 NPP 和 NEP 变化趋势相比（Piao et al.，2009；姜超 等，2011），两者在 ACA 的变化特征与之类似，但变幅相对较小，这表明在变暖背景下中亚地区 NPP 和 NEP 的变化具有区域性特征。两者的 Hurst 指数值分别为 0.63 和 0.54，反映了它们具有较强的持续性。

虽然不同土地利用类型的 NPP 和 NEP 均呈增加趋势，但各自的变幅存在较大的差异。就 NPP 而言，林地的增幅最大，为 19.32 gC/[(m^2 · a) · 10 a]（$p<0.05$），其次为草地和耕地，两者的增幅均超过了 5.65 gC/[(m^2 · a) · 10 a]（$p>0.05$），而荒漠的 NPP 增幅最小（0.65 gC/[(m^2 · a) · 10 a]，$p>0.05$）（图 6.5b）。就 NEP 而言，草地的增幅最大，为 1.76 gC/[(m^2 · a) · 10 a]（$p>0.05$），而其他 3 种类型的增幅均小于 0.90 gC/[(m^2 · a) · 10 a]（$p>0.05$）。

逐像元尺度上 NPP 和 NEP 的变化趋势，如图 6.6 所示。NPP 的高值区主要分布在天山、帕米尔山、阿尔泰山及哈萨克斯坦北部丘陵区等，其值普遍高于 200 gC/(m^2 · a)，而低值区则分布在中亚西部卡拉库姆沙漠区、中国新疆塔里木盆地等，其值多在 30 gC/(m^2 · a)以下。高海拔山区、哈萨克斯坦北部及中亚西北部图尔盖高原等地区 NPP 增加显著，多数区域

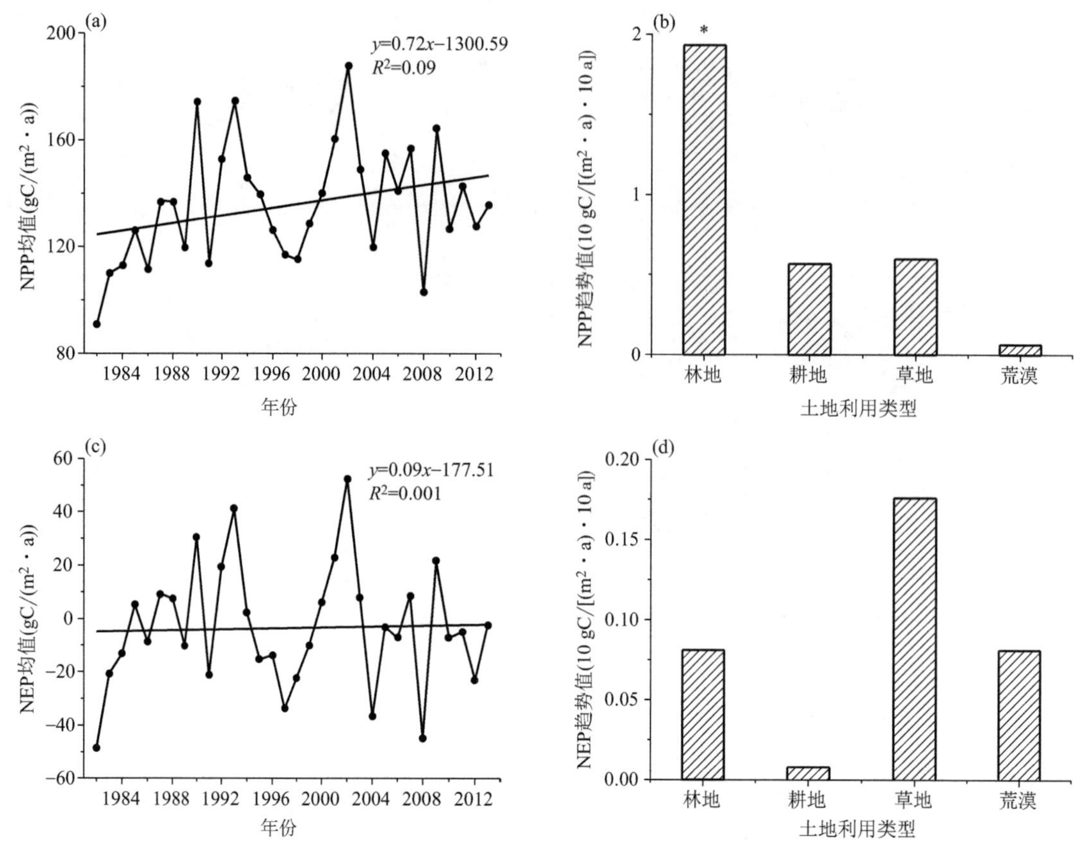

图 6.5　ACA NPP 和 NEP 的含量均值(a,c)和变化趋势(b,d)

(“*”表示通过 $\alpha=0.05$ 的显著性检验)

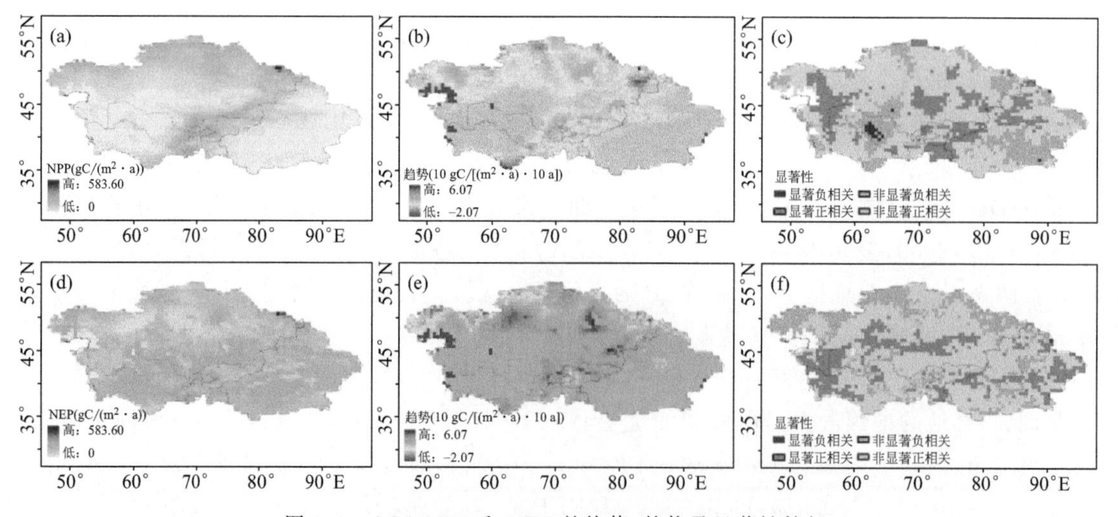

图 6.6　ACA NPP 和 NEP 的均值、趋势及显著性特征

(a—c:NPP;d—f:NEP)

增幅超过 27 gC/[(m² · a) · 10 a]($p<0.05$),但在乌兹别克斯坦中部及中国新疆南疆的部分地区 NPP 出现了明显下降趋势。就 NEP 而言,高海拔山区(特别是阿尔泰山)NEP 均值较高,部分地区超过 10.31 gC/(m² · a),而中亚西北部图尔盖高原及哈萨克斯坦中部平原地区

是典型的低值区,其 NEP 均值集中在-16.95 gC/(m^2·a)以下。高海拔山区及哈萨克斯坦中部地区 NEP 增幅较高(>11 gC/[(m^2·a)·10 a]),而里海沿岸的部分区域 NEP 降幅明显,多在-10 gC/[(m^2·a)·10 a]以下。

不同海拔梯度下,NPP 和 NEP 的变化趋势具有一定差异性(图 6.7)。就 NPP 而言,其趋势值在海拔 4000 m 以内逐步增加,特别是在 3000～4000 m 和 2000～3000 m 内的趋势值相对最高,达 6.09 gC/[(m^2·a)·10 a]($p<0.05$)以上,但超过 4000 m 以后 NPP 的趋势值呈递减特征。同样,NEP 也表现出相似的变化特征(图 6.7a)。

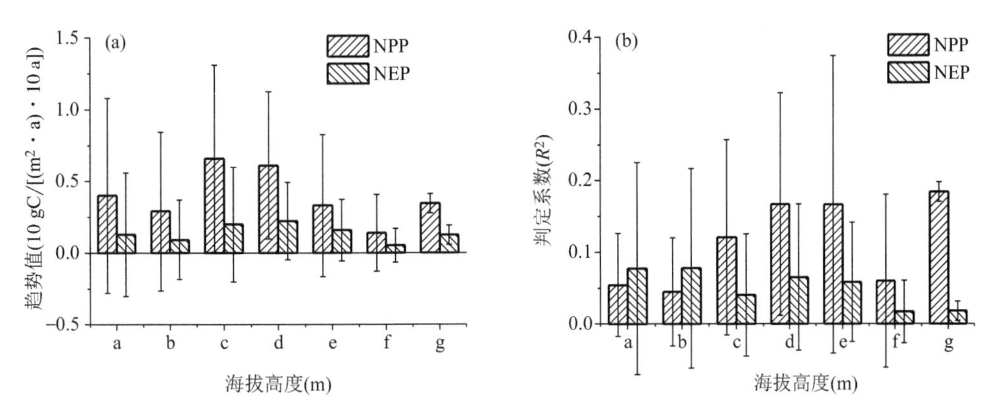

图 6.7　ACA 不同海拔条件下 NPP 和 NEP 的变化趋势

(图中横坐标 a—g 依次为<1000 m、1000～2000 m、2000～3000 m、3000～4000 m、4000～5000 m、5000～6000 m 及≥ 6000 m)

研究时段内 ACA NPP 和 NEP 与气候因子的相关性结果,如图 6.8 所示。总体而言,区域尺度上 NPP 和 NEP 与降水的相关性最好($p<0.05$),相关系数分别为 0.67 和 0.75,而两者与气温的相关性一般($p>0.05$)。这反映了中亚地区生态系统生产力状况主要受降水的影响,与相关学者在北半球及中国西北干旱区的研究结果相似(Zhang et al.,2013;Peng et al.,2015)。就不同土地利用类型而言,林地、耕地、草地及荒漠的 NPP 和 NEP 均与降水量呈显著正相关关系($p<0.05$),其中荒漠的 NPP 和 NEP 与降水的相关系数最高,分别达到 0.89 和 0.88。林地的 NPP 和 NEP 与降水的相关系数最低,分别达到 0.47 和 0.65。不同土地利用类型的 NPP 和 NEP 均与气温的相关性不显著($p>0.05$)。

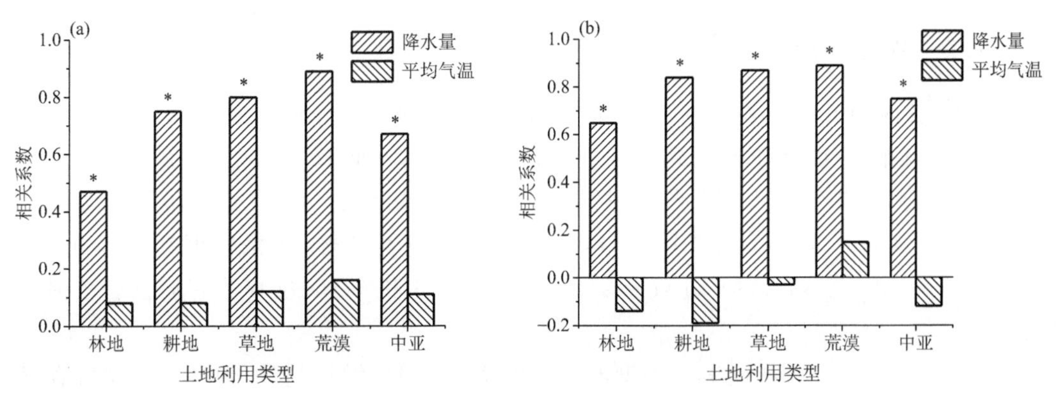

图 6.8　ACA NPP(a)和 NEP(b)与气候因子的相关系数

(“*”表示通过 $\alpha=0.05$ 的显著性检验)

逐像元尺度上，NPP 和 NEP 与气温和降水量的空间相关系数及显著性结果，如图 6.9 所示。以 NPP 与降水的关系为例(图 6.9a)，两者的相关系数在大多数区域内为正，呈显著正相关的像元占总像元比例的 96.55%，特别是在哈萨克斯坦北部丘陵区、天山等地区的相关系数超过 0.78($p<0.05$)；约有 5.78%(2.66%)的像元与气温呈显著正(负)相关关系，但总体上 NPP 与气温的相关性不强。NEP 在空间上也与降水呈较好的相关性，其中约有 90.23%的像元与降水呈显著正相关关系，两者的相关系数在哈萨克斯坦北部丘陵区、天山等地区超过 0.75($p<0.05$)；约有 1.76%(4.77%)的像元与气温呈显著正(负)相关关系，但总体上 NPP 与气温的相关性不强。

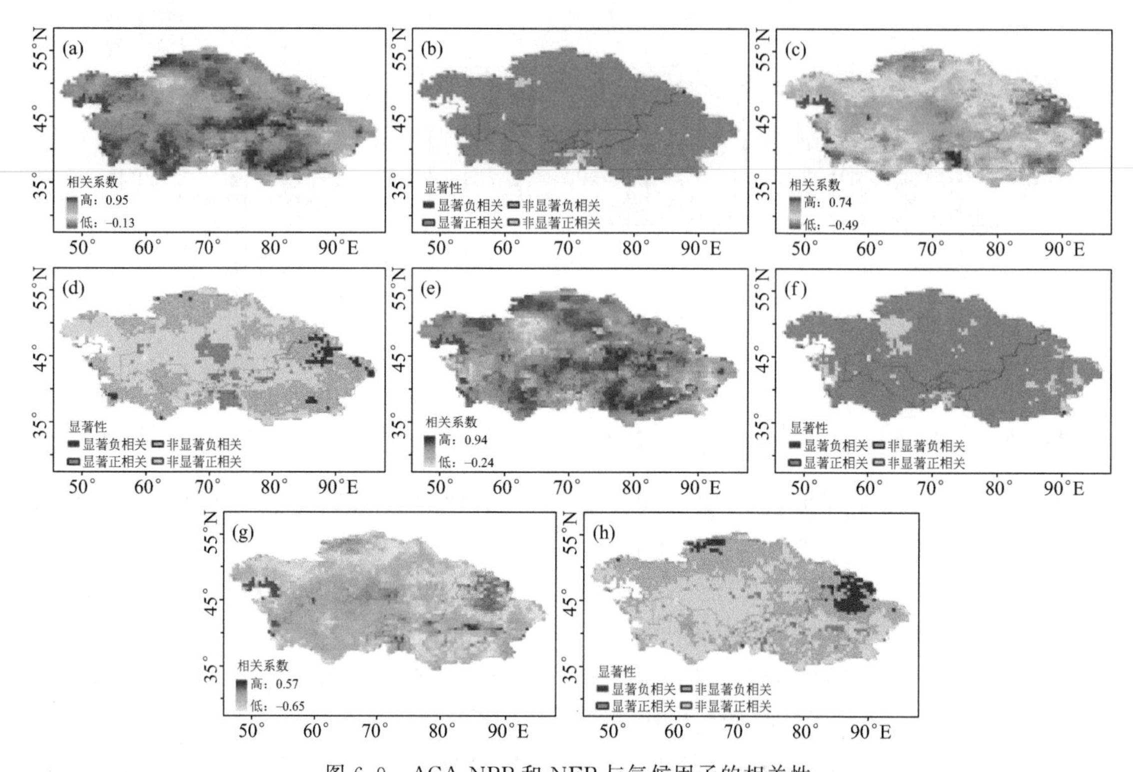

图 6.9 ACA NPP 和 NEP 与气候因子的相关性

(a—b：NPP 和降水；c—d：NPP 和气温；e—f：NEP 和降水；g—h：NEP 和气温)

6.2.2 水分效应

研究时段内 ACA 年平均 ET 和 WUE 的变化特征，如图 6.10 所示。ET 年均值为 233.50 mm，其中 1993 年 ET 达到 273.76 mm 为最大值，而 1997 年出现 ET 的最小值为 195.93 mm，自 1982 年以来 ET 曲线整体呈增加趋势，增幅为 3.69 mm/10 a($p>0.05$)。WUE 的年均值为 0.34 gC/(m^2 · mm)，整体变化趋势不显著，变化幅度约为 0.001 gC/[(m^2 · mm) · 10 a]。两者的 Hurst 指数值分别为 0.56 和 0.55，反映了它们具有较强的持续性。

如图 6.10 所示，不同土地利用类型的 ET 和 WUE 均呈增加趋势，但各自的增幅存在较大差异。就 ET 而言，林地和草地的增幅相对较高，均超过了 5.15 mm/10 a($p>0.05$)，其次为耕地，增幅约为 2.55 mm/10 a($p>0.05$)，而荒漠的 ET 增幅最小(1.9 mm/10 a，$p>0.05$)

(图 6.10b)。WUE 在不同土地利用类型中的变化特征基本与 ET 相似,特别是草地的变幅通过了 $\alpha=0.05$ 的显著性水平,而林地的 WUE 增幅最大,超过了 0.02 gC/[(m^2 · mm) · 10 a]($p>0.05$)(图 6.10d)。

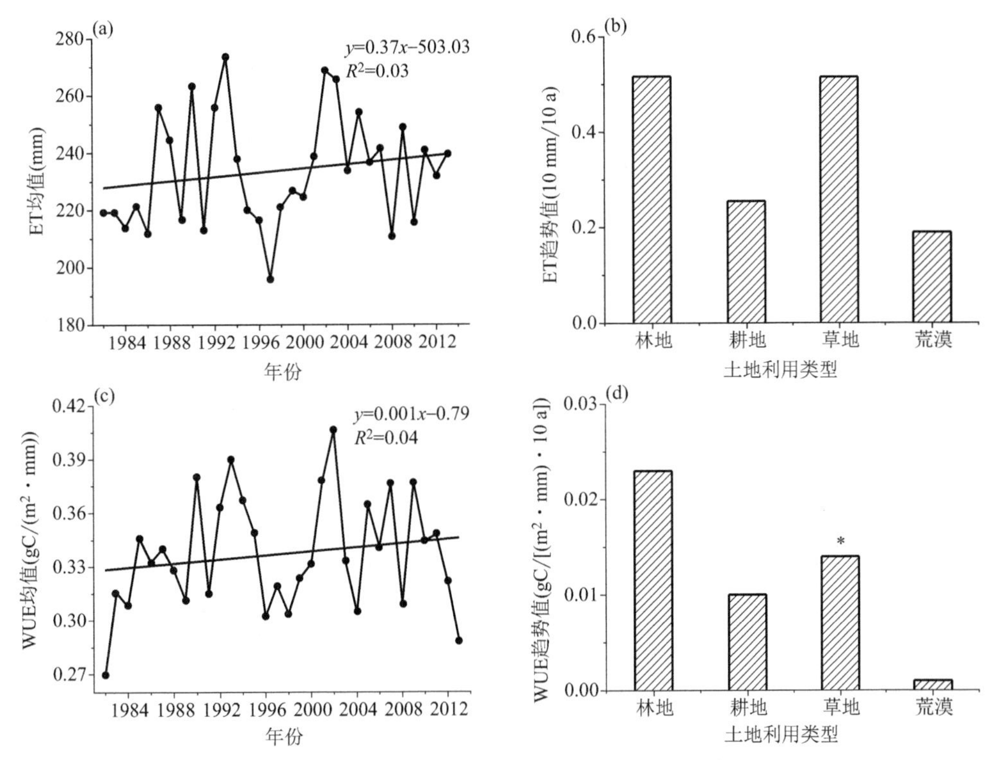

图 6.10　ACA ET(a,b)和 WUE(c,d)的均值和变化趋势

("*"表示通过 $\alpha=0.05$ 的显著性检验)

逐像元尺度上 ET 和 WUE 的变化趋势,如图 6.11 所示。ET 的高值区主要分布在天山、帕米尔山、阿尔泰山及哈萨克斯坦北部丘陵等地区,其年均值普遍高于 250 mm,而低值区则

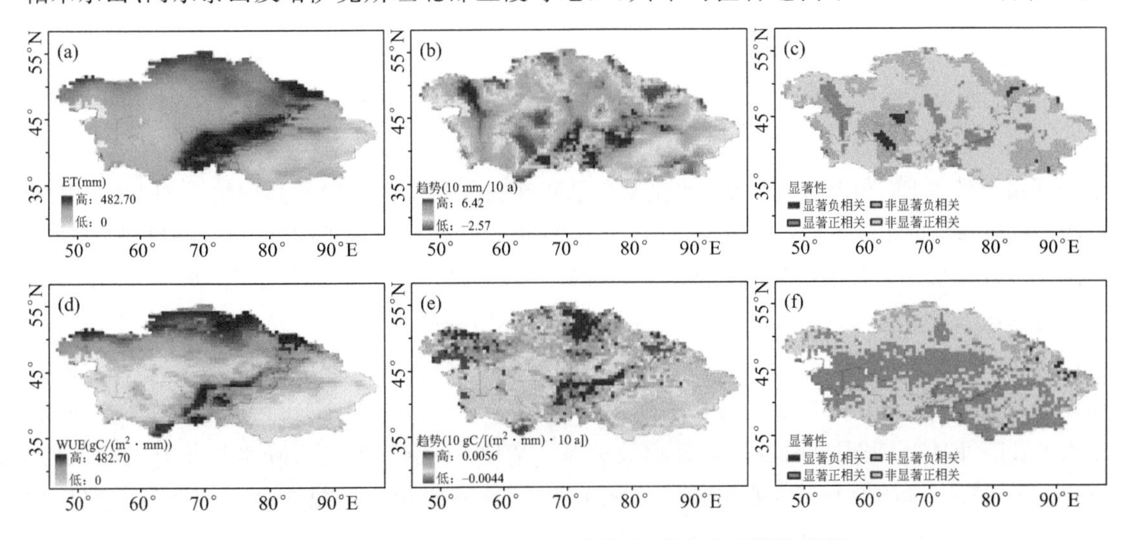

图 6.11　ACA ET 和 WUE 的均值、趋势及显著性特征

(a—c:ET;d—f:WUE)

主要分布在南疆塔里木盆地及东疆等地区，ET 值小于 60 mm。高海拔山区及中亚西北部图尔盖高原等地区 ET 增加趋势显著($p<0.05$)，多数区域的增幅超过 20 mm/10 a，但在乌兹别克斯坦中部及哈萨克斯坦南部的部分地区 ET 出现了明显的下降趋势($p<0.05$)。WUE 年均值的空间分布特征基本与 ET 相似，整体表现为高海拔山区(特别是阿尔泰山)WUE 值较高，普遍超过 0.5 gC/(m^2·mm)，而中亚西部卡拉库姆沙漠区、南疆塔里木盆地等是主要的低值区，其 WUE 均值都集中在 0.027 gC/(m^2·mm)以下。高海拔山区及哈萨克斯坦北部地区 WUE 增幅较大(>0.03 gC/[(m^2·mm)·10 a]，$p<0.05$)，而土库曼斯坦东南部及北疆的少数地区出现了不同程度的下降趋势，降幅约在−0.02 gC/[(m^2·mm)·10 a]左右。

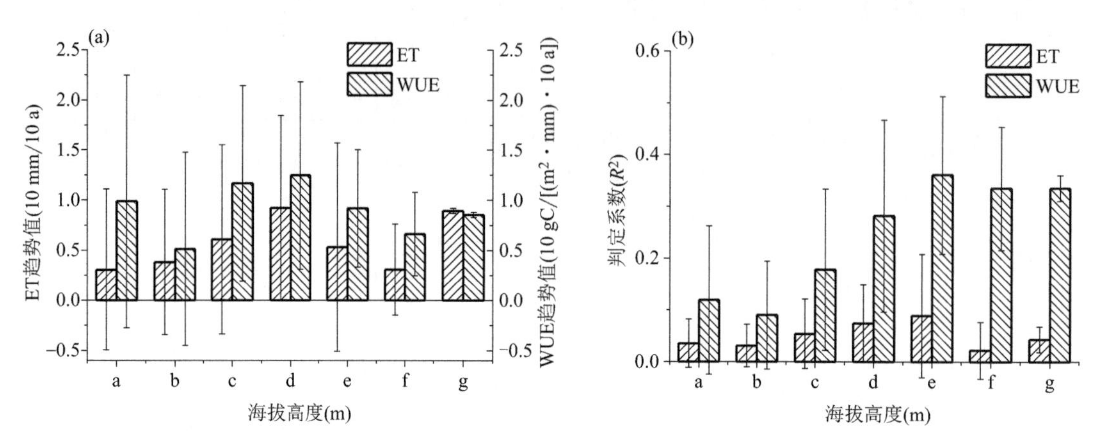

图 6.12　ACA 不同海拔条件下 ET(a)和 WUE(b)的变化趋势

(a—g 依次为<1000 m、1000～2000 m、2000～3000 m、3000～4000 m、4000～5000 m、5000～6000 m 及≥6000 m)

不同海拔高度下，ET 和 WUE 的变化趋势具有一定差异性(图 6.12)。两者的趋势值在海拔 4000 m 内逐步增加，特别是在 3000～4000 m 和 2000～3000 m 内的趋势值相对较高，其中 ET 的趋势值分别为 6.09 mm/10 a 和 9.20 mm/10 a，WUE 的趋势值分别为 1.16×10^{-2} gC/[(m^2·mm)·10 a]和 1.24×10^{-2} gC/[(m^2·mm)·10 a]，但超过 4000 m 以后两者的趋势值呈递减特征。

研究时段内 ACA ET 和 WUE 与气候因子的相关性结果，如图 6.13 所示。总体而言，区域尺度上 ET 和 WUE 与降水量呈显著正相关关系($p<0.05$)，相关系数分别为 0.88 和 0.55；而两者与气温的相关性一般($p>0.05$)，这说明中亚地区生态系统水分状况主要受降水的影响。4 种土地利用类型的 ET 和 WUE 均与降水量呈显著正相关关系($p<0.05$)，其中荒漠的 ET 和耕地的 WUE 与降水量相关系数各自最高，分别为 0.95 和 0.73。除荒漠的 WUE 与气温呈显著正相关关系外($p<0.05$)，各土地利用类型的 ET 和 WUE 均与气温的相关性不显著($p>0.05$)。

逐像元尺度上 ET 和 WUE 与气候因子的空间相关系数及显著性结果，如图 6.14 所示。如图 6.14a 所示，约有 97.11%的像元表现出 ET 与降水呈显著正相关关系，尤其是在哈萨克斯坦北部丘陵区、天山等地区的相关系数超过 0.81($p<0.05$)，但 ET 与气温的相关性一般，仅有 6.11%的像元表现出两者呈显著相关关系。WUE 在空间上也与降水呈较好的相关性，其中约有 47.75%的像元与降水呈显著正相关关系，两者的相关系数在哈萨克斯坦北部丘陵区、中亚西北部图尔盖高原及天山等地区相对较高，普遍超过 0.72($p<0.05$)，但 WUE 与气温的相关系数不高。

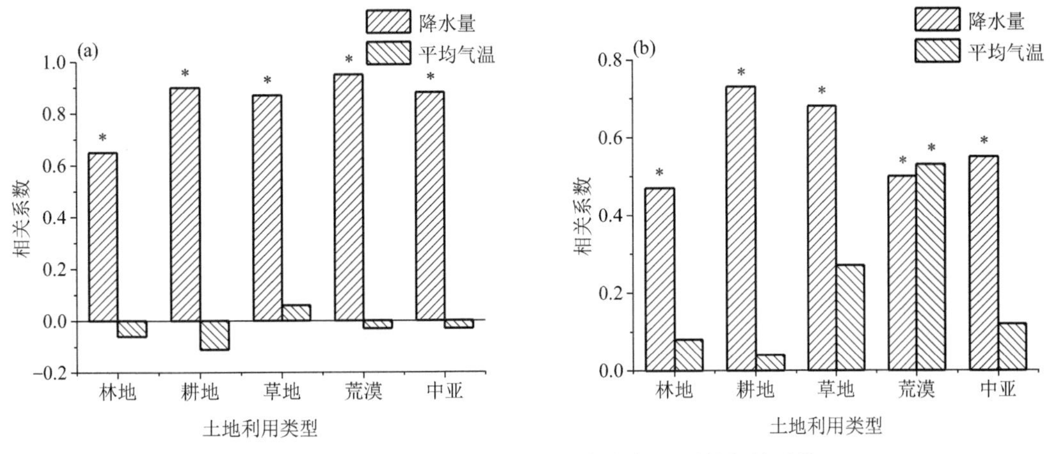

图 6.13 ACA ET(a)和 WUE(b)与气候因子的相关系数

(“*”表示通过 $\alpha=0.05$ 的显著性检验)

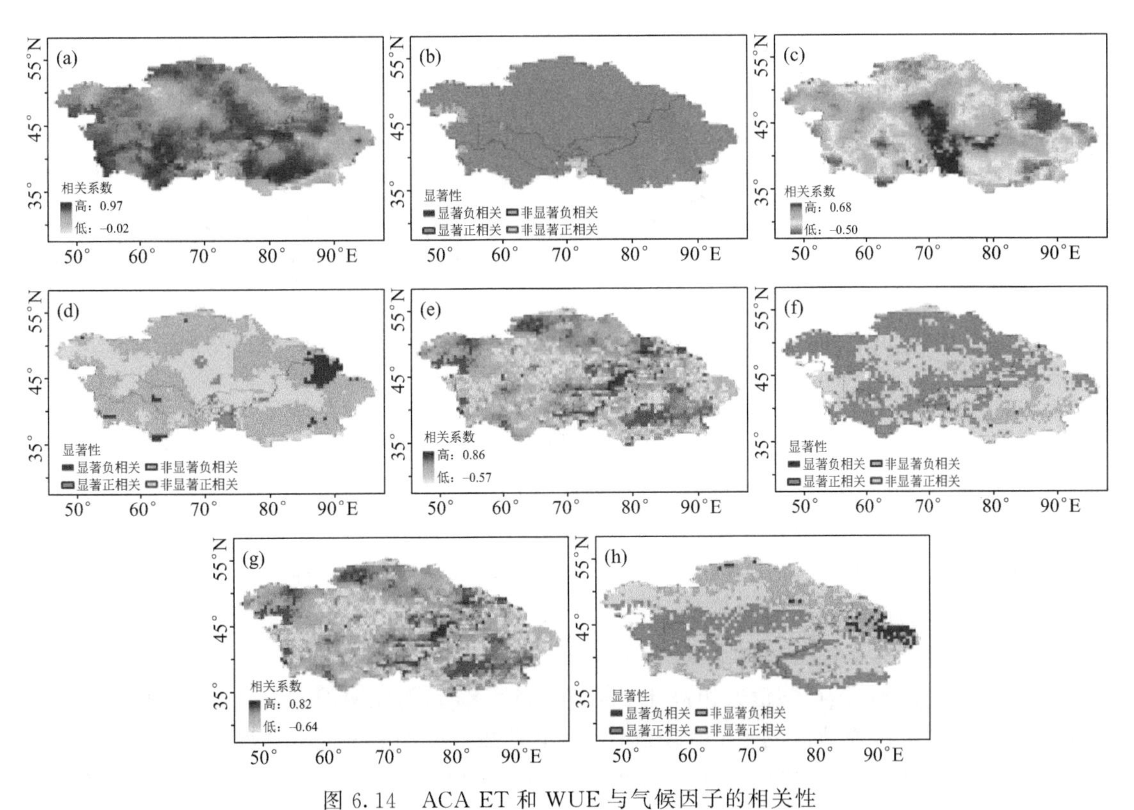

图 6.14 ACA ET 和 WUE 与气候因子的相关性

(a—b:ET 和降水;c—d:ET 和气温;e—f:WUE 和降水;g—h:WUE 和气温)

6.2.3 土壤效应

研究时段内 ACA 年平均 Rh 和 SC 的变化特征,如图 6.15 所示。Rh 年均值为 139.55 gC/(m^2 · mm),自 1982 年以来 Rh 曲线整体呈增加趋势,增幅为 7.03 gC/[(m^2 · mm) · 10 a]($p<0.05$)。同期 SC 的年均值为 4.94 kg/m^2,整体呈显著降低趋势,变化幅度约为 −0.08 kg/(m^2 · 10 a)。Hurst 指数表明两者具有较强的持续性(Rh:0.75;SC:0.82)。

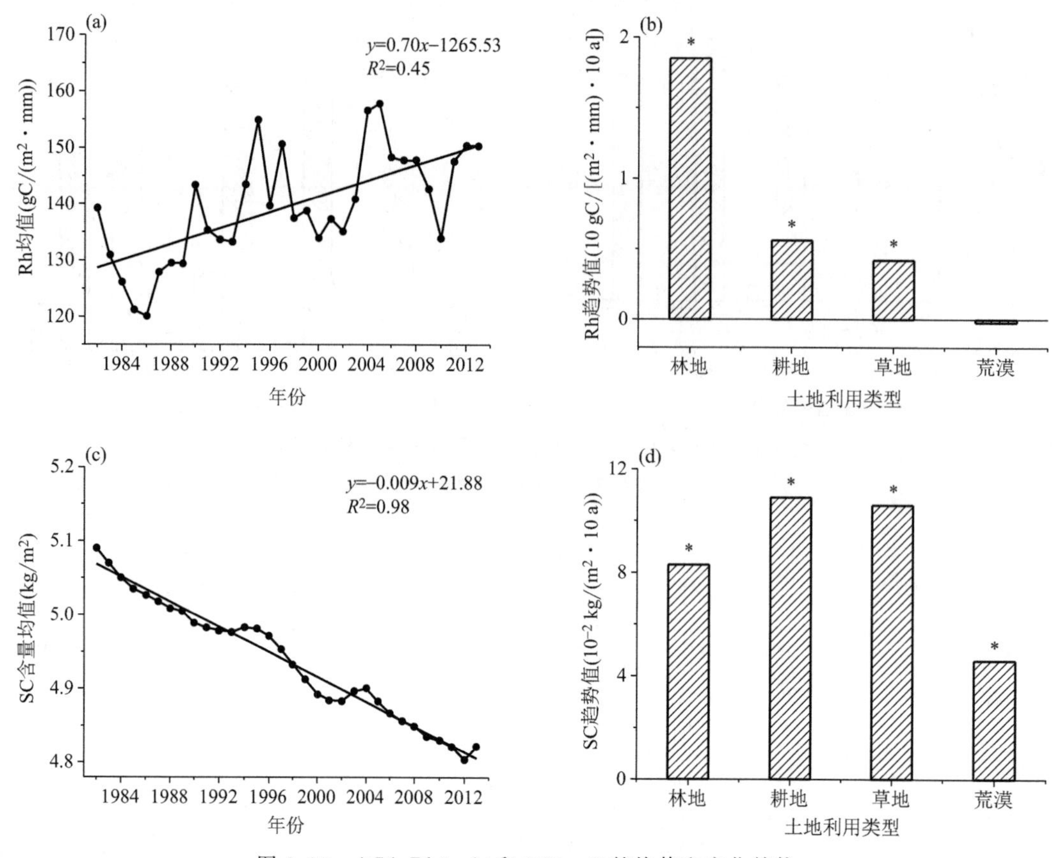

图 6.15　ACA Rh(a,b)和 SC(c,d)的均值和变化趋势

(“*”表示通过 $\alpha=0.05$ 的显著性检验)

如图 6.15 所示,不同土地利用类型的 Rh 和 SC 土壤碳的变化趋势具有较大差异。除荒漠外,其他 3 种土地利用类型(林地、耕地和草地)的 Rh 均呈显著增加趋势($p<0.05$),增幅分别为 1.85 gC/[(m^2 · a) · 10 a]、0.56 gC/[(m^2 · a) · 10 a]和 0.42 gC/[(m^2 · a) · 10 a]。4 种土地利用类型的 SC 均呈显著下降趋势($p<0.05$),其中耕地的降幅最大,达 0.11 kg/[(m^2 · a) · 10 a],而荒漠的降幅最小,为 0.05 kg/(m^2 · 10 a)。

如图 6.16 所示,逐像元尺度上 Rh 的高值区主要分布在天山、帕米尔山、阿尔泰山及哈萨克斯坦北部丘陵区等,其年均值普遍高于 200 gC/(m^2 · a),而在南疆塔里木盆地、里海沿岸及中亚西部卡拉库姆沙漠地区的 Rh 值较低,普遍小于 20 gC/(m^2 · a)。高海拔山区、哈萨克斯坦北部丘陵区及中亚西北部图尔盖高原等地区 Rh 呈明显增加趋势($p<0.05$),增幅约在 15.50 gC/[(m^2 · a) · 10 a]以上,但其在乌兹别克斯坦和土库曼斯坦以及中国东疆的大部分地区出现显著下降趋势($p<0.05$),最大降幅超过 15.86 gC/[(m^2 · a) · 10 a]。SC 年均值的空间分布特征基本与 Rh 相似,特别是在哈萨克斯坦北部丘陵区及中亚西北部图尔盖高原等地区 SC 值较高(>12.13 kg/m^2),而其在里海沿岸、土库曼斯坦及南疆塔里木盆地的部分地区 SC 值较小(<1.50 kg/m^2)。中亚大多数地区 SC 呈下降趋势,特别是在哈萨克斯坦北部地区,其降幅较大(超过 0.15 kg/(m^2 · 10 a),$p<0.05$),而土库曼斯坦中部地区出现零星的增加。

Rh 和 SC 的趋势随海拔高度的变化特征,如图 6.17 所示。以 Rh 为例,其在海拔 2000～

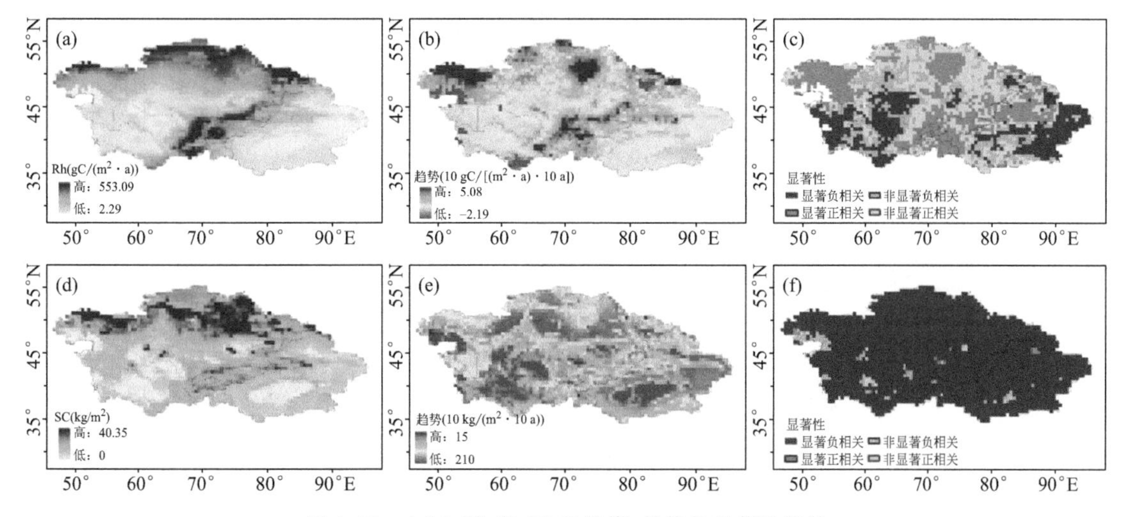

图 6.16　ACA Rh 和 SC 的均值、趋势及显著性特征

(a—c：Rh；d—f：SC)

3000 m 内达到最大(4.59 gC/[(m² · a) · 10 a])，之后随海拔的升高而不断下降。SC 的变化特征基本与 Rh 类似，其在海拔 4000 m 内逐步增加，特别是在 3000～4000 m 和 2000～3000 m 内趋势值相对较高，分别为−0.09 kg/(m² · 10 a)和−0.11 kg/(m² · 10 a)，但超过 4000 m 以后 SC 的趋势值呈递减特征。

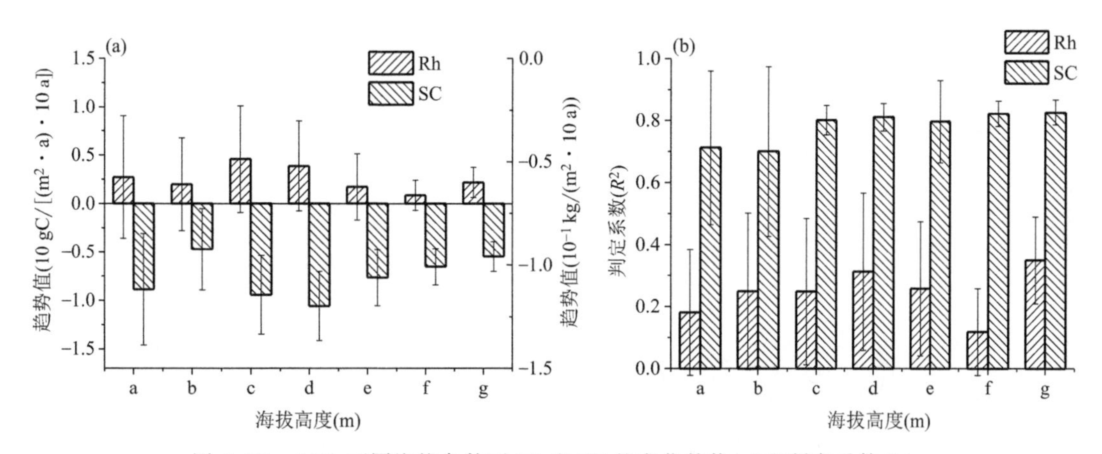

图 6.17　ACA 不同海拔条件下 Rh 和 SC 的变化趋势(a)和判定系数(b)

(a—g 依次为<1000 m、1000～2000 m、2000～3000 m、3000～4000 m、4000～5000 m、5000～6000 m 及≥6000 m)

研究时段内 ACA Rh 和 SC 与气候因子的相关性结果，如图 6.18 所示。总体而言，区域尺度上 Rh 和 SC 与气温呈显著相关关系($p<0.05$)，相关系数分别为 0.55 和−0.45，而两者与降水量的相关性一般($p>0.05$)，这说明中亚地区生态系统 Rh 和 SC 主要受气温的影响。林地、耕地和草地的 Rh 均与气温呈显著正相关关系($p<0.05$)，而耕地、草地和荒漠的 SC 均与气温呈显著负相关关系($p<0.05$)，其中林地的 Rh 与荒漠的 SC 与气温相关系数各自最高，分别为 0.53 和−0.65。各土地利用类型的 Rh 和 SC 均与降水量的相关性不显著($p>0.05$)。

图 6.19 显示了逐像元尺度上 Rh 和 SC 与气候因子的空间相关系数及显著性结果。以

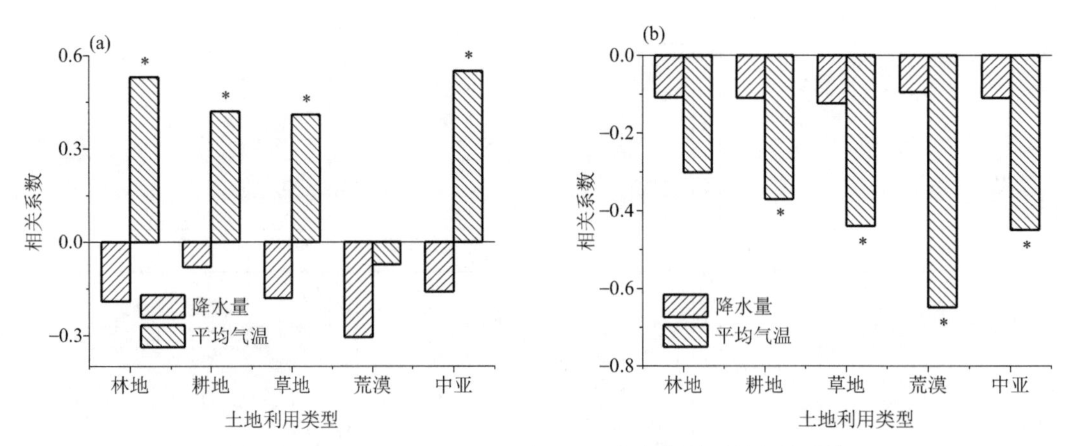

图 6.18　近 32 a ACA Rh(a)和 SC(b)与气候因子的相关系数

(“＊”表示通过 α＝0.05 的显著性检验)

Rh 和降水为例，约有 7.85%(8.05%)的像元表现出 Rh 与降水呈显著正(负)相关关系，且相关系数的高值区主要分布在中亚中部地区，与降水情况相似，约有 22.16%(7.35%)的像元表现出 Rh 与气温呈显著正(负)相关关系，特别是两者在高海拔山区的相关系数超过了 0.56。SC 在空间上与气温呈较好的相关性，其中约有 67.21%的像元与气温呈显著负相关关系，两者的相关系数在中亚中部及南部的大多数地区相对较高，但其与降水的相关性一般。

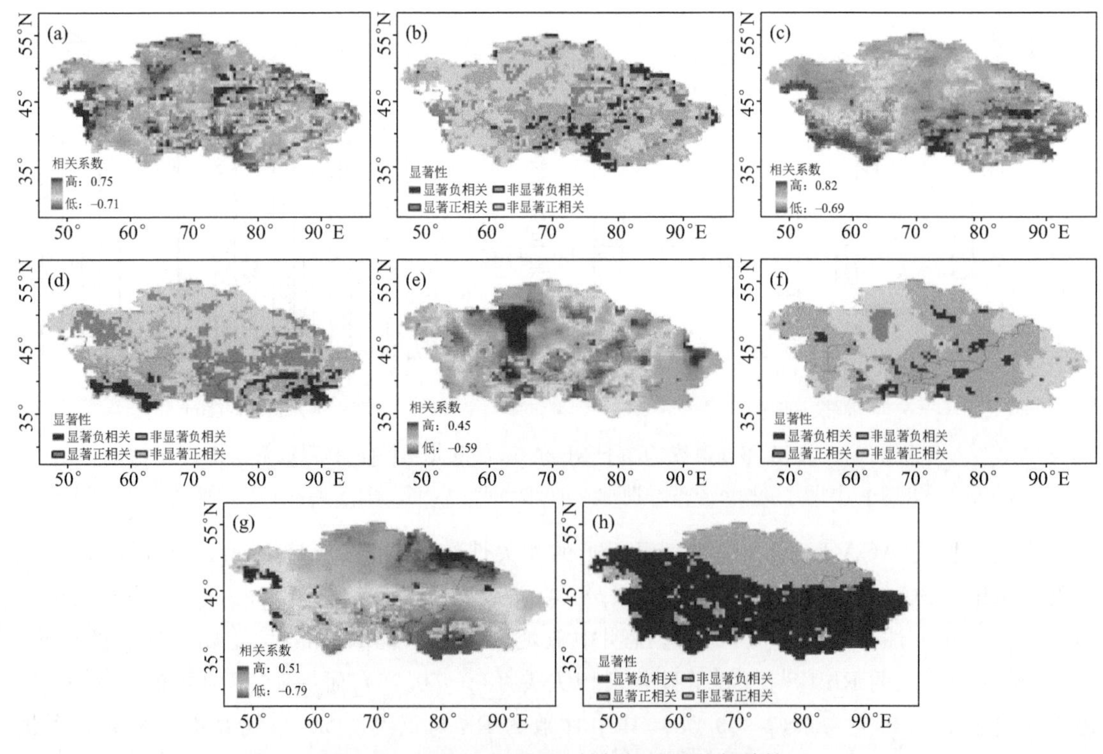

图 6.19　ACA Rh 和 SC 与气候因子的相关性

(a—b：Rh 和降水；c—d：Rh 和气温；e—f：SC 和降水；g—h：SC 和气温)

6.3　未来情景 C-W 要素的时空演变

关于气候变化情景模式，国内外有诸多模式，从不同尺度评估与模拟相关气候要素的变化，各自具有一定的适用性。特别是近期 NDCs、SSPs 及 2 ℃以下情景模式的研发，为 B&R 沿线排放与减排提供了重要借鉴(Chai et al.，2020)。本研究主要基于 BCC 模式的 RCP4.5 和 RCP8.5 情景数据，分析 ACA 未来关键 C-W 要素(如 NPP、NEP 及 ET)的变化趋势及空间分布差异。

6.3.1　RCP4.5 情景下 C-W 要素的变化

RCP4.5 情景下，2013—2100 年 ACA 的 NPP、NEP 及 ET 均表现出不同程度的增加趋势，增幅分别为 4.51 gC/[(m^2 · a) · 10 a](p<0.05)、1.26 gC/[(m^2 · a) · 10 a](p>0.05)和 2.31 mm/10 a(p<0.05)。M-K 突变检验表明，三者的变化曲线存在一个共同的突变点(2048 年)，但 NPP 和 ET 的突变检验结果通过了 α=0.05 的显著性水平。Hurst 指数反映了三者的变化趋势具有较强持续性(表 6.3)。

表 6.3　RCP4.5 情景下 2013—2100 年 ACA 关键 C-W 要素的统计特征

指标	均值	趋势	M-K 突变检验(年)	Hurst 指数
NPP	147.45(gC/(m^2 · a))	**4.51**(gC/[(m^2 · a) · 10 a])	**2048**	0.79
NEP	0.61(gC/(m^2 · a))	1.26(gC/[(m^2 · a) · 10 a])	2048	0.59
ET	234.01(mm)	**2.31**(mm/10 a)	**2048**	0.74

注：黑体数字表示通过 α=0.05 的显著性检验。

就年均值的空间分布而言，NPP、NEP 及 ET 的高值区分布大致相似(图 6.20)。在天山、帕米尔山、阿尔泰山及哈萨克斯坦北部丘陵区等地区，三者的年均值相对较高，但它们低值区的分布存在一定差异，如 NPP 在中亚西部卡拉库姆沙漠区、中国塔里木盆地等地区年均值较低，NEP 在里海沿岸及哈萨克斯坦中部平原区等相对较低，ET 的低值区则主要出现在里海沿岸和中国塔里木盆地等。

就趋势的空间分布而言，NPP 在天山、帕米尔山、阿尔泰山及哈萨克斯坦北部丘陵区等增幅较大，普遍超过 7.5 gC/[(m^2 · a) · 10 a]，其中约有 18.72%的像元通过了 α=0.05 的显著性水平，而在里海沿岸及中国塔里木盆地等地区的 NPP 出现了负增长(p>0.05)。NEP 在高海拔山区及哈萨克斯坦北部丘陵区等增幅较大(>1.31 gC/[(m^2 · a) · 10 a])，但在中亚西部卡拉库姆沙漠区、中国塔里木盆地等地区 NEP 出现了下降趋势。与 NPP 和 NEP 类似，ET 增幅较大的地区也出现在高海拔山区及哈萨克斯坦北部丘陵区(>5.3 mm/10 a)，而在中亚西部卡拉库姆沙漠区、中国塔里木盆地等地区 ET 出现了不同程度的下降趋势(p>0.05)。

6.3.2　RCP8.5 情景下 C-W 要素的变化

RCP8.5 情景下，2013—2100 年 ACA NPP、NEP 及 ET 均呈增加趋势，增幅分别为 10.55 gC/[(m^2 · a) · 10 a](p<0.05)、0.19 gC/[(m^2 · a) · 10 a](p>0.05)和 4.77 mm/10 a(p<0.05)。M-K 突变检验表明，2013—2100 年 NPP 和 ET 曲线各存在一个显著的突变点

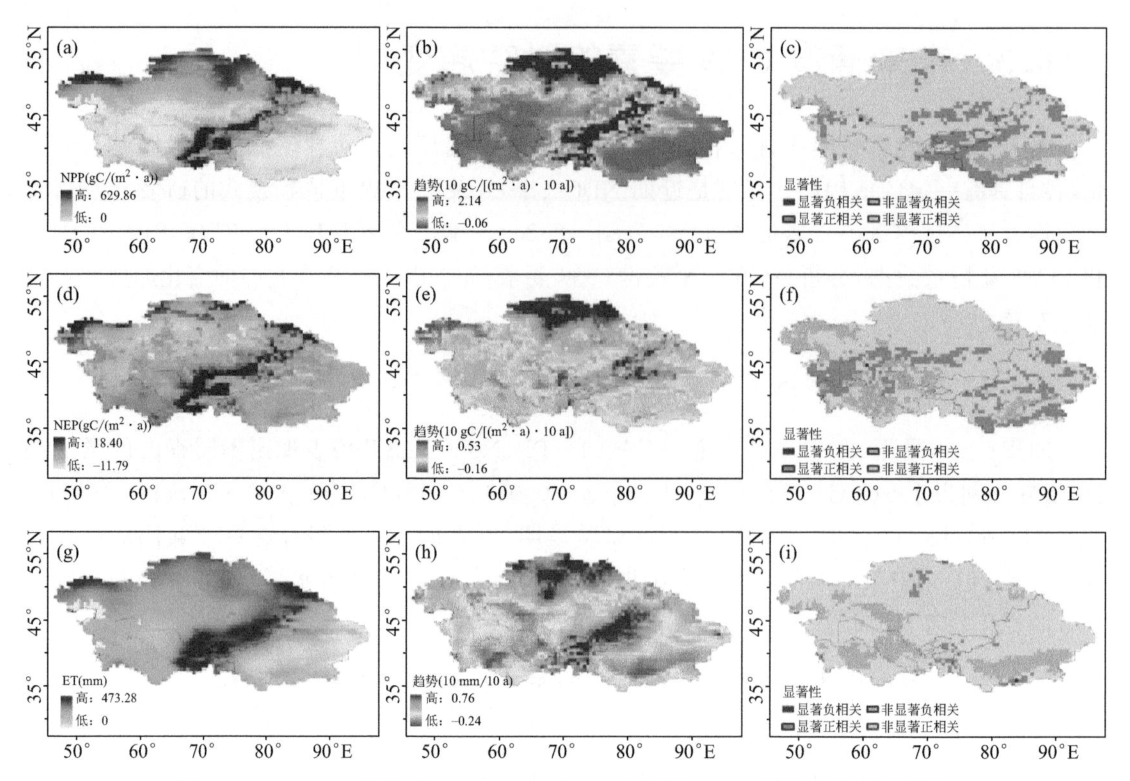

图 6.20　RCP4.5 情景下 2013—2100 年 ACA 关键 C-W 要素的空间分布特征

(a—c：NPP；d—f：NEP；g—i：ET)

($p<0.05$)，分别为 2064 年和 2052 年。两者的 Hurst 指数值均超过了 0.69，反映了它们的变化趋势具有较强的持续性。与 NPP 和 ET 的情况不同，NEP 的 Hurst 指数值小于 0.5，预示了未来的变化趋势与过去可能相反(表 6.4)。

表 6.4　RCP8.5 情景下 2013—2100 年 ACA 关键 C-W 要素的统计特征

指标	均值	趋势	M-K 突变检验(年)	Hurst 指数
NPP	208.63(gC/(m² · a))	**10.55**(gC/[(m² · a) · 10 a])	**2064**	0.79
NEP	0.44(gC/(m² · a))	0.19(gC/[(m² · a) · 10 a])	2088	0.42
ET	277.58 (mm)	**4.77** (mm/10 a)	**2052**	0.69

注：黑体数字表示通过 $\alpha=0.05$ 的显著性检验。

就年均值的空间分布而言(图 6.21)，NPP、NEP 及 ET 在天山、帕米尔山、阿尔泰山及哈萨克斯坦北部丘陵区等地区相对较高，但三者的低值区分布存在较大差异。如 NPP 在中亚西部卡拉库姆沙漠区、中国塔里木盆地等地区年均值较低(<20 gC/(m² · a))，NEP 在里海沿岸及哈萨克斯坦中部平原区等地区相对较低(<−5.43 gC/(m² · a))，ET 的低值区则主要出现在里海沿岸和南疆塔里木盆地等(<100 mm)。

就空间分布趋势特征而言，NPP 在天山、帕米尔山、阿尔泰山及哈萨克斯坦北部丘陵区等增幅较大(>7.95 gC/[(m² · a) · 10 a])，其中约有 29.74%的像元通过了显著性检验，而在里海沿岸、土库曼斯坦、乌兹别克斯坦及南疆塔里木盆地等部分区域 NPP 出现了下降趋势($p>0.05$)。NEP 在中亚西部及哈萨克斯坦中部地区呈显著增加趋势(>0.8 gC/[(m² · a) ·

10 a]，$p<0.05$)，但在哈萨克斯坦北部丘陵区及中亚西北部图尔盖高原等地区出现了明显的下降趋势。ET 在东天山及哈萨克斯坦北部丘陵区等增幅较大，而在中亚西部地区出现了大面积的下降趋势（$p>0.05$）。

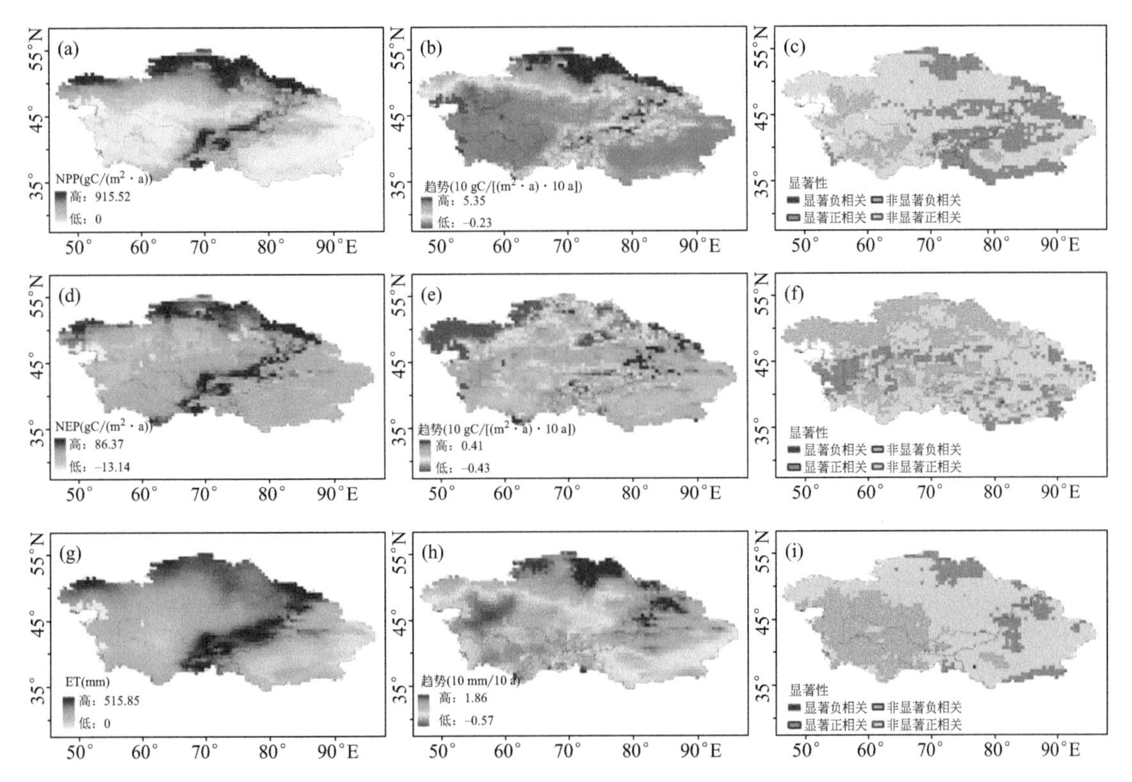

图 6.21　RCP8.5 情景下 2013—2100 年 ACA 关键 C-W 要素的空间分布特征

（a—c：NPP；d—f：NEP；g—i：ET）

下篇:中亚荒漠化效应及环境修复研究

第 7 章　中亚地区气候变化的时空特征

全球尺度的气温、降水变化具有明显的区域性特征。欧亚大陆降水减少，干旱化趋势明显。ACA 作为亚欧内陆干旱区的主体，受西风环流和北大西洋涛动的影响，形成了显著区别于非洲、美洲和大洋洲的水热组合配置。近年来，在自然环境演变及经济社会发展的双重影响下，ACA 生态环境脆弱性显著增强。研究选取中亚地区 CRU 格点资料，对基本气候要素及 ECE 的变化趋势进行较为系统和全面的研究，揭示了区域气候变化的时空演变规律。

7.1　气象要素年际时序变化特征

监测分析表明，1982—1990 年，ACA 年平均气温为 7.01 ℃，期间平均气温呈上升趋势，增幅为 0.60 ℃/10 a。1990—2000 年中亚地区平均气温为 7.30 ℃，平均气温以 0.72 ℃/10 a 的趋势增长。2000—2015 年中亚地区平均气温为 7.86 ℃，以 0.11 ℃/10 a 的趋势降低。整体而言，1982—2015 年中亚地区年平均气温为 7.46 ℃，整体呈现波动上升趋势，增幅为 0.38 ℃/10 a($p<0.05$)，其中 1984 年出现了 5.87 ℃的最低气温，2013 年则出现了 8.57 ℃的最高气温。中国新疆(CX)、乌兹别克斯坦(UZB)、土库曼斯坦(TKM)、塔吉克斯坦(TJK)、吉尔吉斯斯坦(KGZ)、哈萨克斯坦(KAZ)各时间段平均气温值及各时段趋势变化如表 7.1 和图 7.1 所示。各区域年平均气温具有 TKM>UZB>KAZ>CX>KGZ>TJK 的特点，且各时段年平均气温的变化趋势与中亚整体趋势一致，均呈现 1982—1990 年、1990—2000 年上升，2000—2015 年下降的趋势，1982—2015 年总体呈现上升趋势。

表 7.1　中亚各区域气候要素的变化特征

国家、地区	要素	1982—1990 年	1990—2000 年	2000—2015 年
ACA	平均气温(℃)	7.01	7.30	7.86
	平均降水量(mm)	218.91	217.77	227.86
	平均风速(m/s)	3.42	3.40	3.65
CX	平均气温(℃)	5.67	6.15	6.61
	平均降水量(mm)	137.86	141.54	144.13
	平均风速(m/s)	3.19	3.18	3.19
UZB	平均气温(℃)	12.34	12.52	13.16
	平均降水量(mm)	186.37	199.50	203.39
	平均风速(m/s)	3.77	3.74	4.29
TKM	平均气温(℃)	15.33	15.60	16.10
	平均降水量(mm)	142.15	133.58	146.10
	平均风速(m/s)	3.94	3.88	4.58

续表

国家、地区	要素	1982—1990 年	1990—2000 年	2000—2015 年
TJK	平均气温(℃)	2.92	2.93	3.65
	平均降水量(mm)	500.96	540.03	542.98
	平均风速(m/s)	4.04	3.93	4.66
KGZ	平均气温(℃)	3.50	3.82	4.49
	平均降水量(mm)	385.27	396.64	413.64
	平均风速(m/s)	4.04	3.94	4.19
KAZ	平均气温(℃)	6.16	6.37	6.97
	平均降水量(mm)	258.16	250.51	265.76
	平均风速(m/s)	3.34	3.33	3.58

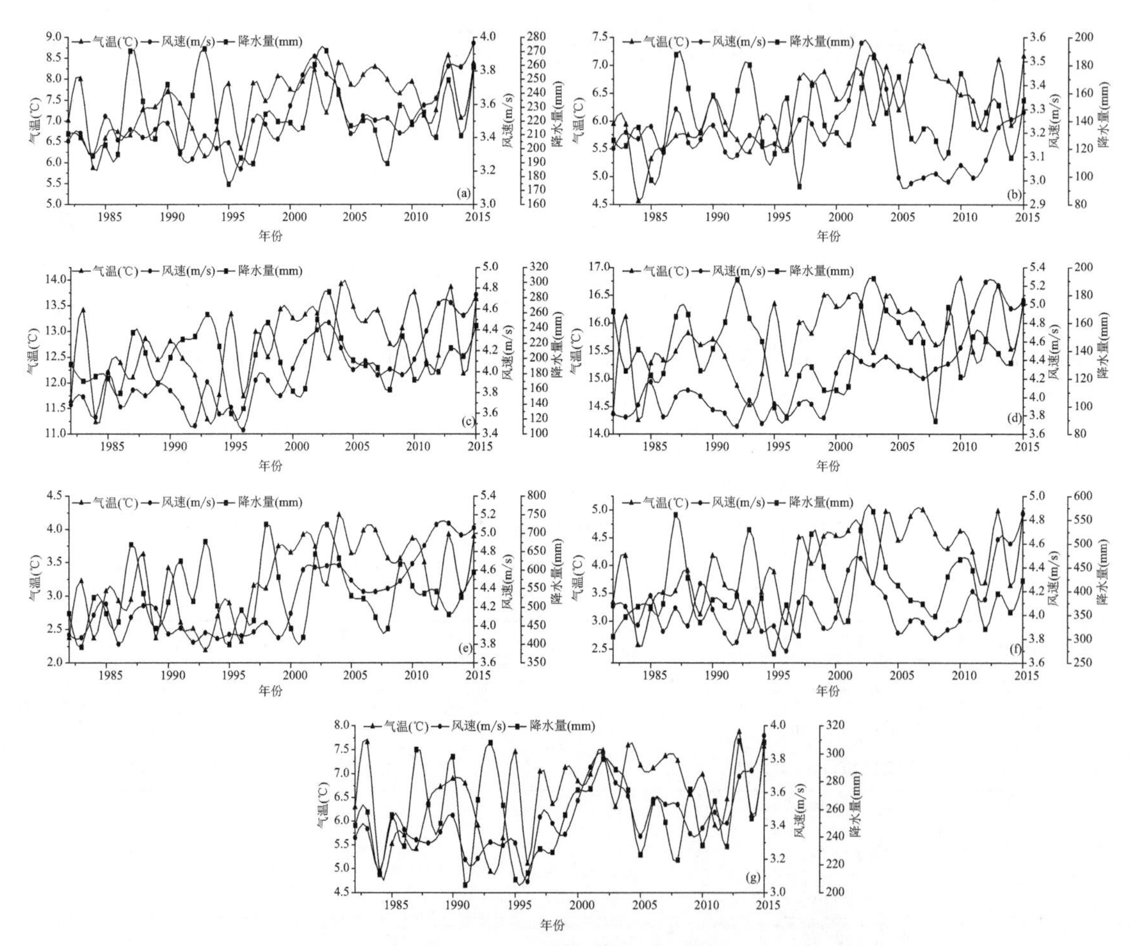

图 7.1　1982—2015 年中亚各区域气象要素年代际变化

(a:ACA;b:CX;c:UZB;d:TKM;e:TJK;f:KGZ;g:KAZ)

1982—1990 年 ACA 年平均降水量为 218.91 mm，期间降水量呈上升趋势，增幅为 47.78 mm/10 a。1990—2000 年 ACA 年平均降水量为 217.77 mm，以 25.48 mm/10 a 的趋势减少。2000—2015 年 ACA 年平均降水量为 227.86 mm，以 3.47 mm/10 a 的趋势降低。

整体而言，1982—2015 年 ACA 年平均降水量为 221.95 mm，整体呈现波动上升趋势，增幅为 4.44 mm/10 a($p>0.05$)，其中 1995 年出现了 174.48 mm 的最小降水量，而 1993 年出现了 271.86 mm 的最大值。中亚各地区年平均降水具有 TJK＞KGZ＞KAZ＞UZB＞TKM＞CX 的特点，且尽管各地区不同时间段的变化趋势与中亚全部区域略有出入，但 1982—2015 年各区域变化趋势与中亚整体一致。

1982—1990 年 ACA 年平均风速为 3.42 m/s，期间风速呈上升趋势，增幅为 0.11 m/(s·10 a)。1990—2000 年 ACA 年平均风速为 3.40 m/s，风速以 0.14 m/(s·10 a)的趋势增长。2000—2015 年 ACA 年平均风速为 3.65 m/s，以 0.054 m/(s·10 a)的趋势增长。整体而言，1982—2015 年 ACA 年平均风速为 3.52 m/s，整体呈现波动上升趋势，增幅为 0.12 m/(s·10 a)($p<0.05$)，其中 1996 年出现了 3.21 m/s 的最小风速，而 2015 年出现了 3.96 m/s 的最大值。中亚各地区年平均风速变化规律明显，主要特征表现为 TJK＞TKM＞UZB＞KGZ＞KAZ＞CX，且除中国新疆地区各时间段内的变化趋势与中亚整体略有出入，其余地区各时间段内变化趋势均与中亚整体趋势一致。

7.2　气象要素年际空间变化

如图 7.2a—7.2d 所示，1982—1990 年、1990—2000 年、2000—2015 年和 1982—2015 年 ACA 年平均气温，呈现东西部高而中部低的空间分布特征。中亚西部卡拉库姆沙漠地区、中国的塔里木盆地等地区气温较高，约在 10 ℃以上，而天山、阿尔泰山及帕米尔山等地区气温相对较低，普遍在 5 ℃以下。1982—1990 年与 1990—2000 年的增温区域占全区大部分地区，且 1982—1990 年增温面积大于 1990—2000 年。2000—2015 年中亚地区平均气温减少区域较多。1982—2015 年全区趋势分析表明，中亚地区均处于增温状态，其中北疆及东天山地区和咸海周边区域增温趋势显著，增幅高于 0.34 ℃/10 a，而哈萨克斯坦北部丘陵区增幅相对较小，降幅低于 0.24 ℃/10 a(图 7.2h)。

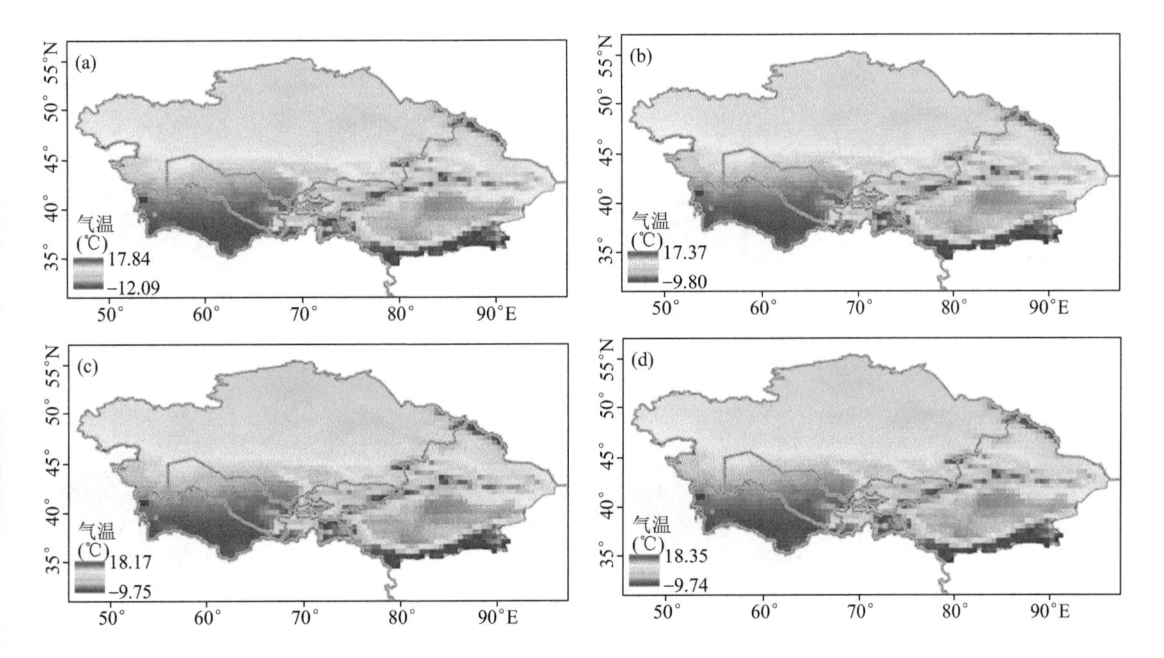

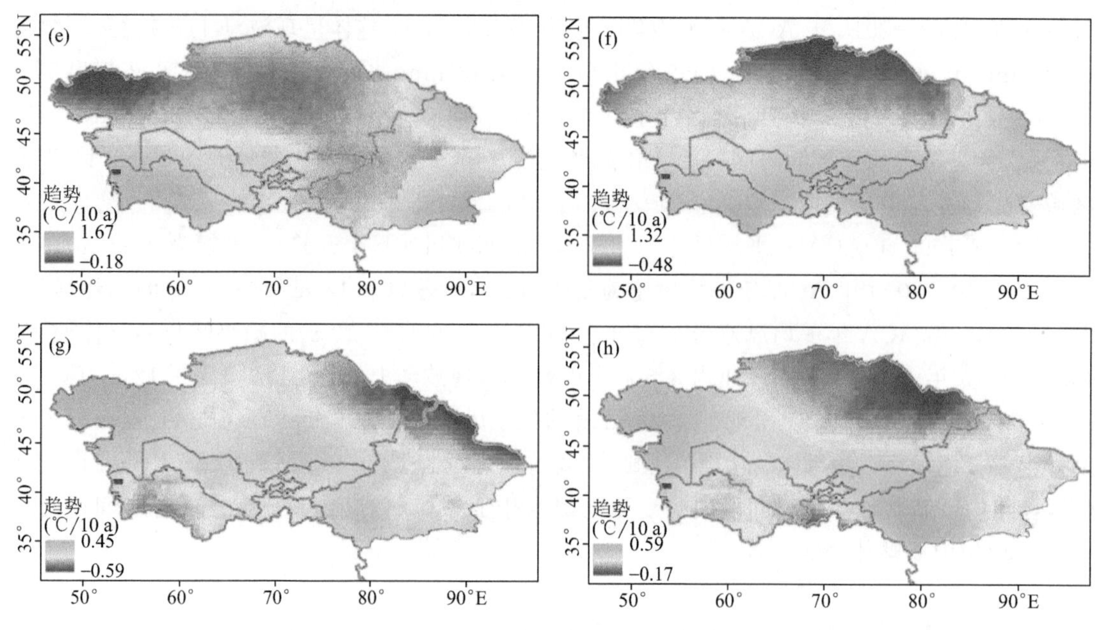

图 7.2　中亚地区各时间段年平均气温(a—d)及趋势变化分布图(e—h)

(a、e:1982—1990 年;b、f:1990—2000;c、g:2000—2015;d、h:1982—2015;下同)

研究期内各时段的年降水量的空间分布如图 7.3a—7.3d 所示,各时间降水量均呈现出中部高、两边低的分布格局,山区降水量较多。咸海地区及南疆盆地的降水量较少,普遍不足 150 mm;而帕米尔山区降水较多,约在 400 mm 以上。其中 1982—1990 年降水量增加幅度较大,且 60%以上地区呈现增长趋势。1990—2000 年平均降水量呈现减少趋势的地区明显增加,而 2000—2015 年平均降水量降低地区减少。总体而言,分析 1982—2015 年降水量趋势图可知,里海沿岸以及天山山脉降水增加趋势明显,增幅普遍高于 10 mm/10 a;而咸海周边区域、中亚西部卡拉库姆沙漠地区以及哈萨克斯坦北部丘陵区等区域降水呈显著减少趋势,减少幅度高于线性倾向率在 3.40 mm/10 a(图 7.3e—7.3f)。

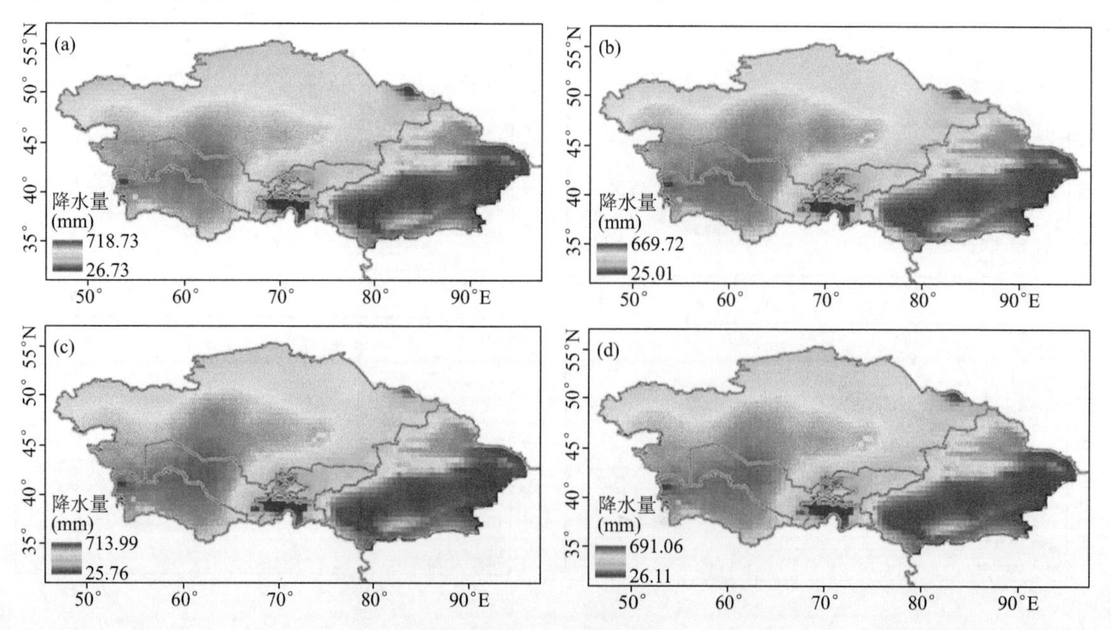

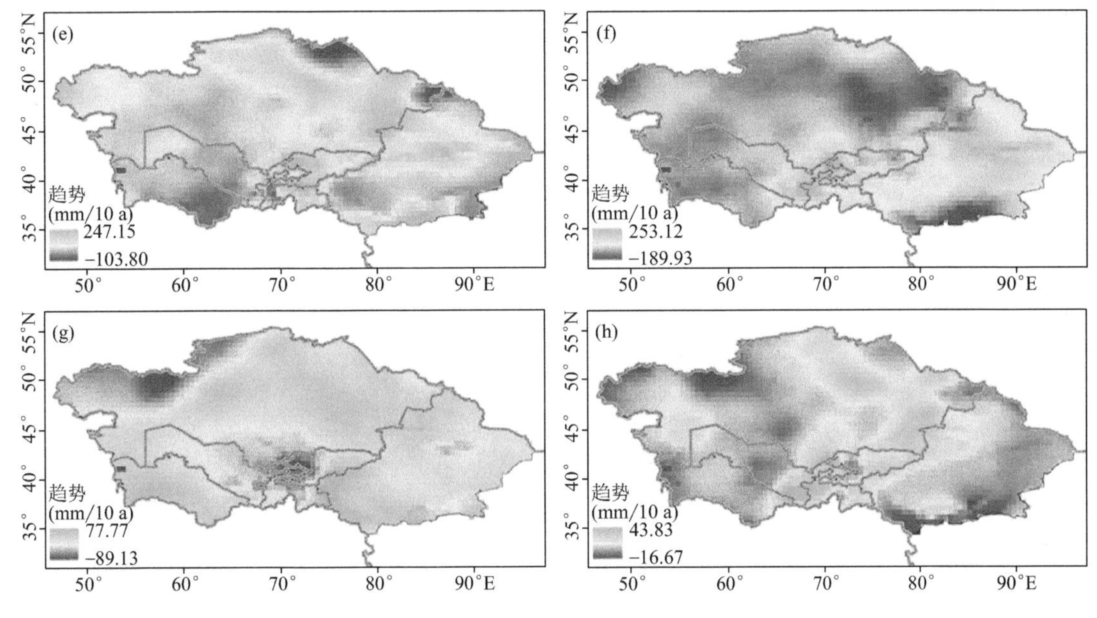

图 7.3　中亚地区各时间段年平均降水量(a—d)及趋势变化分布图(e—h)

监测分析不同时间序列的气候要素变化，对于把握中亚气候效应具有重要理论价值。研究期内各时段的年平均风速的空间分布如图 7.4a—7.4d 所示，具有南部高于北部的特征，且新疆地区风速明显低于其他区域，风速最低值出现在新疆东北部，基本为 2.5 m/s 左右。帕米尔高原地区风速较高，约在 3.5 m/s 以上。由图 7.4e—7.4f 可知，不同时段中亚地区风速变化趋势，其中 1982—1990 年平均风速增长区域明显大于其余各时期，里海周边区域风速增长趋势大于其他地区。整体而言，1982—2015 年中亚大部分地区年平均风速呈现上升趋势，而北疆地区风速呈现降低趋势。

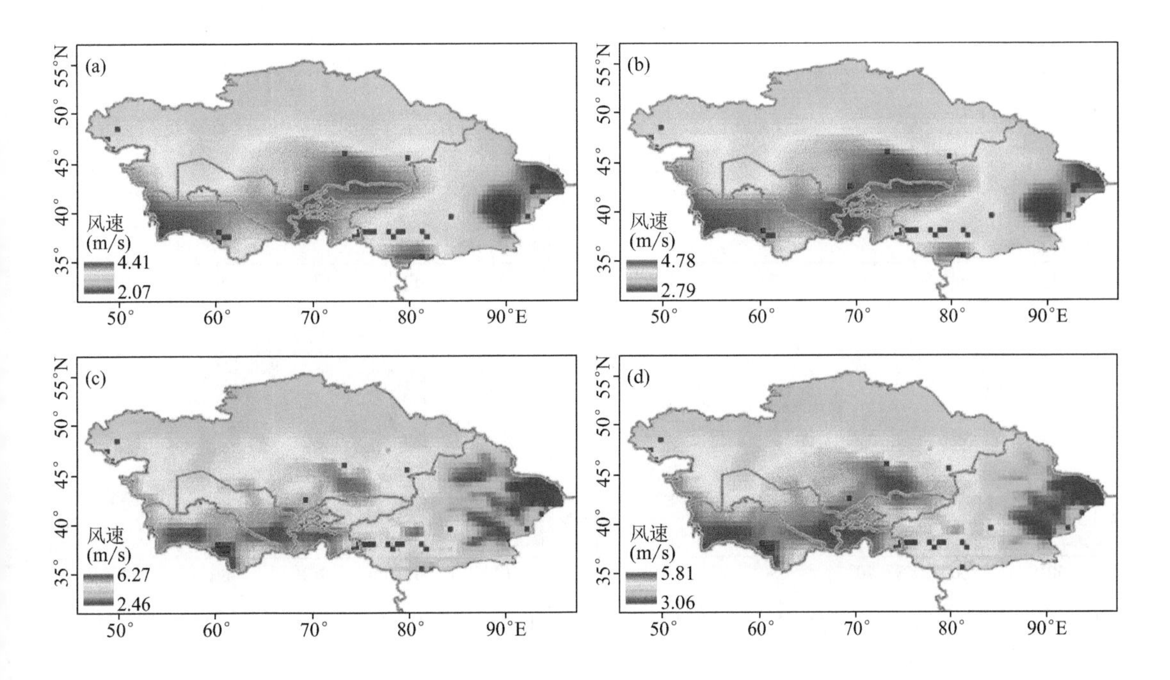

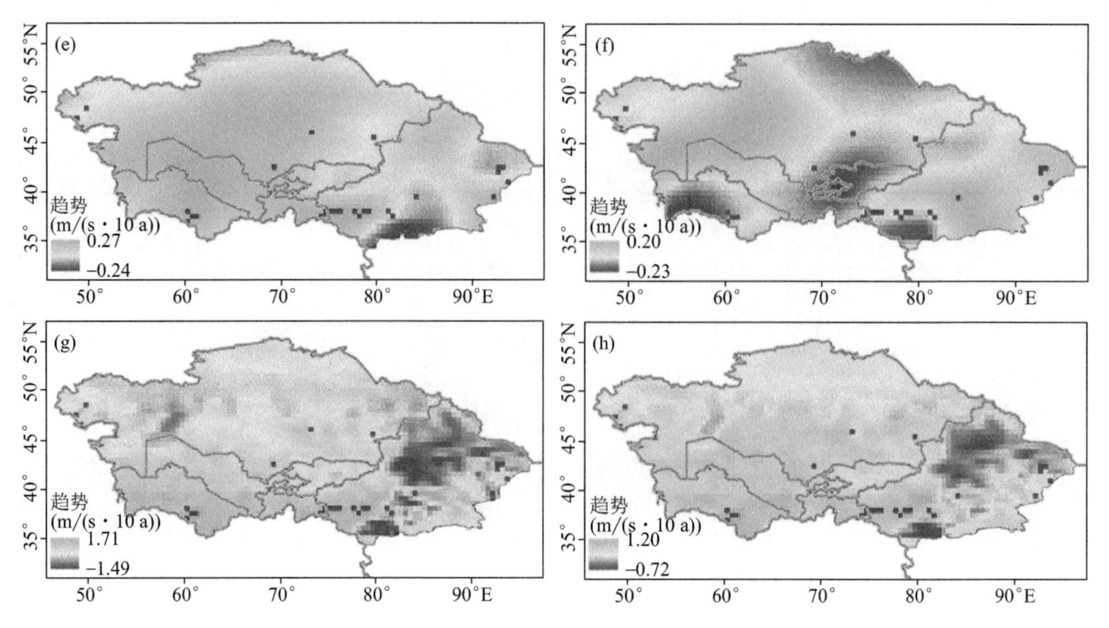

图 7.4 中亚地区各时间段年平均风速(a—d)及趋势变化分布图(e—h)

7.3 气象要素季节时空变化

7.3.1 平均气温季节性变化特征

中亚地区不同季节的升温幅度具有明显空间差异(图 7.5)。春季哈萨克斯坦北部丘陵

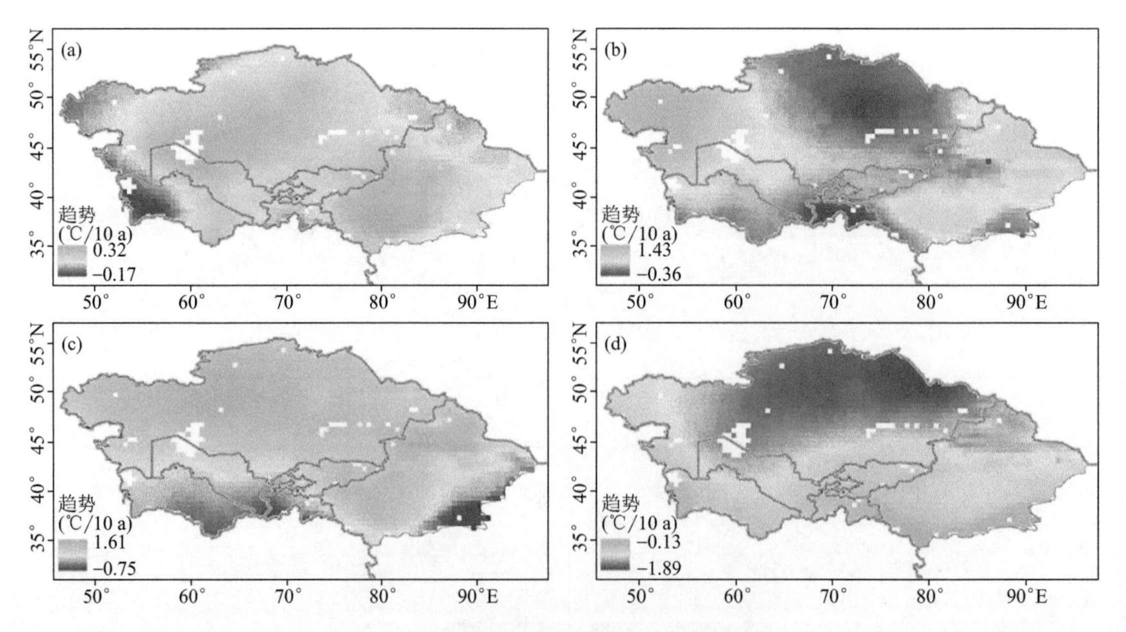

图 7.5 中亚地区不同季节平均气温趋势变化

(a:春;b:夏;c:秋;d:冬)

区、图尔盖低地、乌兹别克斯坦西部等地区增幅较大，介于0.15～0.31 ℃/10 a；夏季中亚西北部的图尔盖高原、卡拉库姆沙漠周边区域等地区升温较为明显（$p<0.05$），幅度为1.43～1.05 ℃/10 a；秋季哈萨克斯坦北部及中部丘陵区、北疆的大多数区域升温幅度较大（$p<0.05$），普遍高于0.40 ℃/10 a；冬季中亚地区整体呈现降温趋势，但降低趋势不明显。

7.3.2　降水量的季节性变化特征

中亚地区不同季节的降水空间变化趋势，如图7.6所示。春季哈萨克斯坦北部丘陵区、图尔盖高原以及帕米尔高原等地区增幅较大（≥11.5 mm/10 a）且通过了$\alpha=0.05$的显著性水平；夏、秋两季中国新疆大部分地区降水增加明显，特别是东天山地区降水增幅显著（$p<0.05$），分别为8.53 mm/10 a(夏)和11.26 mm/10 a(秋)；冬季帕米尔山降水显著增加，增加幅度17.53 mm/10 a。

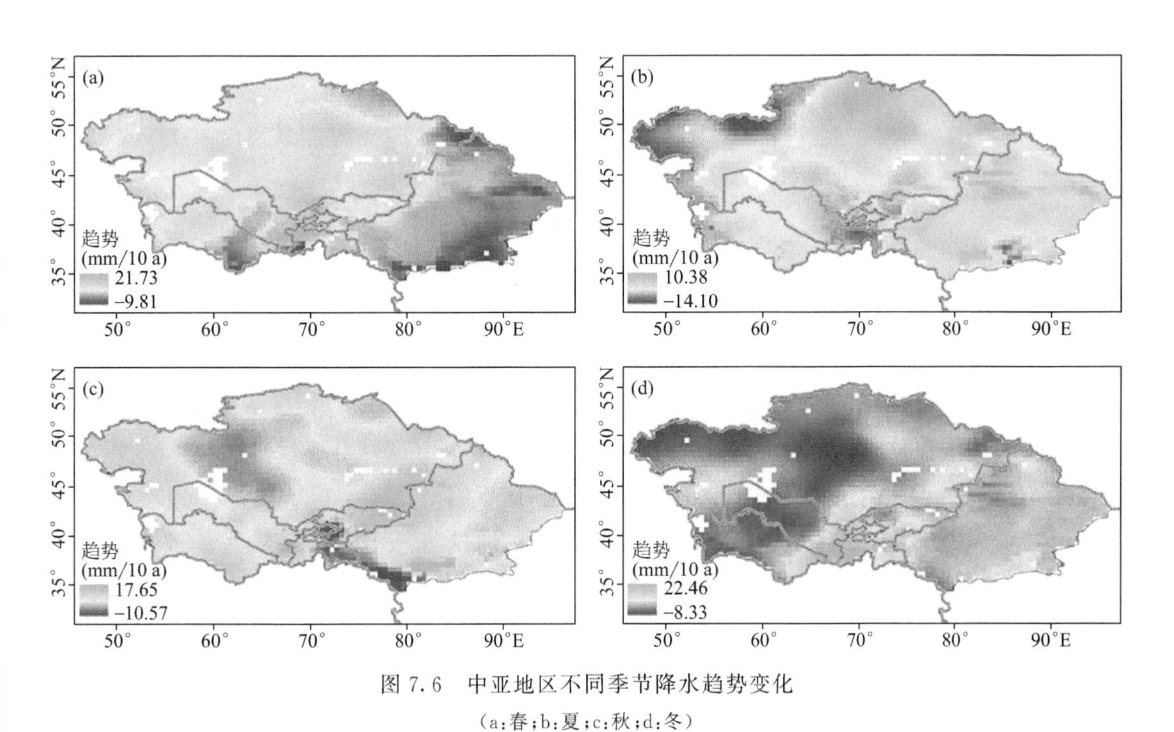

图7.6　中亚地区不同季节降水趋势变化

（a：春；b：夏；c：秋；d：冬）

7.3.3　平均风速季节性变化特征

中亚地区不同季节的平均风速空间变化趋势，如图7.7所示。冬季中亚地区平均风速整体呈现轻微下降趋势，其中哈萨克斯坦地区平均风速减少幅度明显高于其他地区。春季仅北疆地区风速呈现下降趋势，其余地区均呈现上升趋势。中亚地区风速增加与降低幅度的最大值均出现在夏季，其中哈萨克斯坦丘陵地区风速增长最为明显，最高增长幅度达10.38 m/(s·10 a)，风速减弱地区主要分布在咸海周边地区，最大减少幅度达14.10 m/(s·10 a)。秋季平均风速增长与降低幅度均较小，整体仍以风速增加为主导。

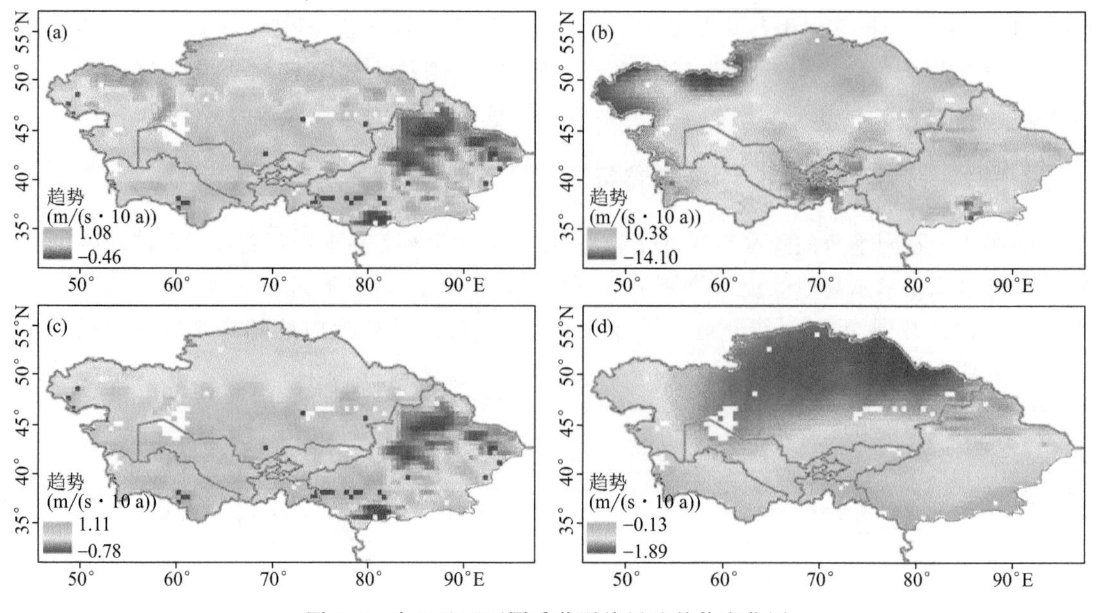

图 7.7 中亚地区不同季节平均风速趋势变化图

（a:春;b:夏;c:秋;d:冬）

7.4 干旱的年际变化特征

如前文所述,标准化降水蒸散指数(SPEI)是一种既考虑降水变化,又考虑潜在蒸散影响的综合性干旱监测指标,现已被 FAO 推荐使用。基于该干湿等级分级标准,估算 ACA 1、3、6、12 月时间尺度的 SPEI,即 SPEI1,SPEI3,SPEI6 及 SPEI12。

通过对 1982—2015 年 ACA SPEI 的不同尺度数据的均值变化和趋势进行分析,图 7.8 反映了其主要特征及其变化。SPEI1,SPEI3,SPEI6,SPEI12 的变化趋势均呈现上升趋势,不同尺度情景下的增长趋势存在差异,但均能表明中亚地区呈现变湿趋势。

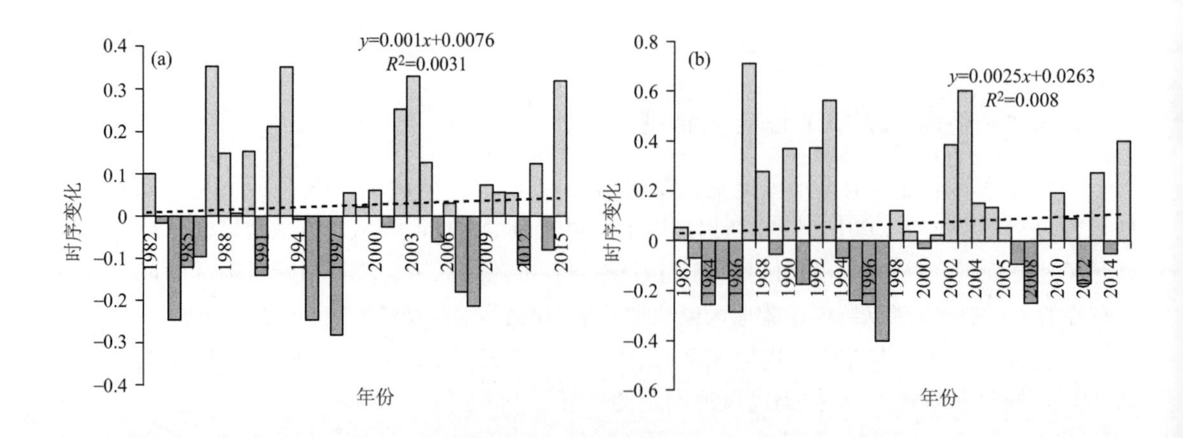

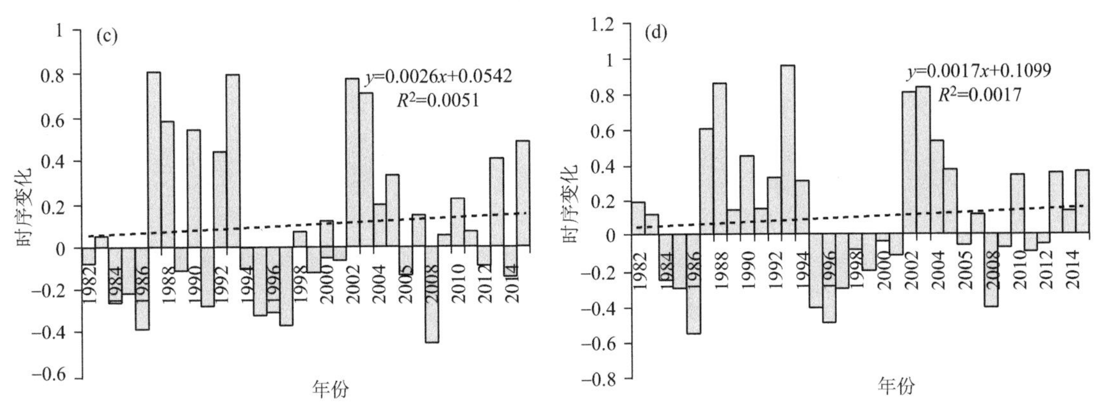

图 7.8　ACA 不同尺度 SPEI 时序变化特征

（a:SPEI1;b:SPEI3;c:SPEI6;d:SPEI12）

7.5　干旱季节性变化趋势

中亚地区不同尺度 SPEI 各季节变化趋势如图 7.9—7.12 所示。不同尺度 SPEI 变化具有一定差异，其中 SPEI1 和 SPEI3 尺度季节性变化差异较大，而 SPEI6 和 SPEI12 季节性变化较小，SPEI12 尺度基本无季节性差异。不同尺度整体呈现上升趋势，且上升幅度差异不明显。

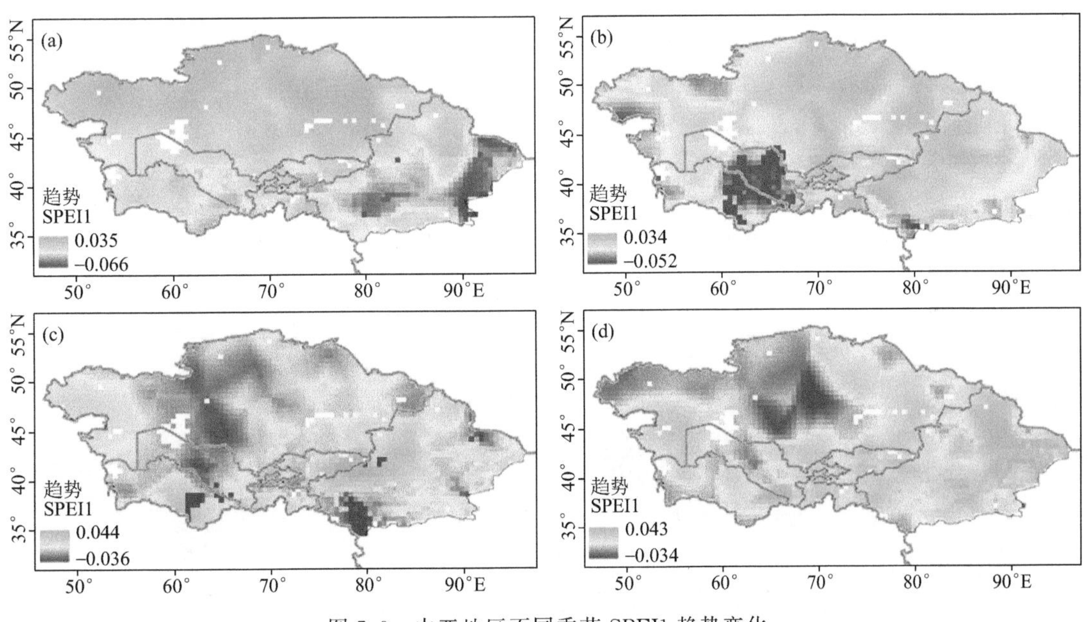

图 7.9　中亚地区不同季节 SPEI1 趋势变化

（a:春;b:夏;c:秋;d:冬）

针对 SPEI3 尺度对中亚地区不同季节的 SPEI 空间变化趋势分析表明，1982—2015 年中亚春季大部分地区呈现上升趋势，而中亚西部卡拉库姆沙漠地区、哈萨克斯坦中部平原区和南疆塔里木盆地的 SPEI 呈现下降趋势。夏、冬两季图尔盖高原以及乌兹别克斯坦西部地区降幅较大，秋季为 SPEI 下降区域面积最大的季节，且哈萨克斯坦北部丘陵区为最主要的下降区域。总体而言，中国新疆除冬季下降区域较小，其余季节均有大面积的下降区域，而东天山北坡呈明显的增加趋势。

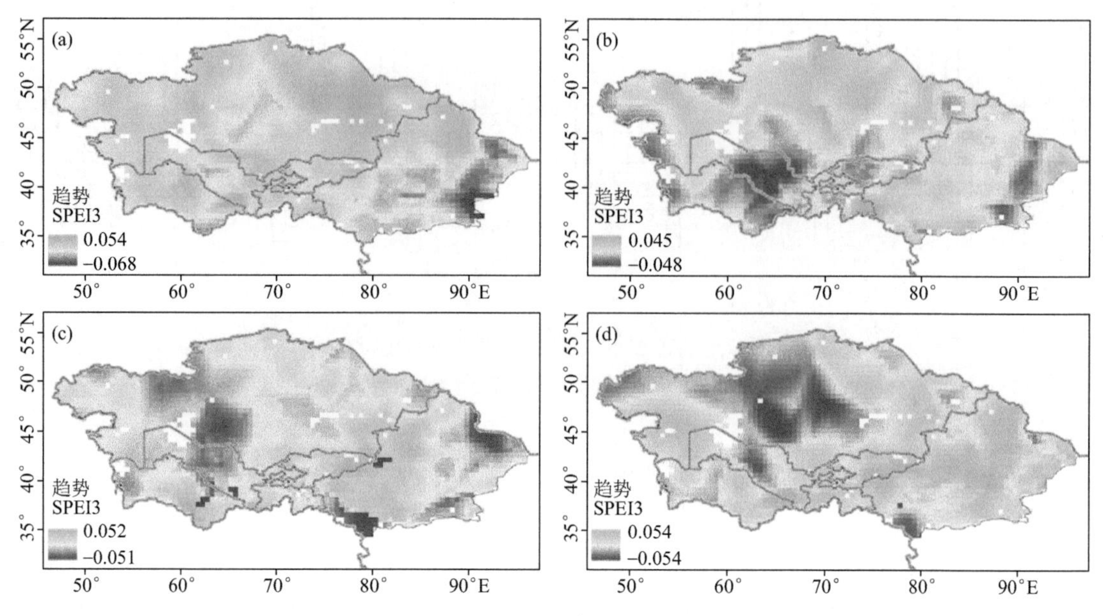

图 7.10　中亚地区不同季节 SPEI3 趋势变化

（a:春;b:夏;c:秋;d:冬）

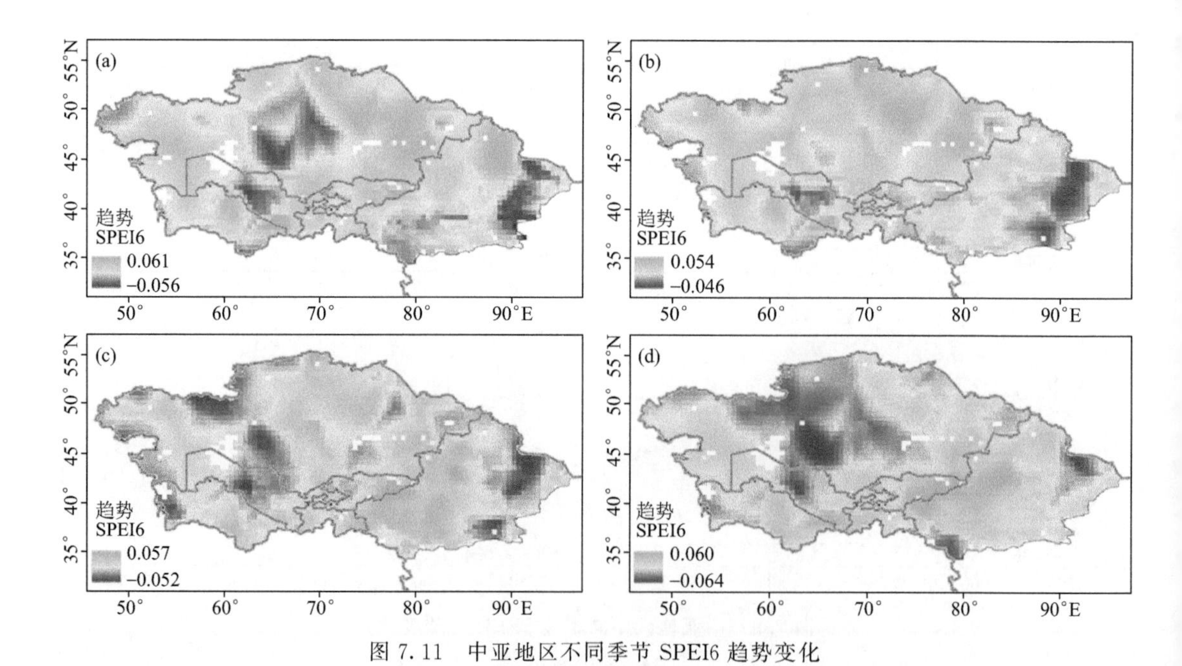

图 7.11　中亚地区不同季节 SPEI6 趋势变化

（a:春;b:夏;c:秋;d:冬）

不同尺度 SPEI 变化具有一定差异，其中 SPEI1 和 SPEI3 尺度季节性变化差异较大，而 SPEI6 和 SPEI12 季节性变化较小，SPEI12 尺度基本无季节性差异。但从各尺度总体变化趋势分析可知，SPEI 呈现上升趋势，且增加幅度基本一致，这与其他研究发现的中亚地区暖湿化观点相一致。中亚地区干旱变化具有明显的地域差异，其中，中国塔里木盆地区域干旱变化与大多数区域不一致，干旱趋势日益强烈，这与“干旱越干旱，湿润越湿润”结论一致（Feng et al.，2015），而其他地区具有湿润化趋势，尤其是天山地区湿润化趋势明显，这是由于各区域气候成因不同所导致。

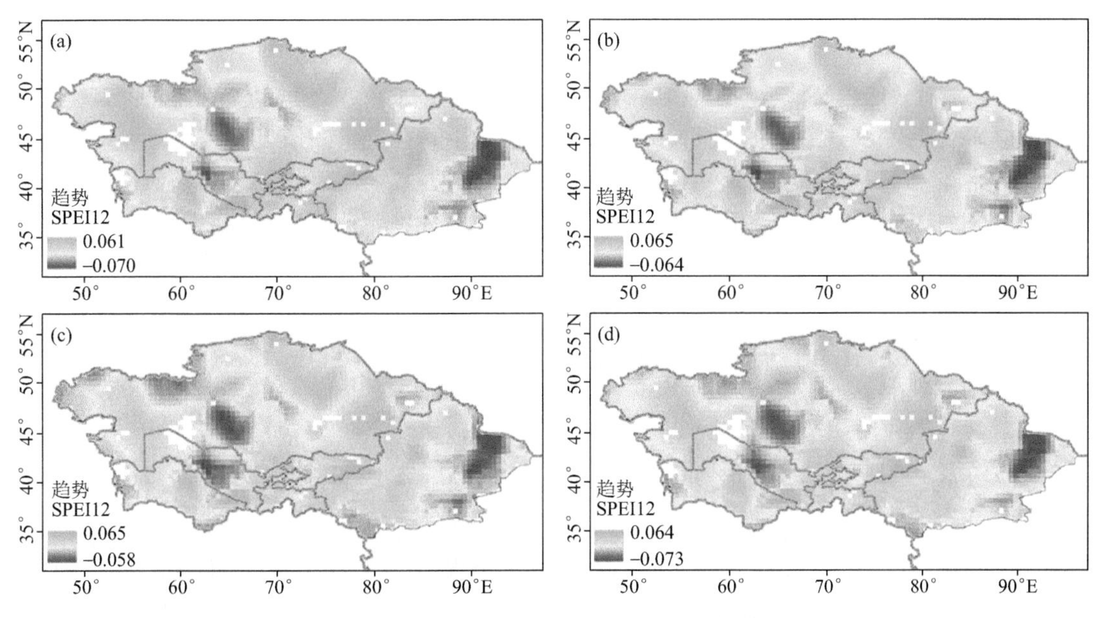

图 7.12　中亚地区不同季节 SPEI12 趋势变化

（a：春；b：夏；c：秋；d：冬）

第 8 章　中亚地区荒漠环境时空演变规律

NDVI 能有效地监测植被状况、植被覆盖度等生态参数。有关荒漠环境的研究表明，地表植被遭受破坏或者退化，地表植被覆盖度降低和生物量减少时在遥感图像上表现为植被指数相应减少。因此，植被指数可作为反映荒漠化程度的生物物理参数。在植被覆盖度高，生长状况好的区域，荒漠化不明显；反之，荒漠化程度严重。研究选取 NDVI，监测中亚地区研究区荒漠化程度，并结合同期植被覆盖变化数据和历史资料，分析近 30 年来中亚地区荒漠化的变化趋势。

8.1　NDVI 时空动态变化特征

8.1.1　NDVI 年际变化特征

监测分析表明，1982—2015 年研究时段内年平均 NDVI 值的特征具有一定的变化规律。其中 1993 年 NDVI 达到 0.34 的最大值，而 1982 年出现 NDVI 为 0.29 的最小值。研究时段内 NDVI 曲线呈上升趋势，增幅为 0.0042/10 a($p>0.05$)，1982—1990 年上升幅度较为明显，增幅达 0.033/10 a($p<0.05$)，而 1990—2000 年 NDVI 的涨幅趋于平缓，上升幅度不如前一时段明显，2000—2015 年 NDVI 呈现下降趋势，由距平变化可知，NDVI 呈现上升—平稳—下降的趋势。对中亚各区域 1982—2015 年 NDVI 趋势变化(图 8.1)及 NDVI 距平变化(图 8.2)进行比较，其中中亚整体、CX($p<0.05$)、TJK、KGZ、KAZ 的 NDVI 呈现上升趋势，而 UZB、TKM 的 NDVI 呈现小幅下降趋势。CX 地区 NDVI 呈现上升—上升—上升趋势，UZB 地区呈现上升—下降—下降趋势，TKM 亦呈现上升—下降—下降趋势，且上升阶段增长幅度极小，TJK 地区 NDVI 呈现上升—下降—上升趋势，KGZ 的 NDVI 呈现上升—上升—下降趋势，KAZ 亦呈现上升—下降—下降趋势。

2003—2015 年研究时段内，中亚地区 NDVI 年变化趋势及年累积变化如图 8.3 所示。中亚地区 NDVI 呈现轻微下降趋势。由 NDVI 年累积图可知 NDVI 变化经历了两个转变过程，2003—2007 年呈现上升趋势，2007—2012 年呈现下降趋势，随后年份又开始上升(图 8.3)。

8.1.2　NDVI 空间变化特征

基于 Mann-Kendall 空间检验方法，对 1982—1990 年、1990—2000 年、2000—2015 年和 1982—2015 年各时期生长季平均 NDVI 趋势变化进行分析，并对不同地区 NDVI 变化百分比进行统计，变化状况如图 8.1 所示。1982—1990 年中亚地区无明显植被退化区，且大部分地区植被绿度呈现轻微上升趋势，部分地区上升趋势达到显著($p<0.05$)(图 8.1a，8.1e)。1990—2000 年中亚地区土地退化严重，退化面积急剧上升，且明显退化($p<0.05$)区域面积增加较多，但部分地区出现了较明显的上升趋势($p<0.05$)(图 8.1b，图 8.1f)。2000—2015 年较前一时期而言，明显增长与退化区域明显减少，仅小部分区域呈现显著趋势(图 8.1c，8.1g)。

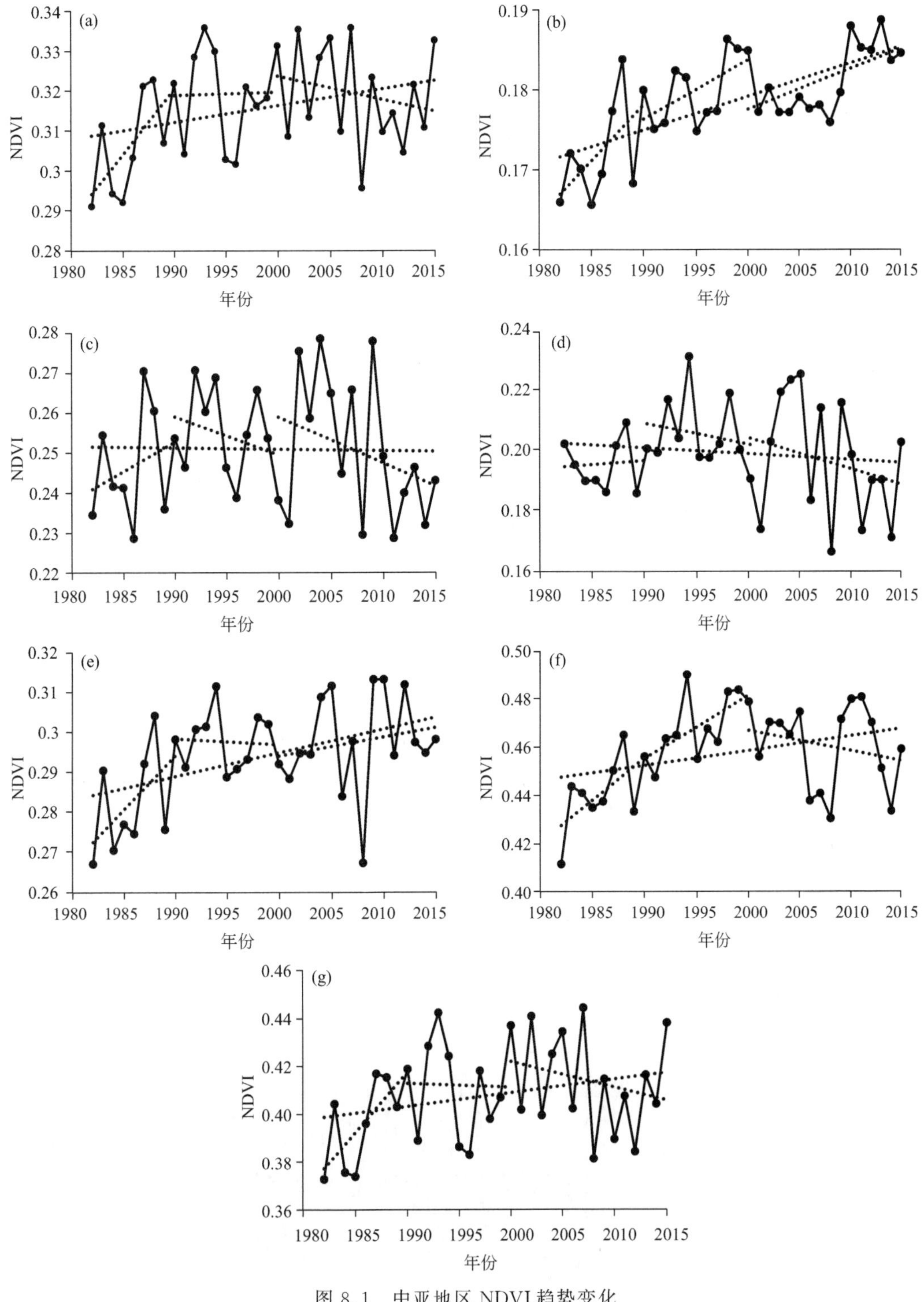

图 8.1　中亚地区 NDVI 趋势变化

(a：ACA；b：CX；c：UZB；d：TKM；e：TJK；f：KGZ；g：KAZ)

1982—2015 年 NDVI 存在较大面积的明显增长趋势，同时部分区域有明显的土地退化现象，其中土库曼斯坦和乌兹别克斯坦经历了严重的植被退化，塔吉克斯坦和中国新疆存在较明显的绿度增长，中亚植被变化具有明显的区域性特征。

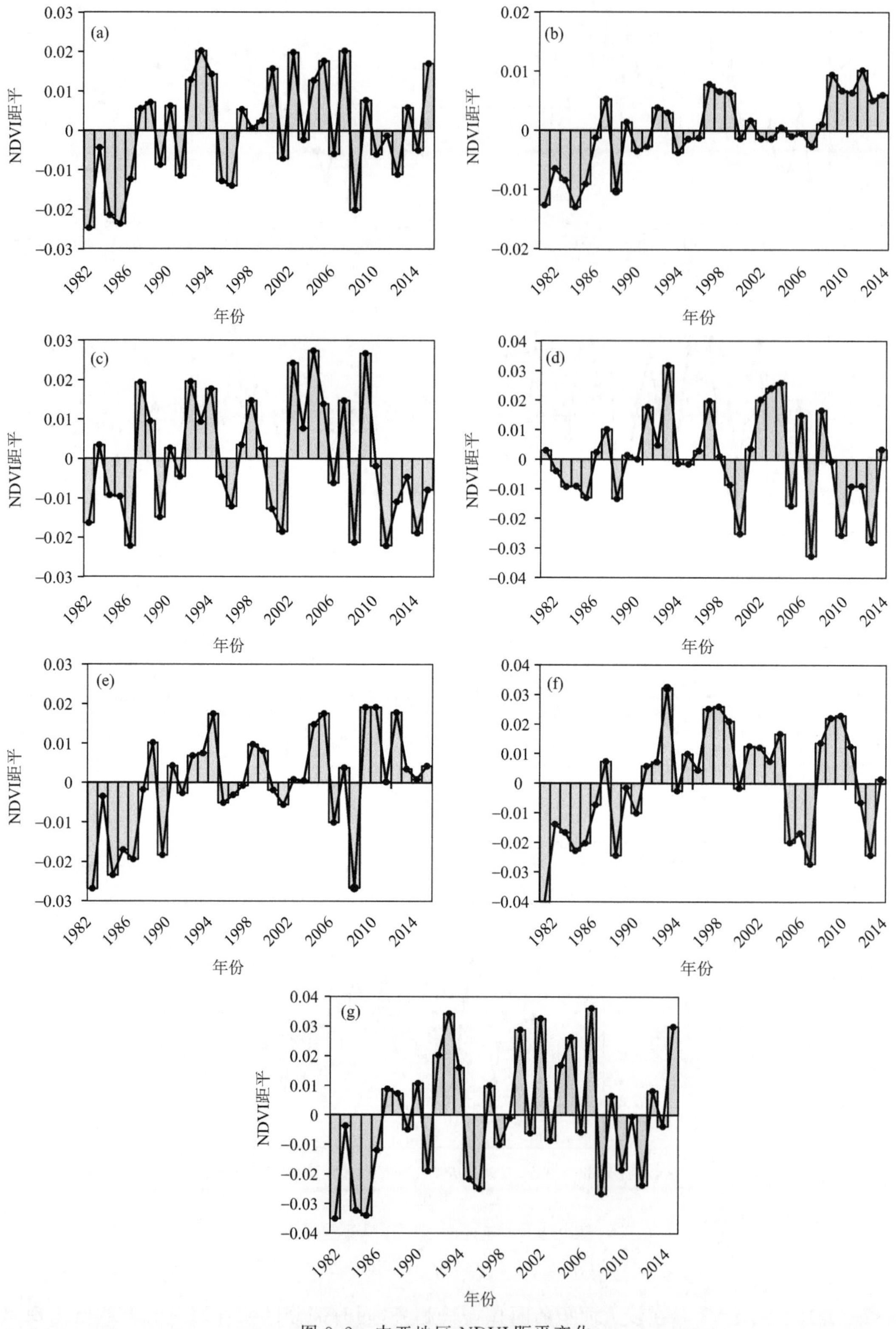

图 8.2　中亚地区 NDVI 距平变化

(a:ACA;b:CX;c:UZB;d:TKM;e:TJK;f:KGZ;g:KAZ)

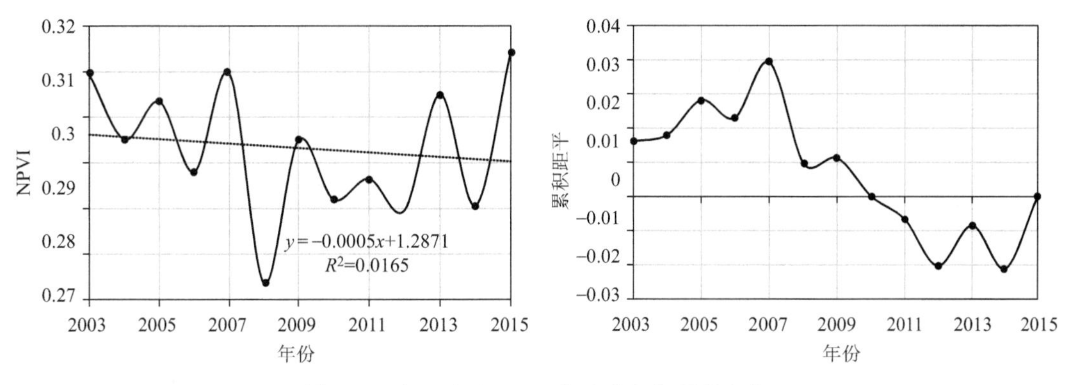

图 8.3　中亚地区 NDVI 年变化与年累积变化

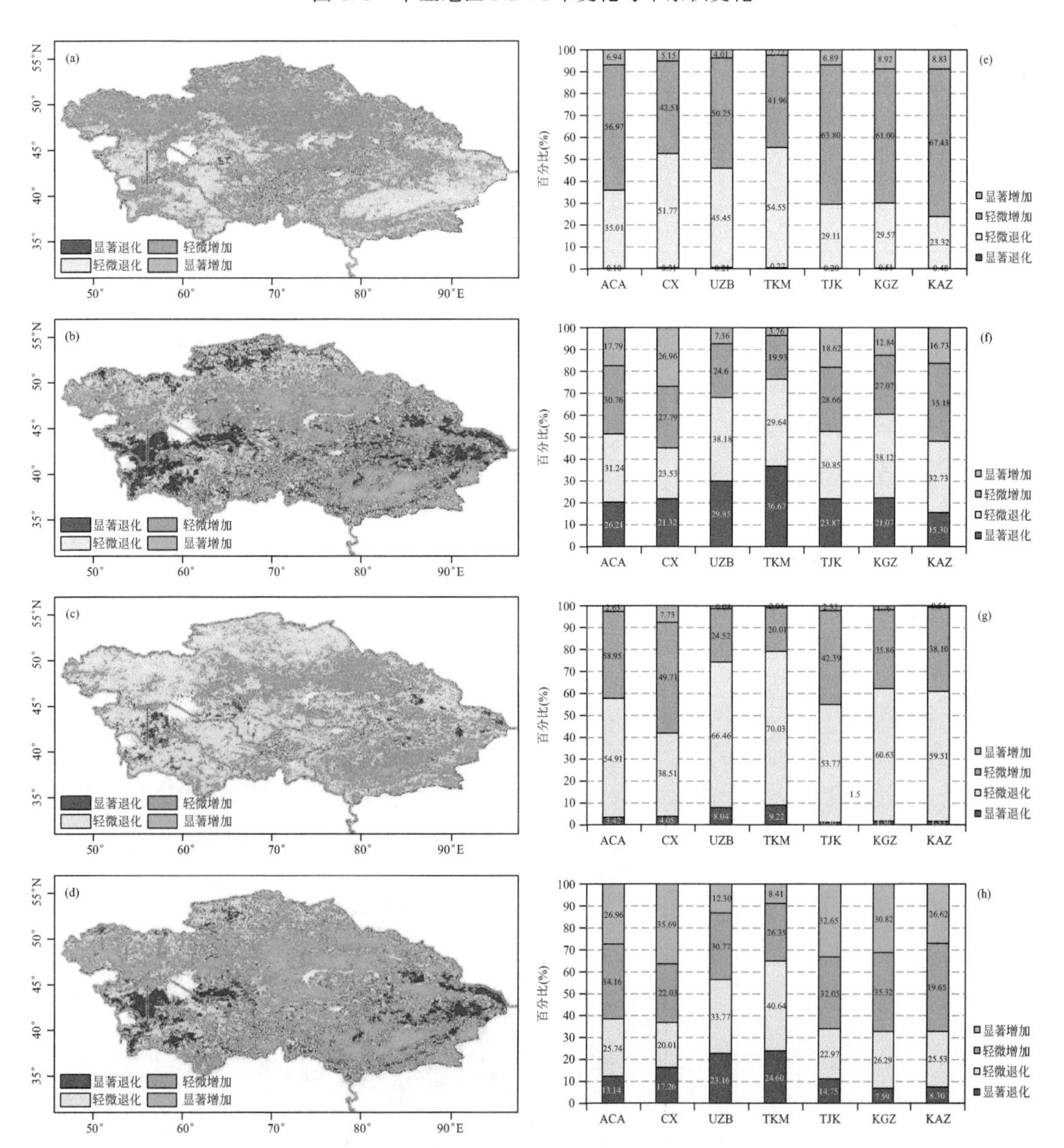

图 8.4　中亚地区各时间段 NDVI 空间趋势变化(a—d)及地区趋势占比(e—h)

(a、e:1982—1990 年;b、f:1990—2000 年;c、g:2000—2015 年;d、h:1982—2015 年)

8.2　荒漠化面积及其强度变化

根据荒漠化分级指标，将中亚地区荒漠化划分为非荒漠化、轻度荒漠化、中度荒漠化、重度荒漠化和严重荒漠化。图 8.5 为 1985 年、1990 年、1995 年、2000 年、2005 年、2010 年和 2015 年中亚地区不同等级荒漠化空间分布图。由图 8.5 可知，中亚地区严重、重度荒漠化土地多分布在里海中部沿岸到咸海以东的地区、土库曼斯坦南部、中国塔里木盆地和吐鲁番盆地。中亚地区不同程度荒漠化土地由西南的严重、重度荒漠化向东北部轻度荒漠化呈递减的条带状分布，且不断向哈萨克斯坦的北部地区推移。1985—2015 年期间中亚地区不同等级荒漠化面积发生明显变化。

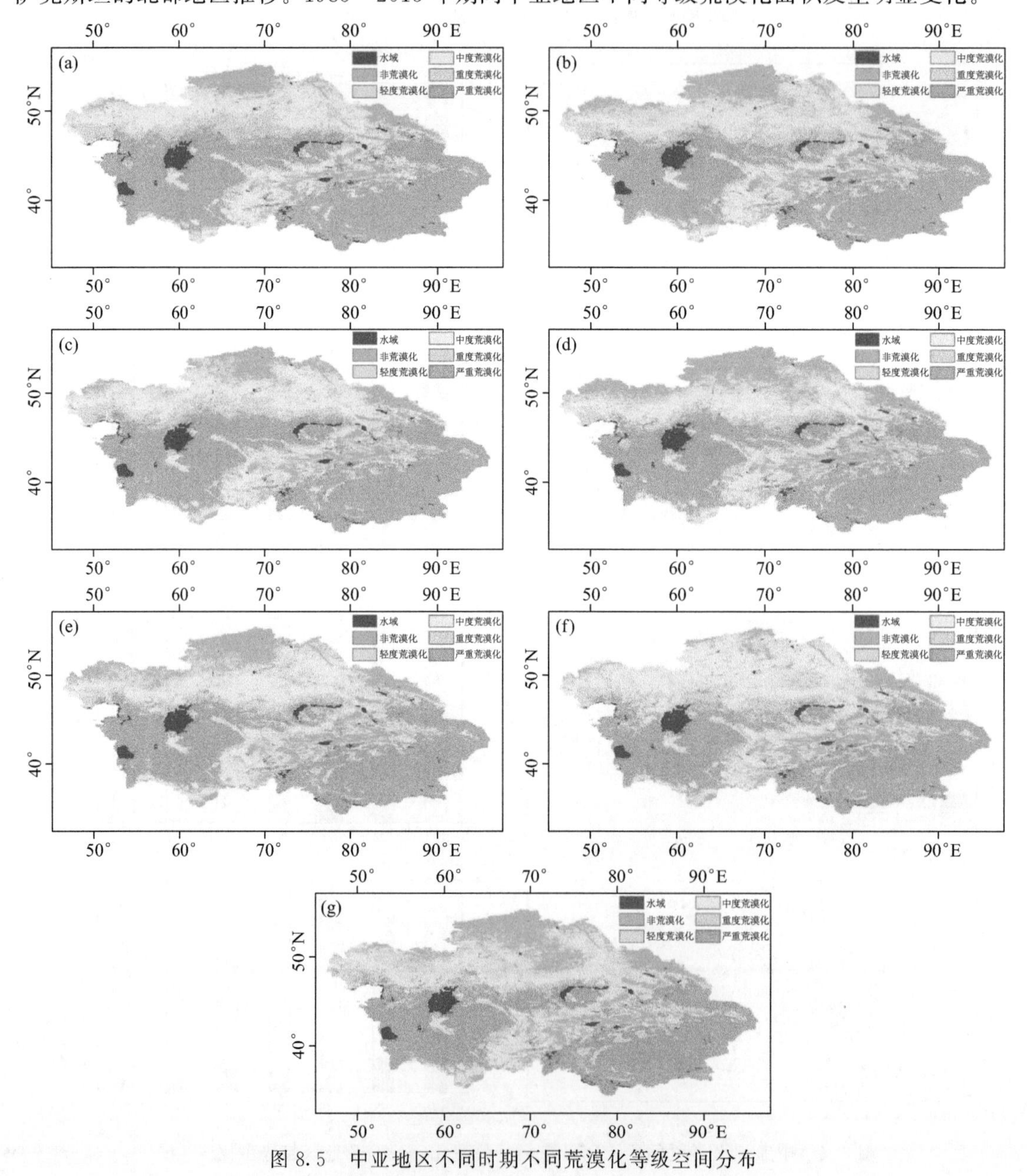

图 8.5　中亚地区不同时期不同荒漠化等级空间分布

(a:1985 年;b:1990 年;c:1995 年;d:2000 年;e:2005 年;f:2010 年;g:2015 年)

为进一步研究中亚地区不同荒漠化程度的动态变化趋势，对中亚地区水域、非荒漠化、轻度荒漠化、中度荒漠化、重度荒漠化和严重荒漠化区域的逐年面积进行统计。统计结果如图 8.6 所示。1982—2015 年期间，中亚水域面积显著减少（$p<0.05$）（图 8.6a），非荒漠化面积呈现略微增多趋势（图 8.6b），轻度、中度荒漠化面积呈现显著增加趋势（$p<0.05$）（图 8.6c，8.6d），而重度、严重荒漠化面积呈现显著减少趋势（$p<0.05$）（图 8.6e，8.6f），总体而言，中亚地区荒漠化面积有所减少。

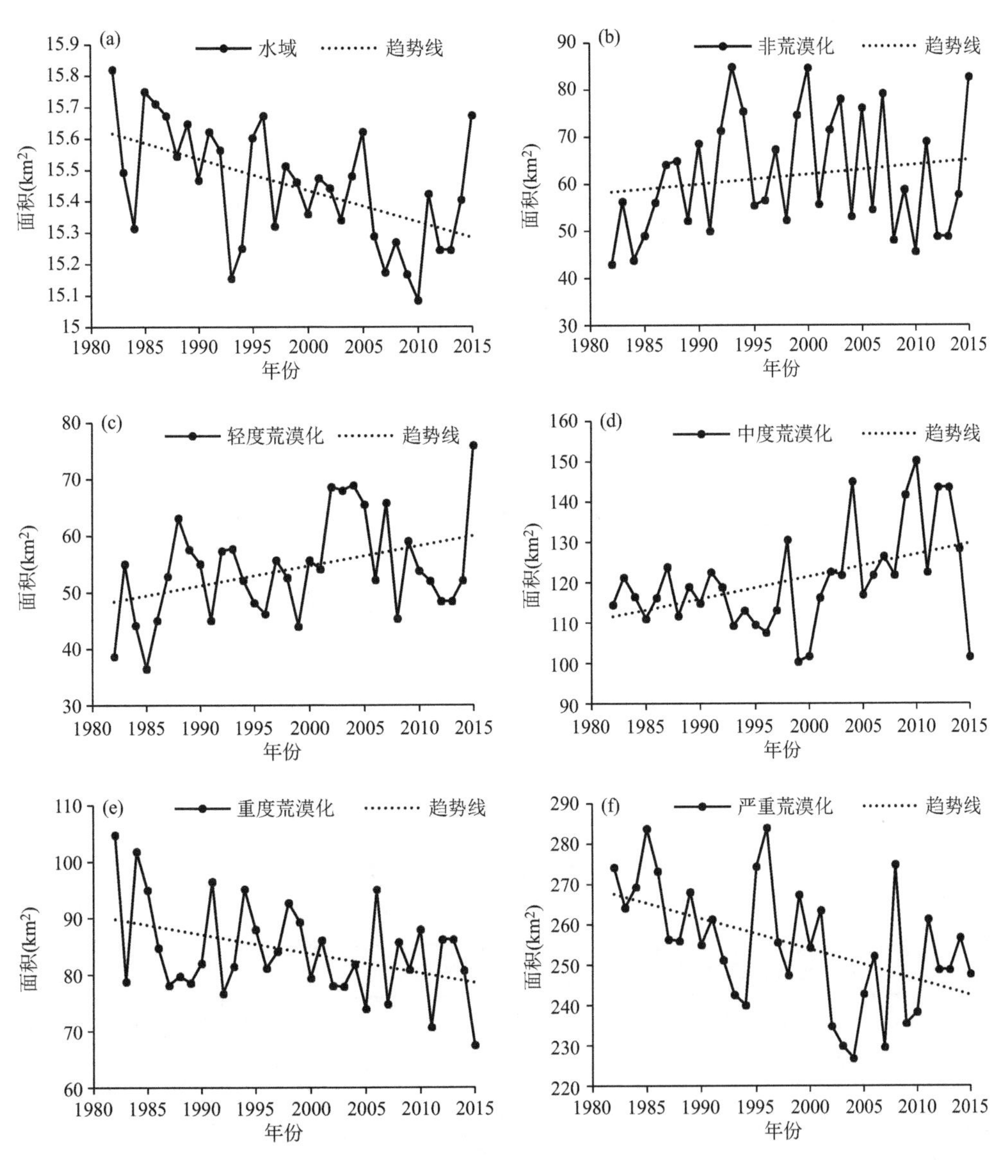

图 8.6　中亚地区水域(a)与不同等级荒漠化面积(b—f)变化图

将中亚地区非荒漠化、轻度荒漠化、中度荒漠化、重度荒漠化和严重荒漠化的强度定义为 0、1、2、3、4。利用各等级荒漠化面积及等级进行荒漠化强度计算，结果如图 8.7 所示。TKM 地区荒漠化强度是中亚地区最大的，KGZ 地区荒漠化强度最低。由图 8.7 可知，中亚各区域逐年荒漠化强度呈现下降趋势，表明中亚荒漠化强度发生逆转。

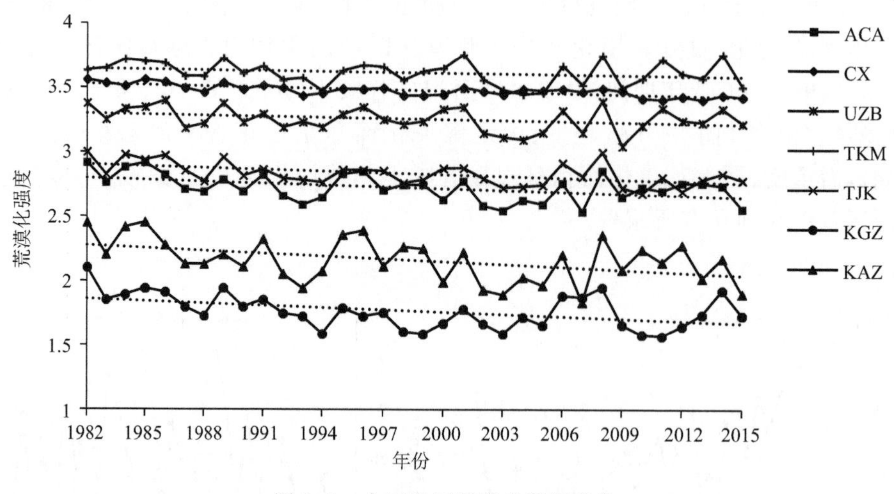

图 8.7 中亚地区荒漠化强度变化

8.3 荒漠化土地变化转移概率

为进一步研究中亚地区荒漠化动态变化，对中亚地区荒漠化进行矩阵转移分析（表 8.1），同时以空间图形呈现不同荒漠化之间的转变情况（图 8.8）。

表 8.1 中亚地区不同等级荒漠化矩阵转移概率

1985 年	1990 年					
	水域	非荒漠化	轻度荒漠化	中度荒漠化	重度荒漠化	严重荒漠化
水域	97.52%	0.00%	0.04%	0.00%	0.00%	2.44%
非荒漠化	0.01%	92.34%	6.90%	0.68%	0.05%	0.01%
轻度荒漠化	0.00%	40.36%	47.18%	12.34%	0.12%	0.00%
中度荒漠化	0.00%	7.53%	29.60%	59.57%	3.16%	0.14%
重度荒漠化	0.00%	0.17%	1.60%	43.70%	50.54%	4.00%
严重荒漠化	0.04%	0.02%	0.02%	0.86%	10.73%	88.33%

1995 年	1990 年					
	水域	非荒漠化	轻度荒漠化	中度荒漠化	重度荒漠化	严重荒漠化
水域	99.05%	0.00%	0.00%	0.00%	0.00%	0.95%
非荒漠化	0.00%	69.66%	23.78%	6.42%	0.07%	0.07%
轻度荒漠化	0.00%	11.81%	43.22%	43.90%	1.02%	0.05%
中度荒漠化	0.01%	0.94%	6.92%	63.80%	26.50%	1.83%
重度荒漠化	0.00%	0.01%	0.12%	8.86%	60.92%	30.09%
严重荒漠化	0.11%	0.00%	0.01%	0.14%	2.74%	97.01%

续表

2000 年	1995 年					
	水域	非荒漠化	轻度荒漠化	中度荒漠化	重度荒漠化	严重荒漠化
水域	97.46%	0.00%	0.00%	0.00%	0.08%	2.46%
非荒漠化	0.00%	92.70%	6.60%	0.69%	0.01%	0.00%
轻度荒漠化	0.00%	47.05%	42.74%	10.03%	0.15%	0.04%
中度荒漠化	0.00%	9.61%	27.90%	55.74%	6.57%	0.19%
重度荒漠化	0.00%	0.11%	0.95%	38.08%	53.40%	7.47%
严重荒漠化	0.06%	0.01%	0.01%	0.72%	9.17%	90.04%

2005 年	2000 年					
	水域	非荒漠化	轻度荒漠化	中度荒漠化	重度荒漠化	严重荒漠化
水域	98.42%	0.00%	0.00%	0.00%	0.00%	1.58%
非荒漠化	0.00%	72.50%	23.11%	4.28%	0.07%	0.04%
轻度荒漠化	0.00%	20.68%	48.78%	29.99%	0.39%	0.16%
中度荒漠化	0.00%	3.02%	17.39%	68.85%	9.79%	0.96%
重度荒漠化	0.02%	0.19%	1.27%	31.35%	52.30%	14.87%
严重荒漠化	0.19%	0.01%	0.05%	0.69%	8.73%	90.32%

2010 年	2005 年					
	水域	非荒漠化	轻度荒漠化	中度荒漠化	重度荒漠化	严重荒漠化
水域	95.45%	0.00%	0.04%	0.04%	0.04%	4.42%
非荒漠化	0.00%	49.99%	22.41%	26.40%	1.18%	0.02%
轻度荒漠化	0.00%	9.93%	34.13%	51.61%	4.14%	0.20%
中度荒漠化	0.00%	0.87%	11.91%	67.41%	18.68%	1.13%
重度荒漠化	0.00%	0.05%	0.45%	21.28%	59.71%	18.51%
严重荒漠化	0.07%	0.01%	0.04%	0.70%	7.54%	91.64%

2015 年	2010 年					
	水域	非荒漠化	轻度荒漠化	中度荒漠化	重度荒漠化	严重荒漠化
水域	97.79%	0.00%	0.00%	0.04%	0.04%	2.12%
非荒漠化	0.00%	84.24%	13.44%	2.20%	0.11%	0.00%
轻度荒漠化	0.00%	37.43%	41.93%	19.42%	1.05%	0.18%
中度荒漠化	0.00%	15.42%	28.36%	44.81%	10.17%	1.24%
重度荒漠化	0.01%	1.03%	5.19%	23.92%	46.68%	23.17%
严重荒漠化	0.38%	0.01%	0.05%	0.74%	4.40%	94.42%

2015 年	1985 年					
	水域	非荒漠化	轻度荒漠化	中度荒漠化	重度荒漠化	严重荒漠化
水域	94.92%	0.00%	0.00%	0.08%	0.12%	4.88%
非荒漠化	0.03%	90.73%	8.24%	0.89%	0.07%	0.05%
轻度荒漠化	0.04%	44.64%	42.72%	12.08%	0.47%	0.05%
中度荒漠化	0.01%	17.17%	37.63%	39.86%	5.07%	0.25%
重度荒漠化	0.00%	2.75%	14.39%	45.25%	30.71%	6.89%
严重荒漠化	0.24%	0.07%	0.32%	3.34%	11.43%	84.60%

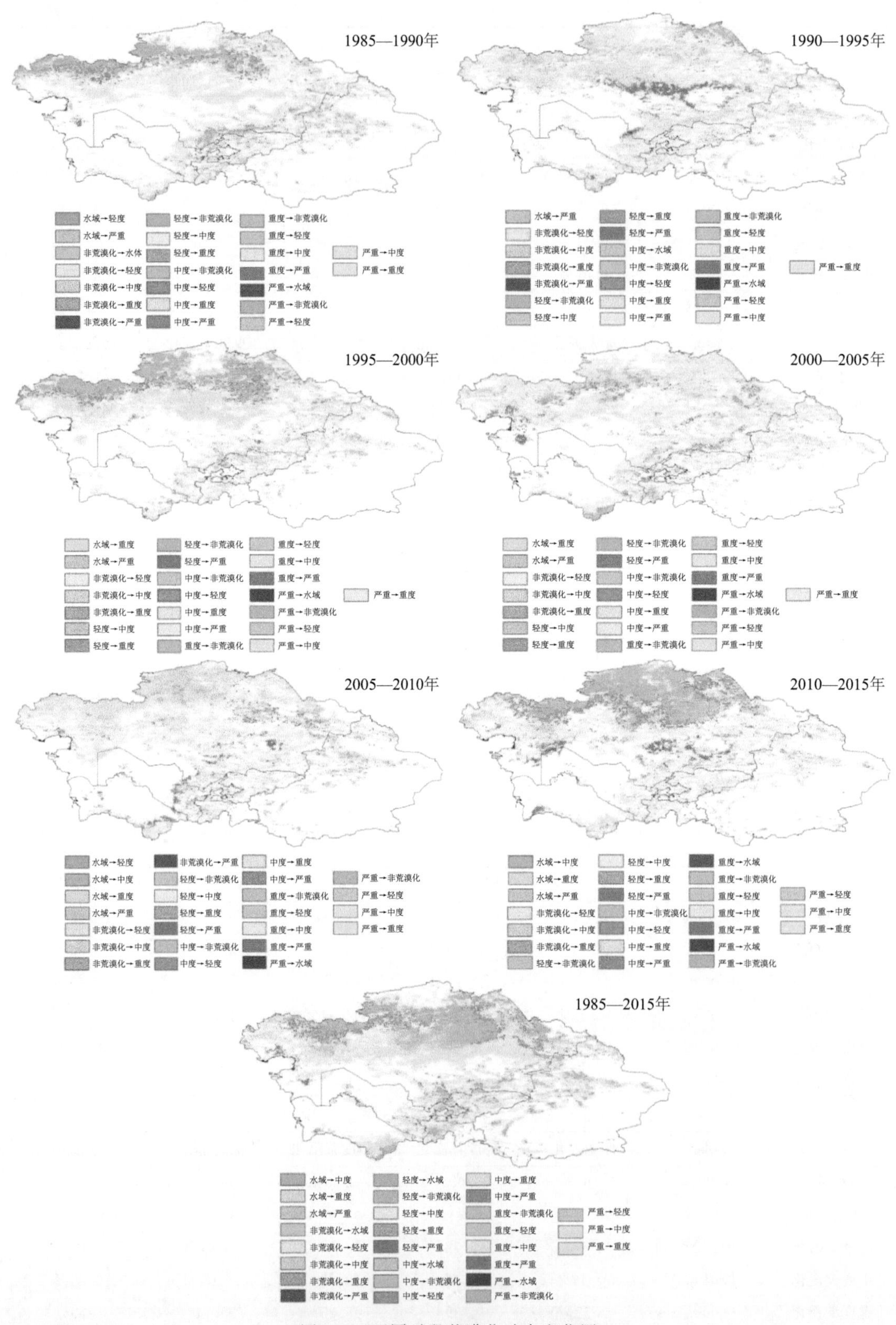

图 8.8　不同时段荒漠化动态变化图

整体而言，1985—2015年中亚地区水域、非荒漠化、严重荒漠化地区分别有94.92%、90.73%、84.60%的面积为发生变化，而轻度、中度、重度荒漠化地区变动较大。其中轻度荒漠化有44.64%的区域向非荒漠化区域转变（荒漠化逆转），12.08%的区域趋向中度荒漠化（荒漠化恶化）；中度荒漠化分别由17.17%和37.63%的区域向非荒漠化和轻度荒漠化转变（荒漠化逆转）；重度荒漠化分别有2.75%、14.39%、45.25%的区域向非荒漠化、轻度、中度荒漠化发展（荒漠化逆转）。

第 9 章　中亚地区水文变化对环境的影响

中亚深居亚欧大陆腹地，远离海洋，水汽输送难以到达，是地球上最大的干旱区。同时，中亚也是丝绸之路经济带中生态最脆弱的区域。在气候变化和人类活动加剧的背景下，中亚地区水文循环的加剧和加速，也导致了水平衡的变化。中亚地区水资源问题是制约当地生态、经济发展的重要因素。研究中亚地区的水资源状况、变化趋势，便于科学合理开发水资源。同时对于有效缓解中亚地区水资源紧缺状况、改善生态环境、保障社会经济的可持续发展具有十分重要的意义。

水资源包括逐年可更新的地表水、地下水、土壤水，也包括更新周期很长的深层地下水、冰川、海洋、湖泊等永久储量中允许开发利用的部分。传统的水文方法，难以获取大尺度、大范围水文数据，而重力卫星技术的广泛应用，能够实现对大尺度范围的水循环的研究。同时水文是影响植被的重要因素，中亚地区生态系统脆弱，受水分影响明显，研究水文因子与植被之间的驱动情况，有助于更为合理地进行水资源配置。

9.1　水文因子月值分布

基于监测分析，图 9.1 显示了 2003—2015 年中亚地区降水量(P)、蒸散(ET)、重力卫星(GRACE)水储量变化(TWSC)、全球陆地同化系统(GLDAS)估算 TWSC、地下水变化(ΔGW)和 P-ET 的月分布。如图 9.1a 可知中亚地区 2003—2015 年逐月平均降水量变化情况，降水量最少的月份出现在 9 月，5 月是降水量最多的月份，总体而言，中亚地区降水量较多地集中在春季、夏季和冬季，秋季降水量最少。ET 在夏季表现出较高的值，而在冬季表现出较低的值(图 9.1b)。GRACE-TWSC 从 3 月到 6 月变化为正值，其他月份为负值。GRACE-TWSC 变化的最大值和最小值分别为 4 月的 25.56 mm 和 10 月的－47.52 mm(图 9.1c)。同样，在 1 月至 5 月，GLDAS-TWSC 呈现正值变化，其余月份为负值。GLDAS-TWSC 的变化的峰值在 3 月为 41.77 mm，而最低值出现在 9 月，其值为－36.88 mm(图 9.1d)。GRACE-

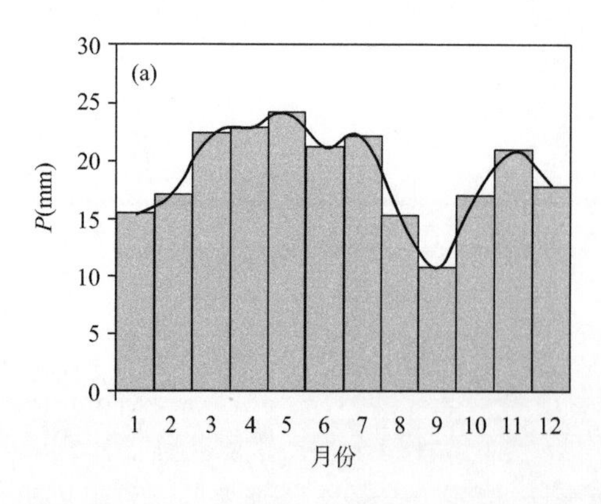

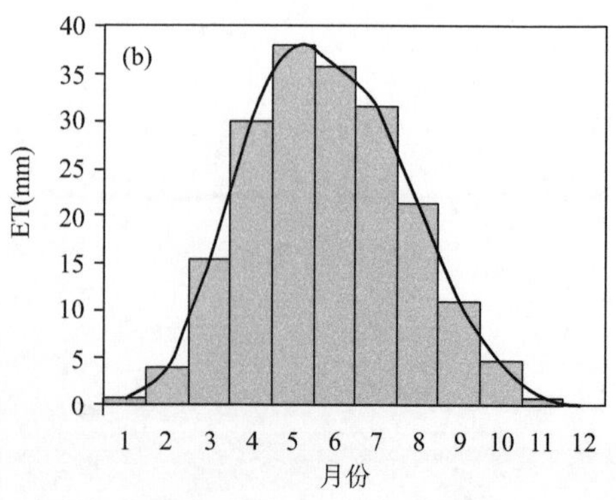

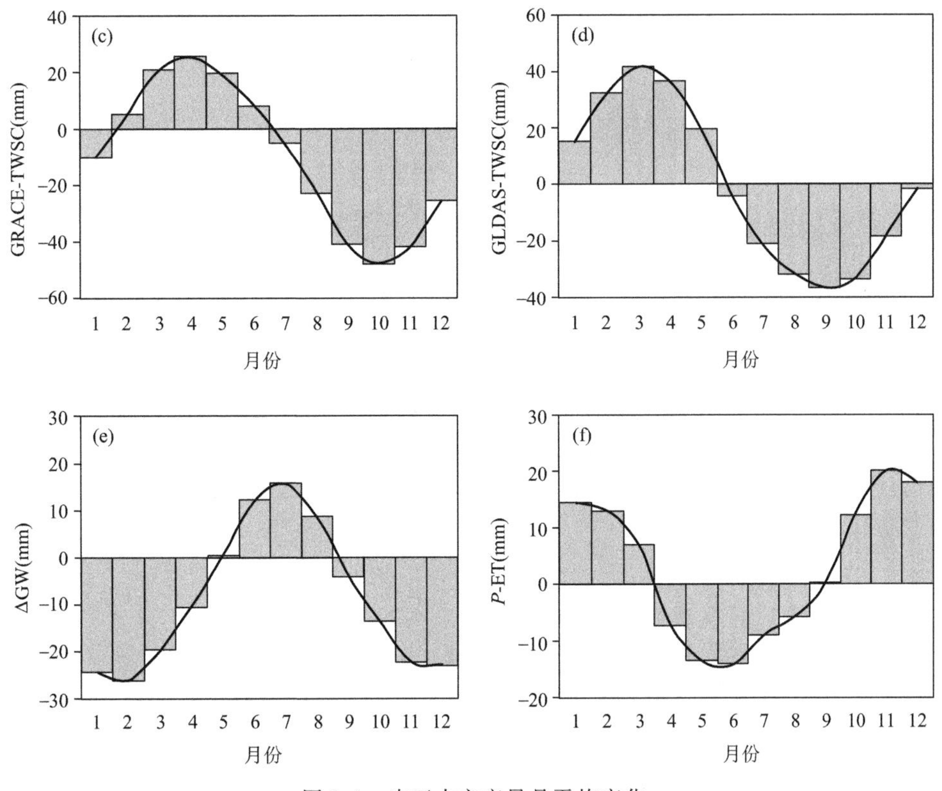

图 9.1　中亚水文变量月平均变化

TWSC 变化在春季和秋季最高，夏季和冬季最低。秋季和冬季降水量相对较低，导致 GRACE-TWSC 变化为负值。根据 GRACE 和 GLDAS 之间的差异估计 ΔGW，ΔGW 仅在夏季呈现正值，其余月份均为负值。*P*-ET 除 5 月份的降水和蒸散基本保持平衡以及 6 月份出现负值，其余月份呈现正值状态(图 9.1f)。

9.2　水文变量年际变化

基于监测分析，2003—2015 年研究期内，中亚地区降水量(*P*)、蒸散(ET)、重力卫星(GRACE)水储量变化(TWSC)、全球陆地同化系统(GLDAS)估算 TWSC、地下水变化(ΔGW)和 *P*-ET 的年变化如图 9.2 所示。2003—2015 年，中亚的年降水量 *P* 随时间的变化呈现轻微下降趋势，下降趋势约为 4 mm/10 a(图 9.2a)。从 2003—2015 年，蒸散减少趋势为 3.5 mm/10 a。与 2008 年之前的变化相比，2007 年之后蒸散呈现上升趋势(图 9.2b)。GRACE-TWSC 从 2003 年到 2015 年呈显著下降($p<0.05$)，以 504.30 mm/10 a 的速度减少(图 9.2c)。2003—2015 年期间，GLDAS-TWSC 以 83.80 mm/10 a 的速度减少(图 9.2d)。对于 ΔGW，图 9.2e 显示出显著的减少趋势($p<0.05$)，2003—2015 年期间的减少率为 411.80 mm/10 a。

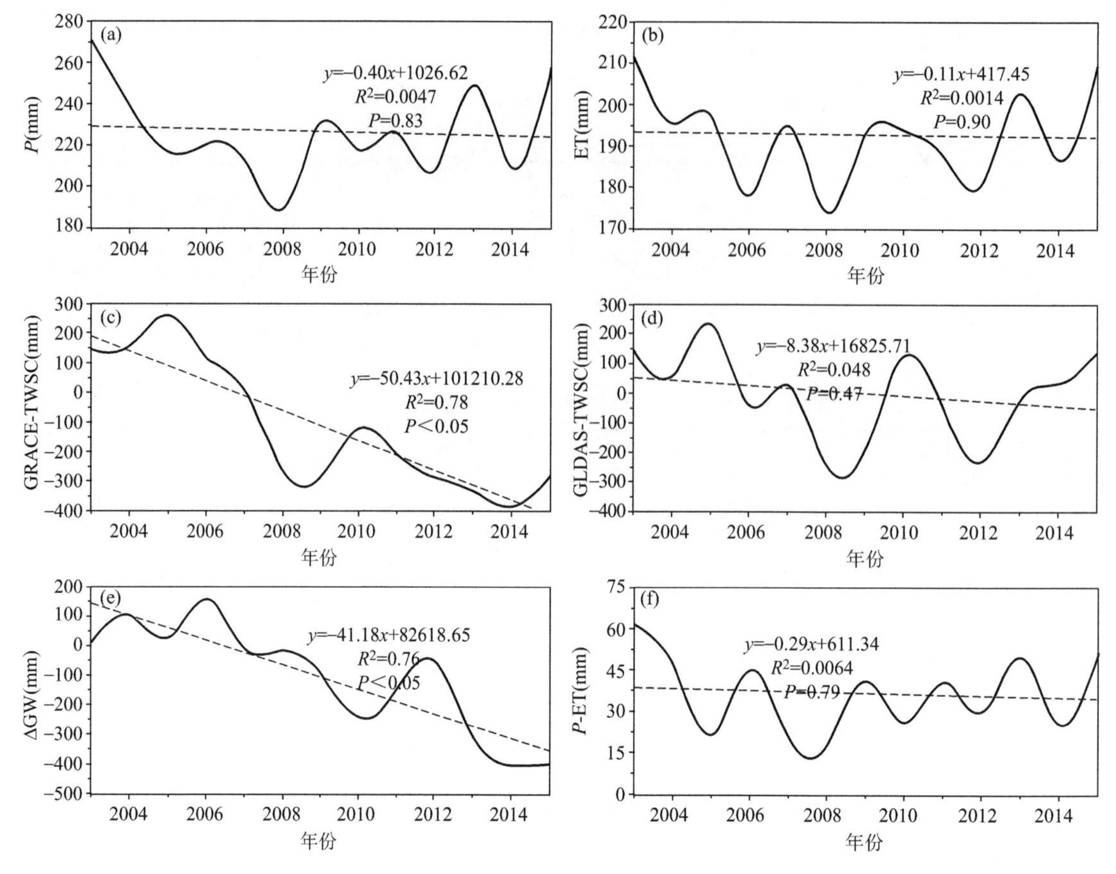

图 9.2　中亚水文变量年变化

9.3　水文情势空间变化

监测分析表明，各水文因子变化趋势的空间分布如图 9.3 所示。年降水量的变化趋势最大值与最小值分别为 13.38 mm/a 和－16.19 mm/a，均值为－0.40 mm/a。ET 的趋势变化的空间分布与降水量较为一致。但变化趋势的最大值和最小值分别为 14.90 mm/a 和－14.66 mm/a，均值为－0.35 mm/a。ET 趋势变化达到显著的区域明显多于降水变化趋势达到显著的区域。GRACE-TWSC 增长的最大趋势为 194.25 mm/a，减小的最大趋势为 507.97 mm/a，平均变化趋势为－50.43 mm/a。GLDAS-TWSC 的最大增长趋势为 499.75 mm/a，最高减小趋势为 243.47 mm/a，平均变化趋势为－8.38 mm/a。ΔGW 最大增长趋势为 251.25 mm/a，减小的最大趋势为 431.93 mm/a，平均的变化趋势为－41.18 mm/a。*P*-ET 的最高增长趋势为 14.28 mm/a，最高减小趋势为 19.89 mm/a，平均变化趋势为－0.047 mm/a。GRACE-TWSC 、GLDAS-TWSC 和 ΔGW 在整个中亚地区的变化趋势达到显著的区域面积较大，显著多于降水与 ET 以及 *P*-ET 变化达到显著的区域。从 2003—2015 年，GRACE-TWSC、GLDAS-TWSC 和 ΔGW 大部分区域出现亏缺。GRACE-TWSC 分布与降水分布不同，说明它不仅受降水影响，还可能受下垫面（即冰川、雪、绿洲和沙漠)性质的影响。

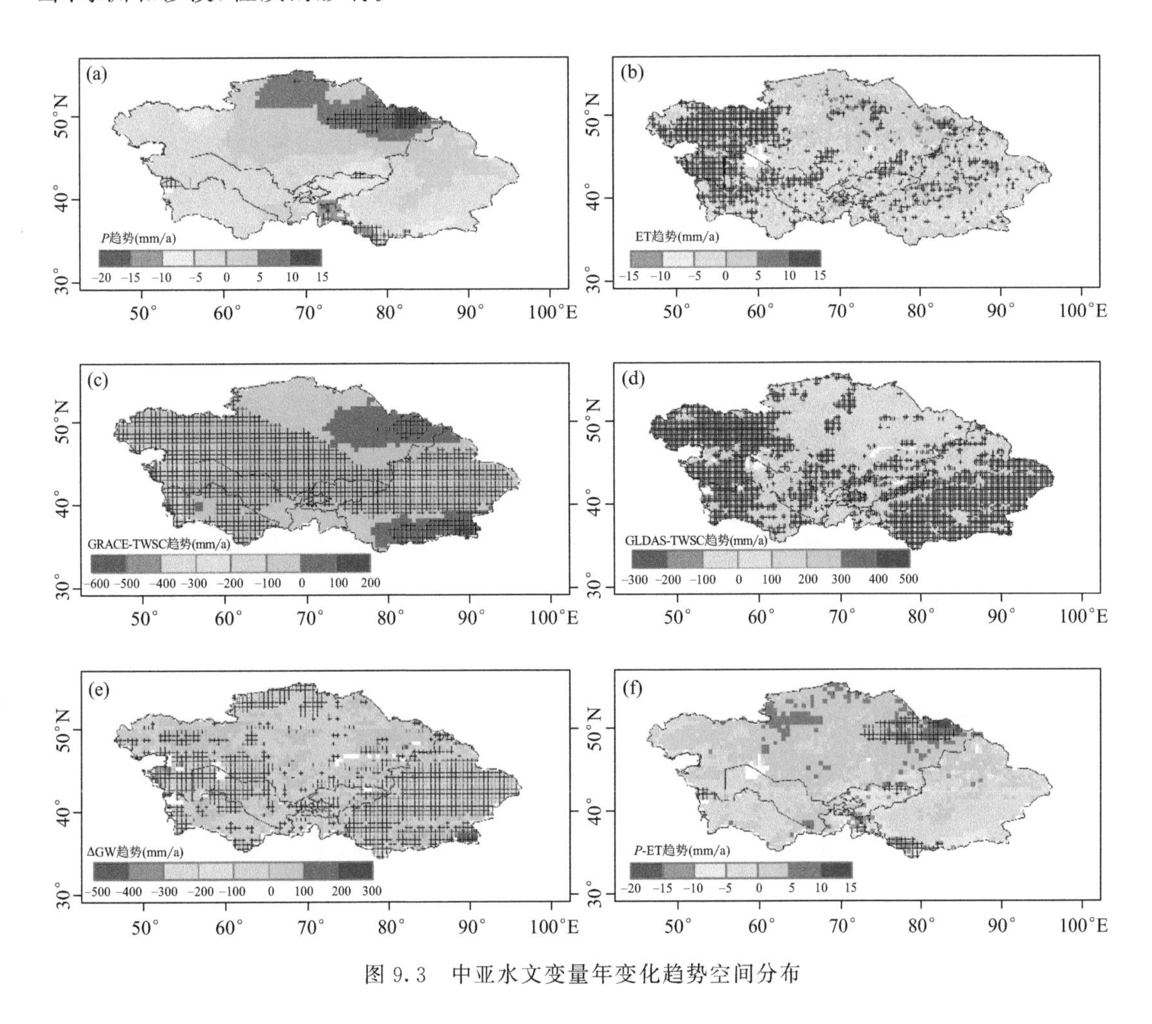

图 9.3 中亚水文变量年变化趋势空间分布

9.4 水文变量与 NDVI 的关系

为进一步研究水文因子与植被变化之间的响应,对各水文因子与NDVI进行相关性分析。图9.4为水文因子变量年值与年NDVI的空间相关性分布图。NDVI与降水负相关最高达0.69,正相关最高达0.90,中亚整体区域的平均相关系数为0.30。表明整体而言,降水对中亚地区植被生长具有促进作用。同样ET与NDVI在大部分地区呈现正相关关系。GRACE-TWSC变化与NDVI最大正相关值为0.90,负相关关系的最高值为−0.90。整体呈现正相关关系,相关系数为0.23。GLDAS-TWSC变化与NDVI的正相关关系最大达0.95,负相关关系的最大达−0.88,平均相关系数为0.31。NDVI与GLDAS-TWSC的变化比与GRACE-TWSC的变化更为显著正相关。ΔGW与NDVI的正相关系数最高达0.91,负相关系数最高为−0.92,平均相关系数为0.086。*P*-ET与NDVI的相关系数最大为0.90,最小为−0.88,平均相关系数为0.030。

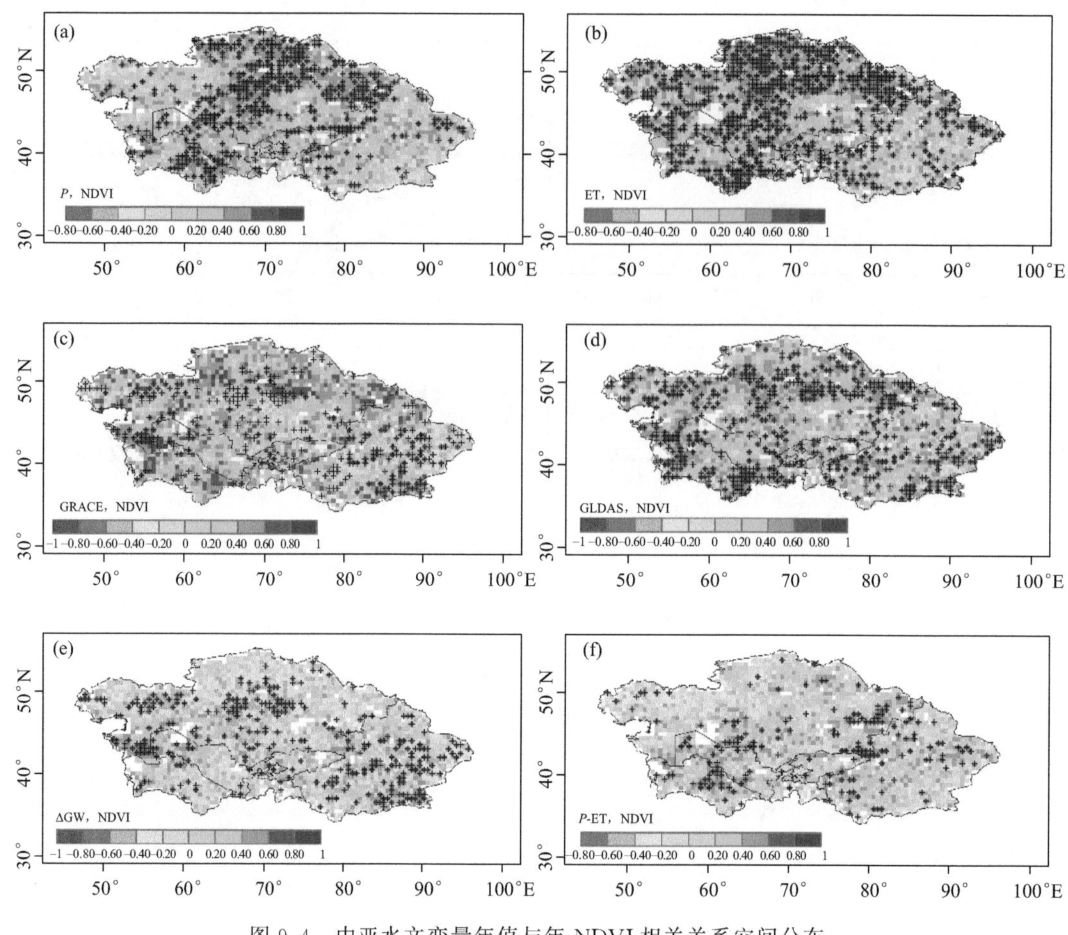

图 9.4　中亚水文变量年值与年 NDVI 相关关系空间分布

此相关分析基于年值变化，为详细地分析相关水文变量与 NDVI 之间的关系，应用逐月数据进行相关分析。2003—2015 年逐月中亚水文因子与 NDVI 相关关系如图 9.5 所示。ET、ΔGW、*P*-ET 与 NDVI 相关关系明显优于其他变量。

水文因子对植被的影响不一定表现在当月，存在一定的滞后效应，故对各因子与 NDVI 进行滞后相关分析(图 9.6)。

降水 *P* 与 NDVI 的滞后相关可知，滞后 2 个月两者的正相关关系最佳。1～5 个月的滞后期相关分析表明，两者呈现正相关关系；而 6～11 个月的滞后期之间两者呈现负相关关系。ET 与 NDVI 在滞后 1 月的相关关系最好。GRACE-TWSC 的变化与 NDVI 的滞后相关优于本身相关，表明水储量变化对植被的影响存在明显的滞后效应。GLDAS-TWSC 与 NDVI 的相关关系也类似。而 ΔGW 与 NDVI 的滞后相关性较差，表明地下水变化对植被影响较为直接。*P*-ET 的滞后效果相关性也较差。

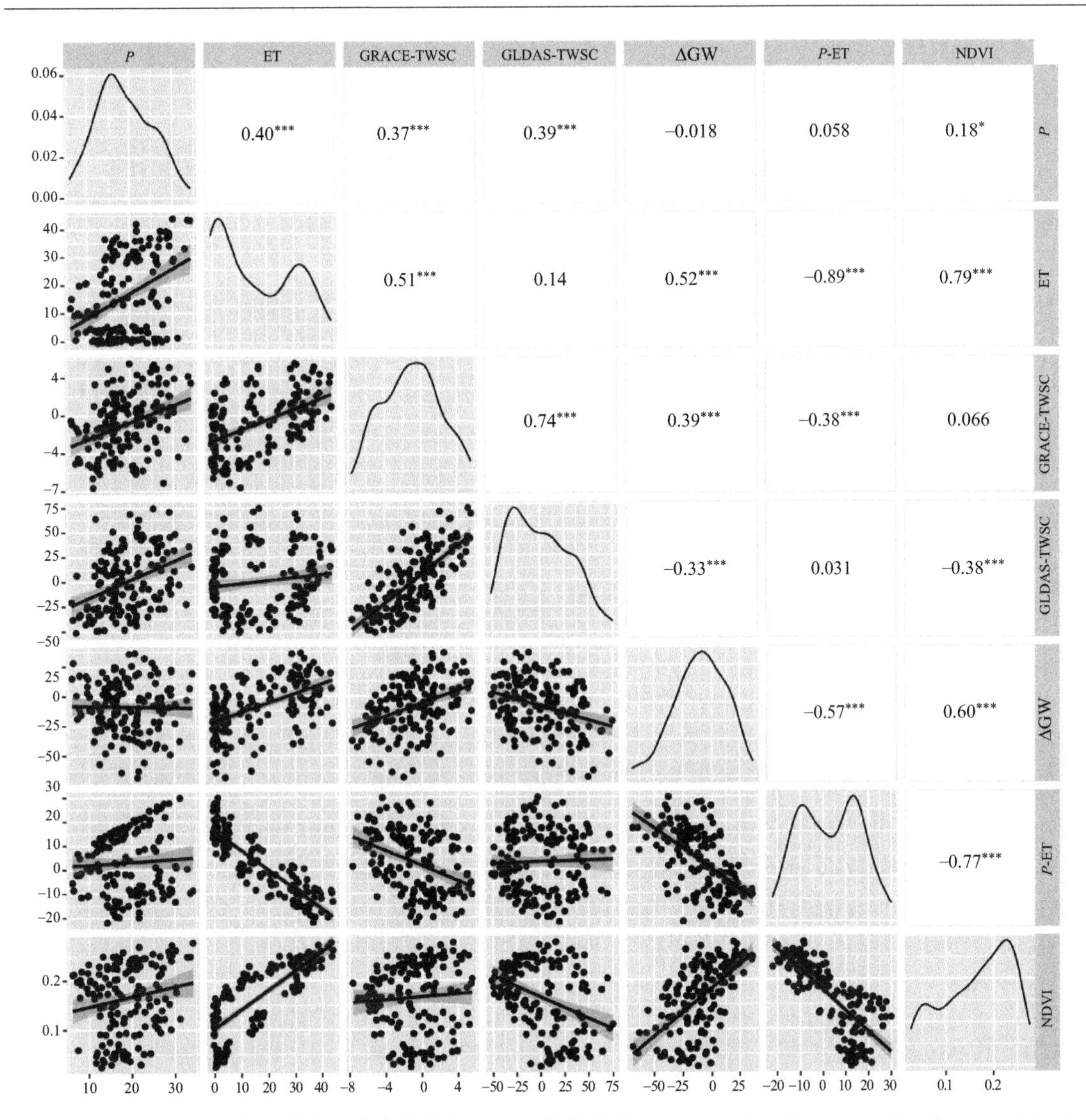

图 9.5　2003—2015 年逐月中亚水文因子与 NDVI 相关关系（***：$p<0.01$，**：$p<0.05$，*：$p<0.1$）

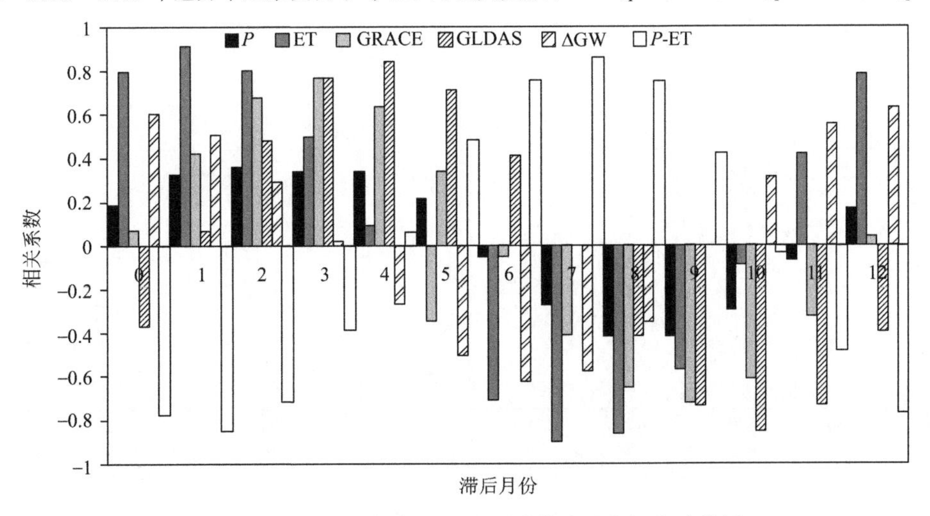

图 9.6　NDVI 与各水文变量不同滞后月份相关系数图

第 10 章 中亚地区荒漠化的驱动机制

中亚地区荒漠化的发生和发展是气候变化与人类活动综合作用的过程。水文因子是影响荒漠化的重要因素之一。气温、降水和水分状况及人类活动也是影响中亚地区荒漠化的重要因素。研究通过对 NDVI 与气温、降水、SPEI 的相关关系，探讨荒漠化的发展与气候变化的影响。同时从自然因素(气温、降水、风速等)和人类活动(人口、GDP、农作物面积等)的角度构建中亚荒漠化驱动力贡献模型，进一步探索影响不同区域荒漠化的驱动力的差异性。

10.1 NDVI 与平均气温的关系

不同季节 NDVI 与平均气温及生长季不同时期 NDVI 与平均气温的相关关系如图 10.1 及图 10.2 所示。不同季节平均气温与 NDVI 的相关关系存在差异，其中春季正相关面积远小于负相关所占面积，夏季正、负相关面积基本各占一半，秋季和冬季正相关面积明显高于负相关面积，且冬季正相关达到显著($p<0.05$)(图 10.1)。生长季不同时期，平均气温对 NDVI 的影响也存在差异，但均呈现正相关区域大于负相关区域，且生长季前期气温对 NDVI 正相关达到显著($p<0.05$)区域明显高于其他时期(图 10.2)。

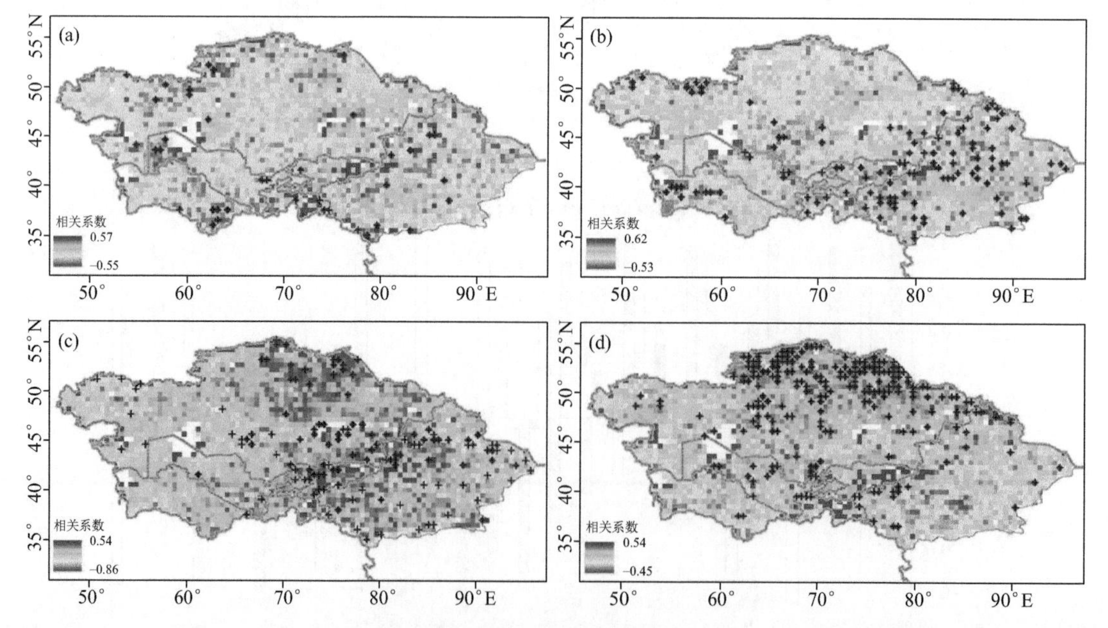

图 10.1 中亚地区春(a)、夏(b)、秋(c)、冬(d)NDVI 与平均气温相关关系图

(+表示显著($p<0.05$)，下同)

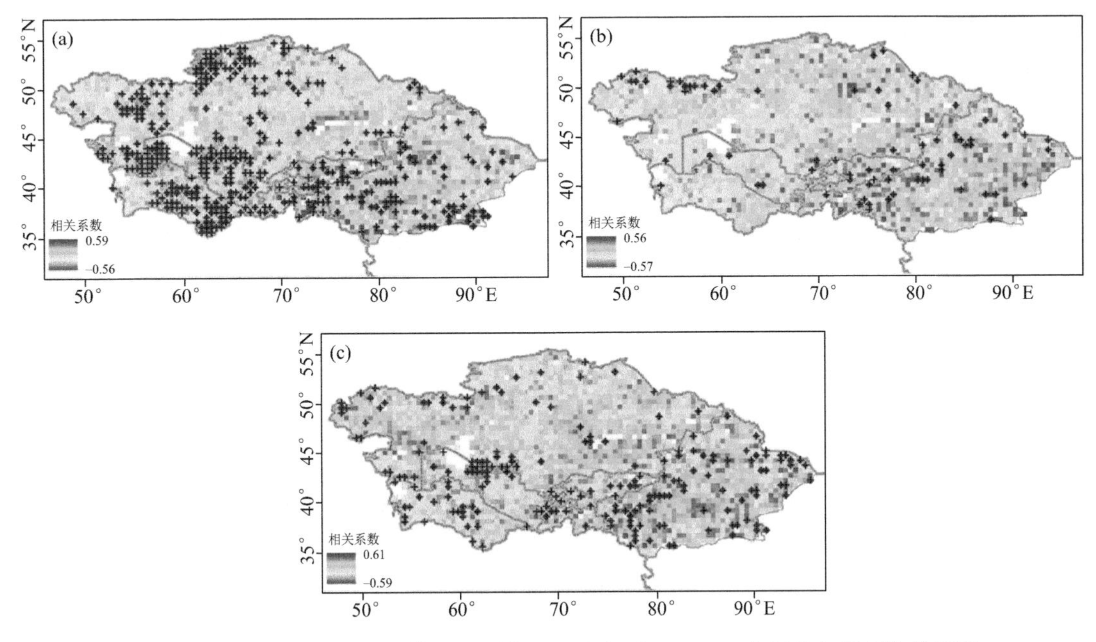

图 10.2　中亚地区生长季前期(a)、后期(b)、生长季(c)NDVI 与平均气温相关关系图

10.2　NDVI 与降水量的关系

不同季节 NDVI 与降水量及生长季不同时期 NDVI 与降水量的相关关系如图 10.3 及图 10.4 所示。不同季节降水量与 NDVI 的相关关系存在差异，春季和夏季降水量与 NDVI 呈现明显的正相关关系，正相关区域占比高于 70%，且春季正相关区域基本达到显著($p<$

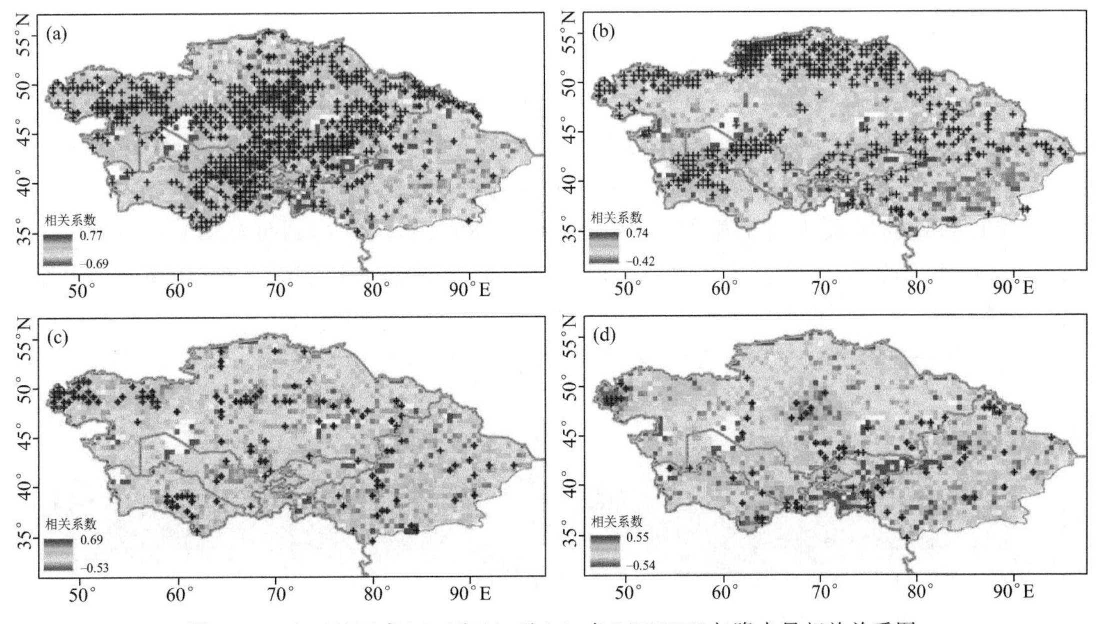

图 10.3　中亚地区春(a)、夏(b)、秋(c)、冬(d)NDVI 与降水量相关关系图

0.05)(图 10.3a,10.3b)。秋季和冬季负相关面积略高于正相关面积,但正负相关区域基本未达到显著水平(图 10.3c,10.3d)。生长季不同时期,降水量对 NDVI 的影响也存在差异,但均呈现正相关区域明显高于负相关区域,且生长季前期降水量对 NDVI 正相关达到显著区域明显高于其他时期。

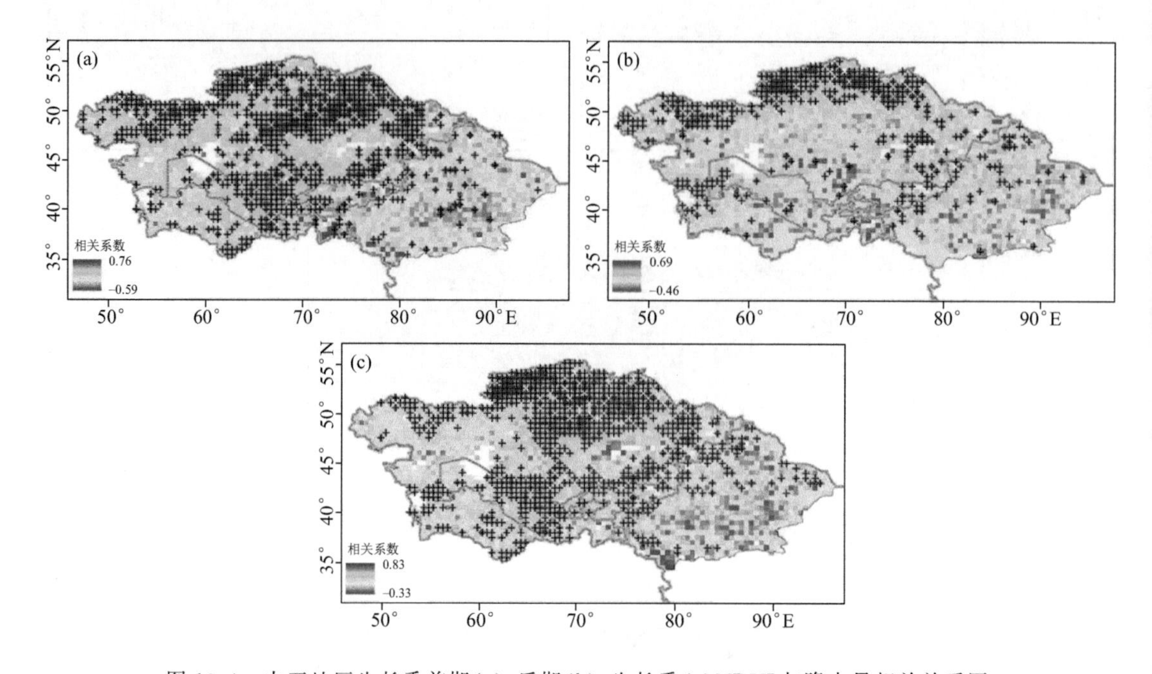

图 10.4 中亚地区生长季前期(a)、后期(b)、生长季(c)NDVI 与降水量相关关系图

10.3 NDVI 与平均风速的关系

不同季节 NDVI 与平均风速及生长季不同时期 NDVI 与平均风速的相关关系如图 10.5 及 10.6 所示。不同季节风速与 NDVI 的相关关系存在差异,除春季风速与 NDVI 呈现正相关区域大于负相关区域之外,其余季节均表现为负相关区域高于正相关区域面积。春季有 20.06%的区域达到正显著($p<0.05$),仅 6.99%的区域达到负显著($p<0.05$)(图 10.5a)。夏季有 11.54%的区域达到正显著($p<0.05$),16.89%的区域达到负显著($p<0.05$)(图 10.5b)。秋季和冬季分别仅有 7.11%和 9.50%的区域达到正显著($p<0.05$),分别有 12.55%和 6.74%的区域达到负显著($p<0.05$)(图 10.5c,10.5d)。

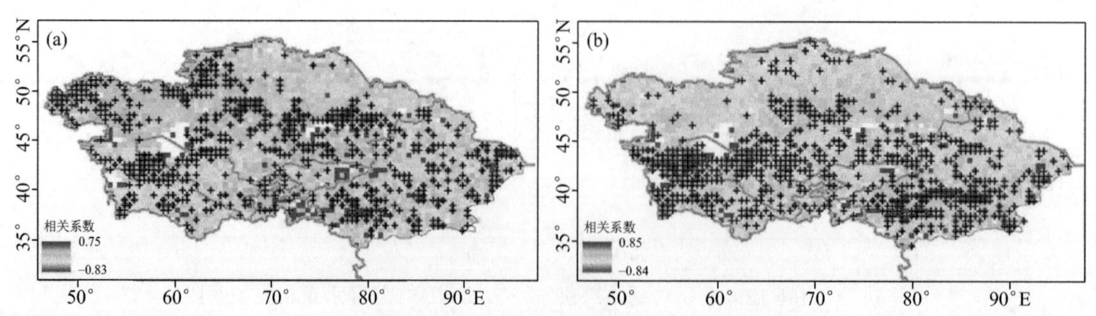

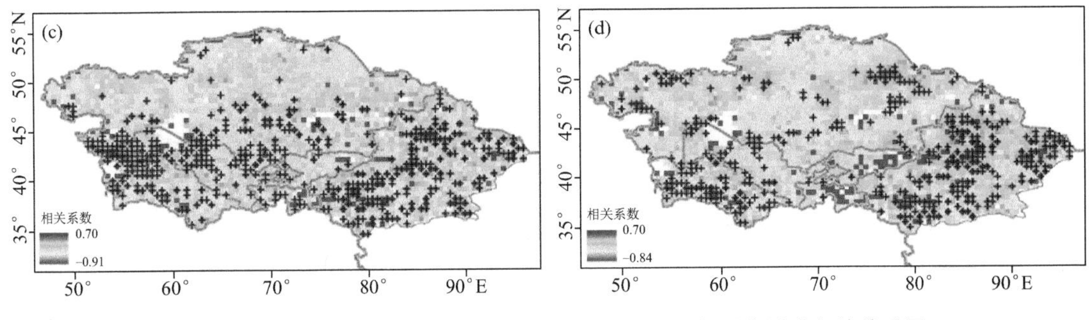

图 10.5　中亚地区春(a)、夏(b)、秋(c)、冬(d)NDVI 与平均风速相关关系图

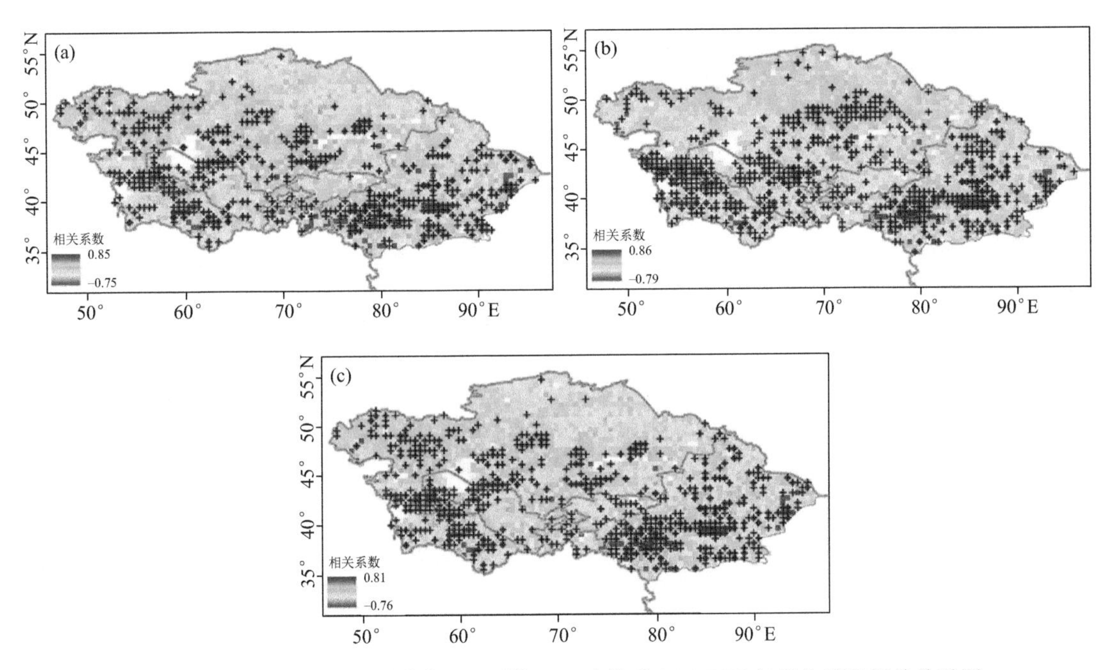

图 10.6　中亚地区生长季前期(a)、后期(b)、生长季(c)NDVI 与平均风速相关关系图

生长季不同时期，风速对 NDVI 的影响也存在差异，生长季前期风速与 NDVI 的负相关区域高于正相关区域，而后期和整个生长季呈现正相关区域明显高于负相关区域，且生长季后期与整个生长季显著区域明显多于前期。

10.4　NDVI 与 SPEI 尺度的关系

监测分析表明，不同季节 NDVI 与不同尺度 SPEI 及生长季不同时期 NDVI 与不同尺度 SPEI 的相关关系如图 10.7—10.10 所示。其中 SPEI1 尺度与 NDVI 在春季和夏季的相关关系表现为正相关区域多于负相关区域，SPEI3 尺度、SPEI6 尺度与 NDVI 在春季、夏季和秋季均表现为正相关区域多于负相关区域，而 SPEI12 尺度与 NDVI 的相关关系在不同季节均呈现正相关多于负相关。不同尺度 SPEI 与 NDVI 在不同季节达到正显著的区域也各不相同，SPEI1 尺度春季正显著区域最大，其余尺度均在夏季出现最大正显著区域。另一方面，

SPEI6、SPEI12 尺度与 NDVI 相关关系达到显著的区域明显高于其余尺度。

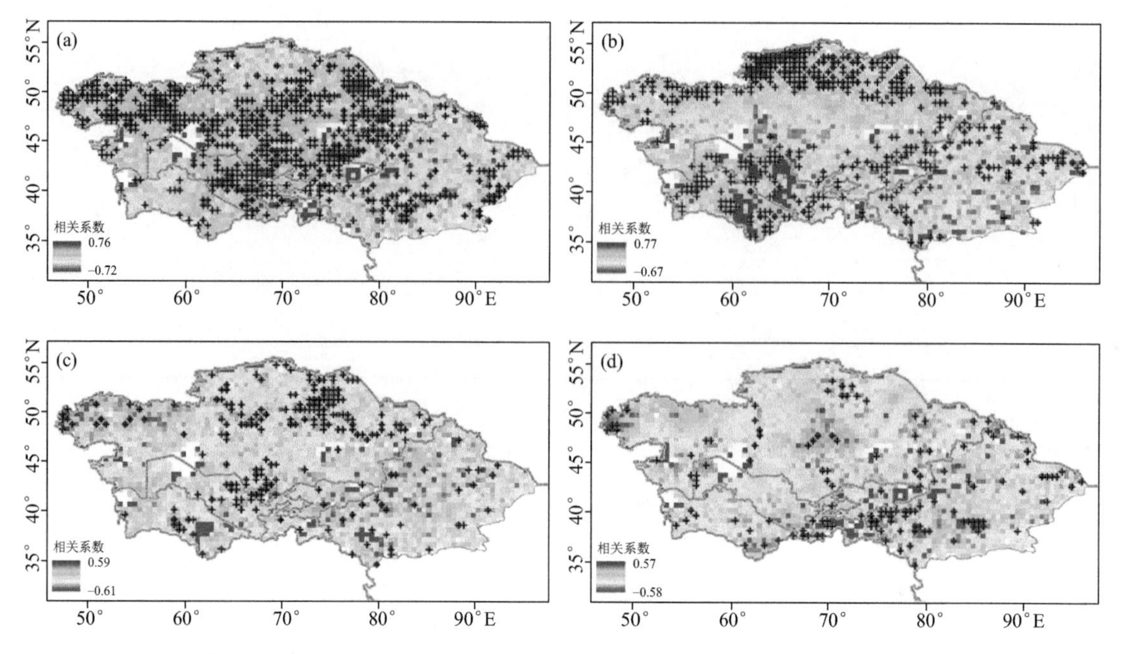

图 10.7　中亚地区春(a)、夏(b)、秋(c)、冬(d)NDVI 与 SPEI1 相关关系图

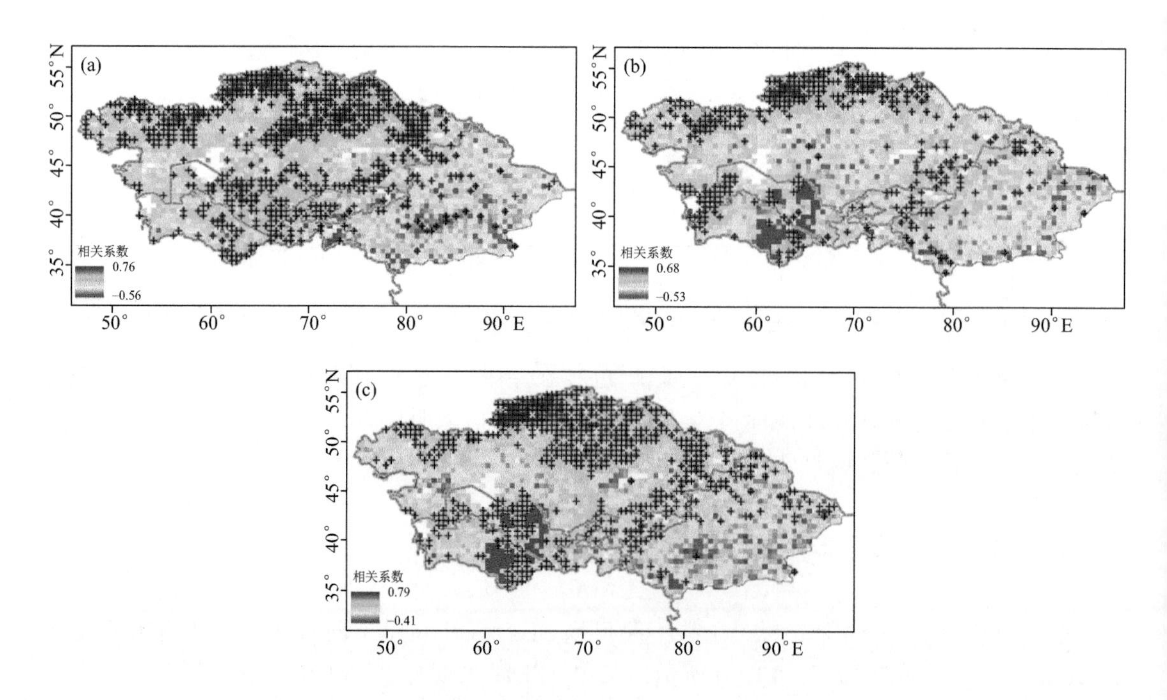

图 10.8　中亚地区生长季前期(a)、后期(b)、生长季(c)NDVI 与 SPEI1 相关关系图

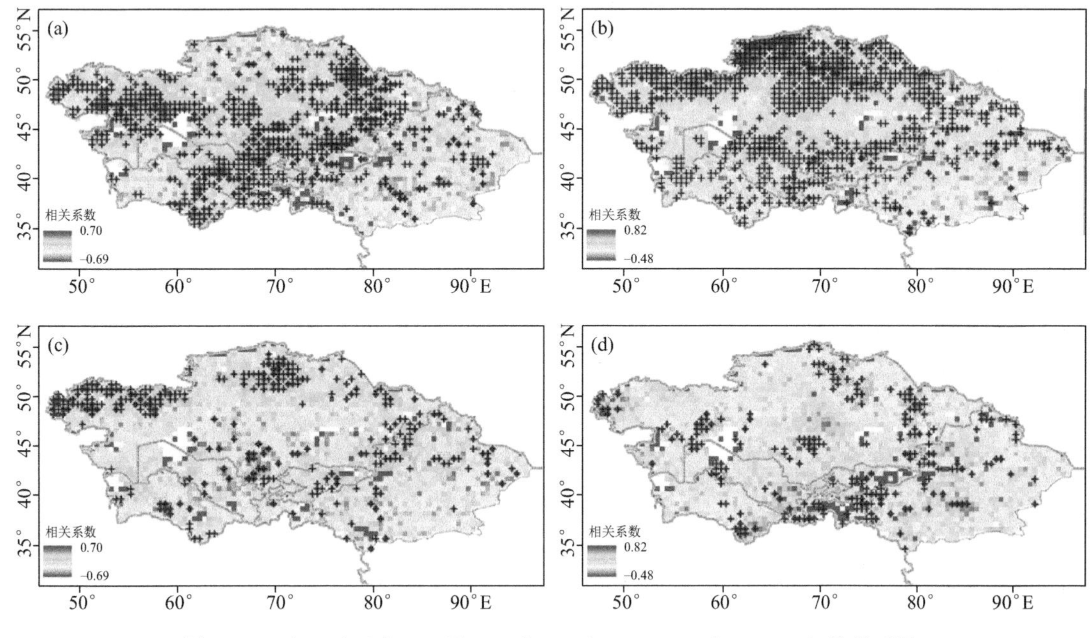

图 10.9　中亚地区春(a)、夏(b)、秋(c)、冬(d)NDVI 与 SPEI3 相关关系图

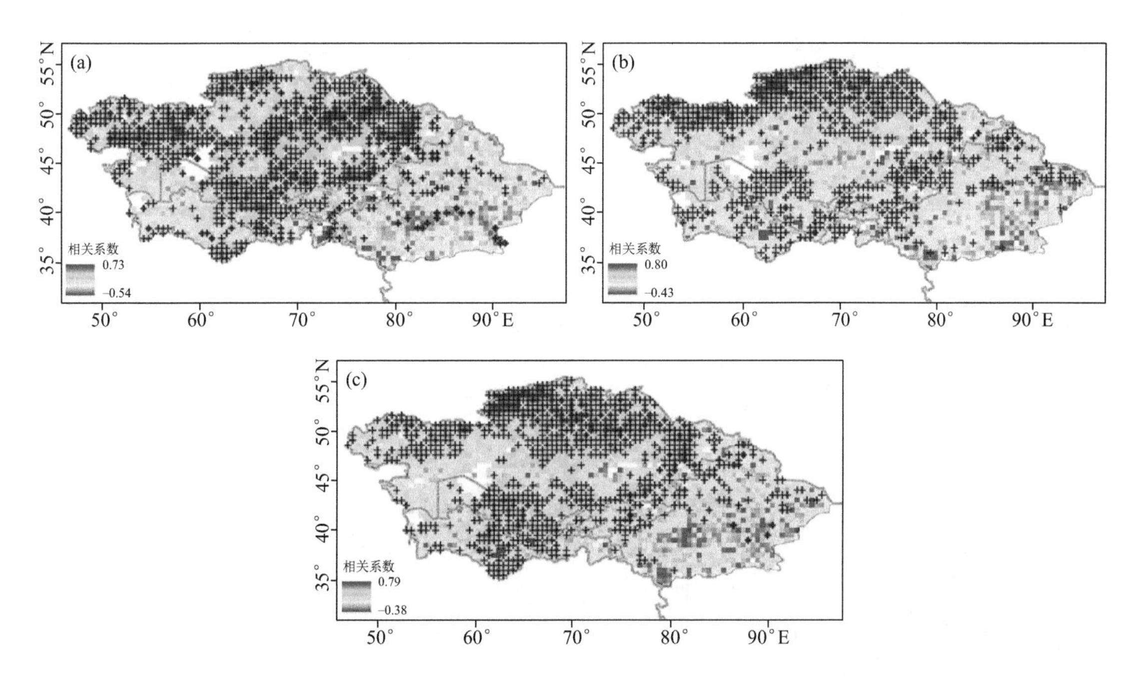

图 10.10　中亚地区生长季前期(a)、后期(b)、生长季(c)NDVI 与 SPEI3 相关关系图

不同尺度 SPEI 与生长季不同时期 NDVI 具有相似规律，均呈现为正相关区域高于负相关区域的特征。生长季前期 SPEI1 和 SPEI3 尺度正相关达到显著的区域，明显高于生长季后期，表明干旱对植被生长季前期影响大于后期。SPEI6 和 SPEI12 尺度不同时期与 NDVI 相关关系变化较小，这与之前研究这两个尺度季节变化差异不明显相印证(图 10.11—10.14)。

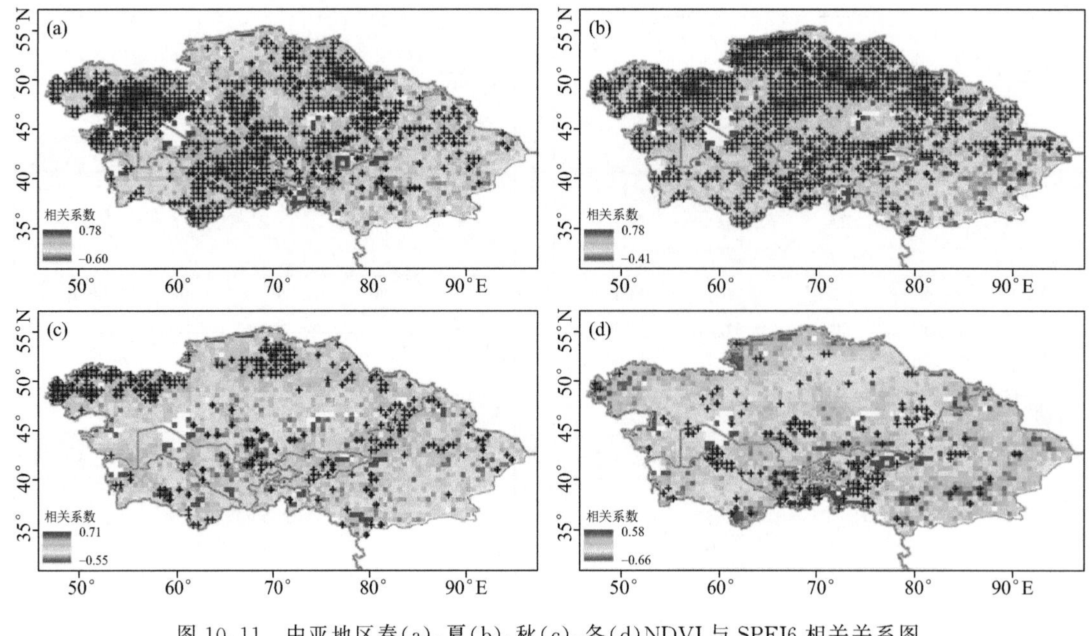

图 10.11 中亚地区春(a)、夏(b)、秋(c)、冬(d)NDVI 与 SPEI6 相关关系图

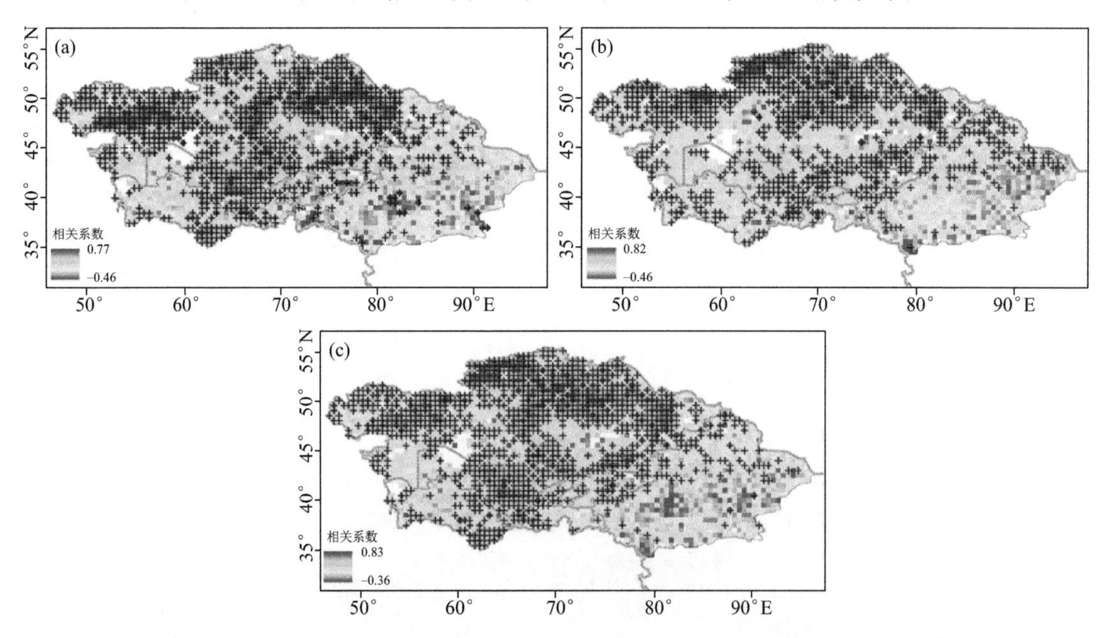

图 10.12 中亚地区生长季前期(a)、后期(b)、生长季(c)NDVI 与 SPEI6 相关关系图

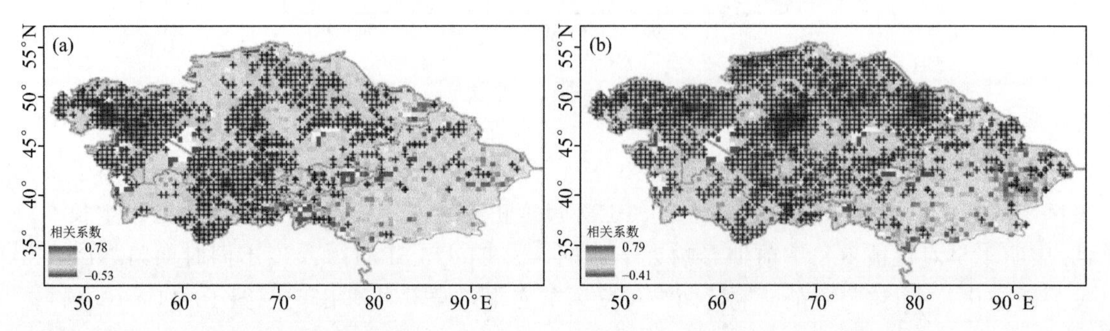

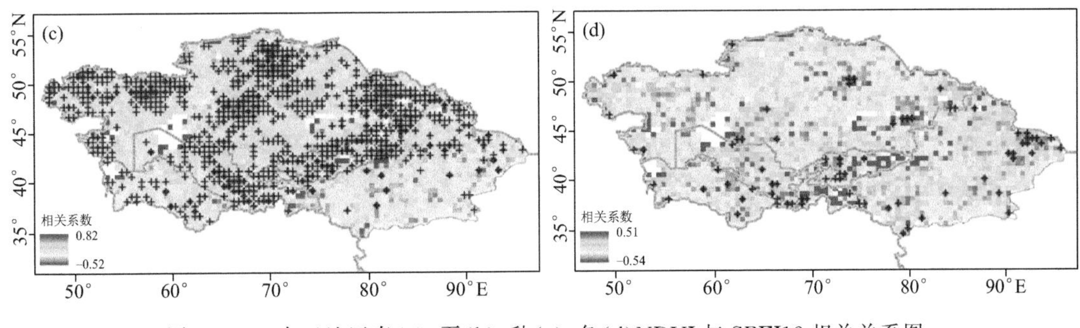

图 10.13　中亚地区春(a)、夏(b)、秋(c)、冬(d)NDVI 与 SPEI12 相关关系图

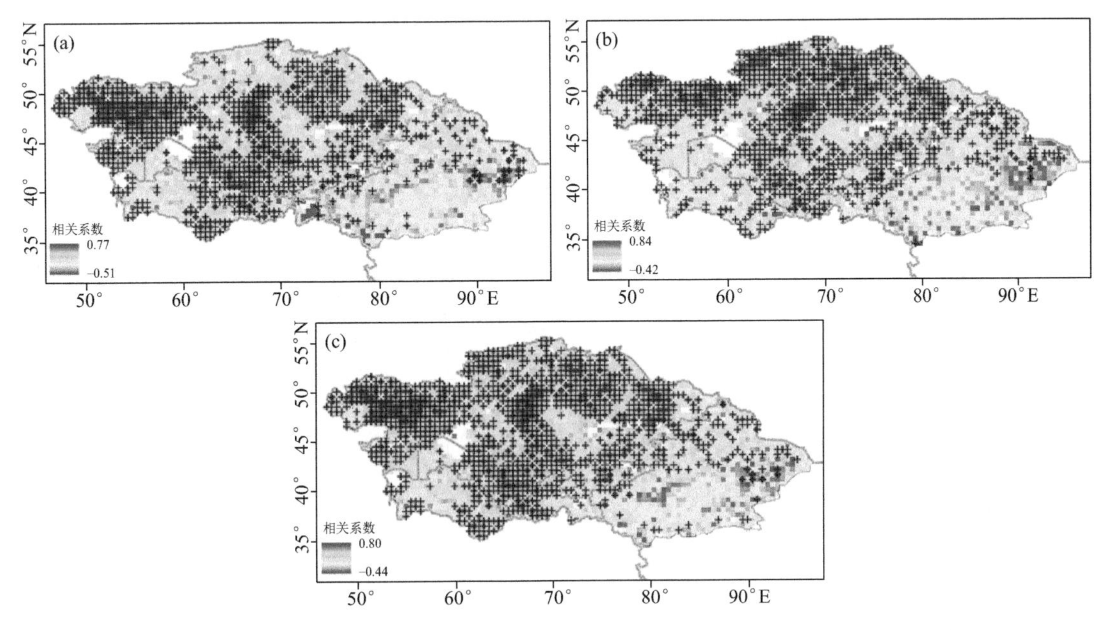

图 10.14　中亚地区生长季前期(a)、后期(b)、生长季(c)NDVI 与 SPEI12 相关关系图

10.5　荒漠化综合驱动因子分析

对中亚地区统计数据进行收集，获取 1992—2015 年各区域的社会经济数据，利用各类社会经济数据及气象数据与各年份荒漠面积构建模型(Feng et al.，2015)，计算各类因子对荒漠化的贡献率。中亚五国和中国新疆各区域各因子贡献率存在差异，故分别进行计算，模型构建计算结果如图 10.15 所示。各区域之间贡献率情况存在明显差异，但存在的共同点为人类活动因素是引起中亚荒漠化的主要成因。而对应各地区成因不同需要对各地区社会经济、政府政策等角度进行详细分析，从 BD 分析的角度，解析荒漠化环境的成因，具有综合性与客观性。

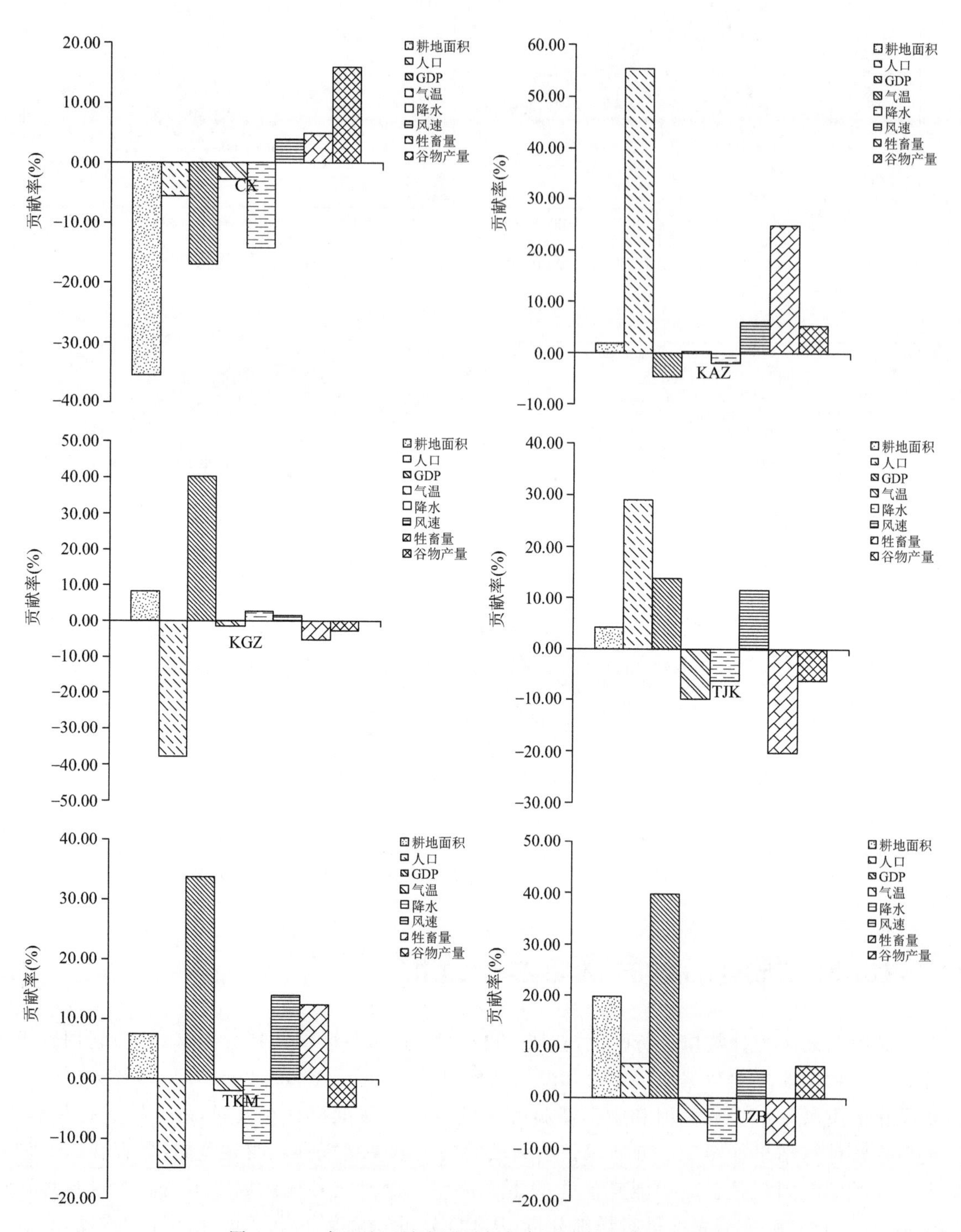

图 10.15　中亚地区社会因子与气象因子对荒漠化贡献率

第 11 章　碳-水耦合与中亚资源环境承载能力

如前所述，RECC 是一个综合性的概念，它一方面强调资源与环境两者之间关系密切，反映了资源环境化与环境资源化的丰富内涵，另一方面又明确其是自然要素的综合体，具有双重属性。从广义上而言，RECC 主要是指在特定时空条件下，区域资源、环境要素对经济社会的承受能力，由承载体、承载对象及承载率三个要素组成，强调人口、资源、环境之间的协调发展。有鉴于此，本研究针对中亚能源消费及水资源利用等核心问题，基于多源统计数据、C-W 足迹模型以及能值分析方法，定量评估中亚地区 RECC。针对 RECC 评价结果，提出适应气候变化的中亚资源环境承载模式，为中亚地区能源资源开发与水资源有序利用提供科学依据。

11.1　能源消费的 CFP 变化

中亚地区蕴藏富厚的能源资源，能源开发潜力巨大。里海地区是全球举世瞩目的“能源生命线”，尤以石油和天然气资源（油气资源）最负盛名。能源碳排放主要是指煤、石油、天然气等能源向大气中排放 CO_2、CH_4 等温室气体的过程。CFP 是描述某一产品在其生命周期内排放 CO_2、CH_4 等温室气体的含量，用于评估温室气体排放对环境的影响效应问题。

11.1.1　能源碳排放特征

基于 IPCC 排放清单及研究区能源消费数据，估算中亚各国及新疆地区的 CE（碳排放量）。其表达式如下：

$$C_t = \sum Q_i \times \alpha_i \times \beta_i \tag{11.1}$$

式中，C_t 为 CE，Q_i 为各类能源的消费量，α 为各类能源的标准煤折算系数，β 为各类能源的碳排放系数。α 和 β 的取值参照相关文献确定（Lubetsky et al.，2006；Dong et al.，2014；吴文佳等，2014）。选取煤、油、气、电力等 8 类能源作为核算指标，数据主要来源于中华人民共和国驻哈萨克斯坦、乌兹别克斯坦、土库曼斯坦、吉尔吉斯斯坦、塔吉克斯坦经济商务参赞处以及中亚五国统计部门与中国新疆统计局。

1992—2013 年 ACA CE 的时间变化特征，如图 11.1a，11.1b 所示。CE 的年均值为 110.93×10^6 t，其中 2013 年 CE 达到 150.68×10^6 t 的最大值，而 1997 年出现 CE 为 83.56×10^6 t 的最小值，研究时段内 CE 的变化曲线整体呈上升趋势，上升幅度约为 2.34×10^6 t/a（$p<0.05$），特别是 1999 年以来 CE 的上升趋势加快，达到 4.87×10^6 t/a（$p<0.05$）（图 11.1a）。人均 CE 的年均值为 1.67 t/人，其中 1992 年人均 CE 达到最大值 2.28 t/人，而 1997 年出现最小值 1.36 t/人，研究时段内人均 CE 的变化曲线整体呈上升趋势，但增幅不明显（$p>0.05$），仅为 0.003 t/（人 · a）（图 11.1b）。

空间尺度上，CE 和人均 CE 的变化特征，如图 11.1c，11.1d 所示。以 CE 为例，哈萨克斯坦的 CE 最高，达到了 50.03×10^6 t，其次是土库曼斯坦，CE 为 31.01×10^6 t，而吉尔吉斯斯坦

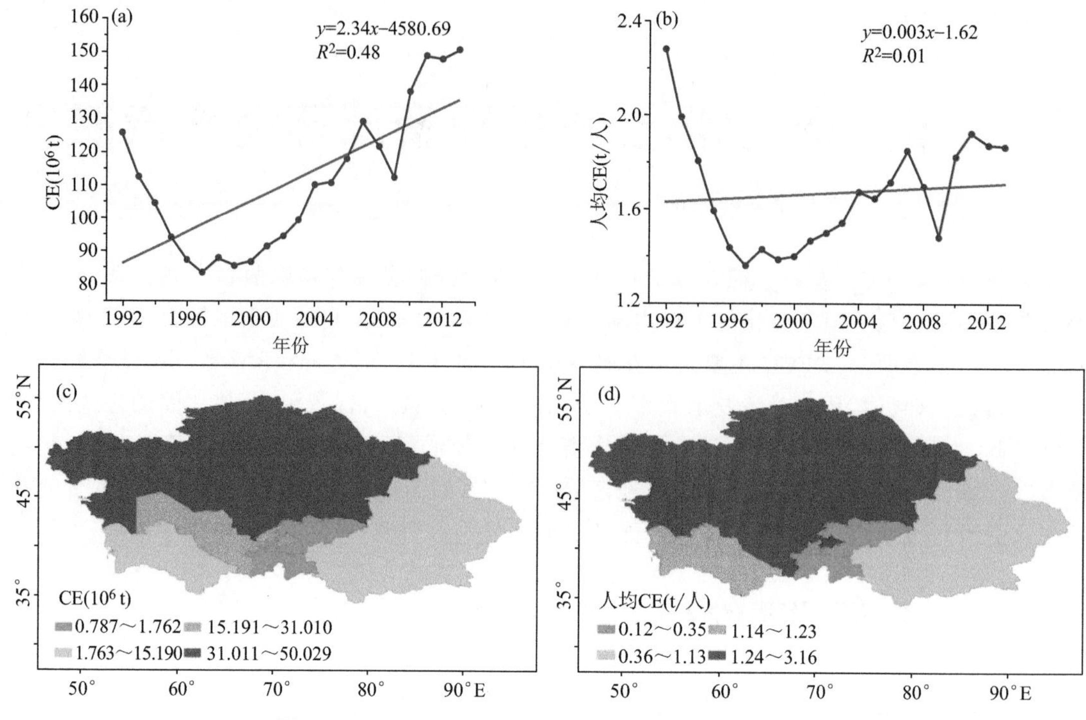

图 11.1　ACA CE 的时间(a,b)及空间(c,d)变化特征

(a、c:CE;b、d:人均 CE)

和塔吉克斯坦 CE 相对较低,两国仅占 ACA 碳排放总量的 1.59%和 0.70%。就人均 CE 而言,哈萨克斯坦和土库曼斯坦的人均 CE 相对较高,分别为 3.16 t/人和 2.60 t/人,其次是乌兹别克斯坦和新疆地区,分别为 1.23 t/人和 1.13 t/人,而吉尔吉斯斯坦和塔吉克斯坦的人均 CE 较低,不足 0.5 t/人。

总体而言,哈萨克斯坦、土库曼斯坦、乌兹别克斯坦及中国新疆地区 CE 和人均 CE 相对较高,这与中亚油气资源储量的空间分布密切相关。以中亚五国为例,中亚地区的油气资源主要集中于哈萨克斯坦、土库曼斯坦、乌兹别克斯坦三国,其中石油和天然气的储量分别占中亚地区的 61%、70%和 90%以上。吉尔吉斯斯坦、塔吉克斯坦两国虽然油气资源储量不高,但却是重要的交通要塞。表 11.1 列出了中亚五国的优势能源。中亚哈萨克斯坦、土库曼斯坦、乌兹别克斯坦三国现存石油储量为 4.1×10^{9} t,占全球石油储量的 1.9%(表 11.1)。其中,哈萨克斯坦的石油储量最高,占全球总储量的 1.8%。在天然气方面,哈萨克斯坦、土库曼斯坦、乌兹别克斯坦三国现存天然气储量为 2.78×10^{13} t,占全球天然气储量的 13.4%(表 11.1)。其中土库曼斯坦的天然气储量最高,占全球总储量的 11.7%。

表 11.1　中亚五国的优势能源

国家	优势能源	石油储量占全球比重(%)	天然气储量占全球比重(%)
哈萨克斯坦	石油、天然气、煤炭、铀	1.8	0.9
吉尔吉斯斯坦	水力、煤炭	—	—
塔吉克斯坦	水力、褐煤、铀	—	—
土库曼斯坦	石油、天然气、煤炭	0.05	11.7
乌兹别克斯坦	石油、天然气、煤炭、铀	0.05	0.80

11.1.2　能源 CFP 变化

根据 CE 与化石能源用地的转换关系，并参照前人的研究成果(Lubetsky et al.，2006)，估算了 ACA 1992—2013 年 CFP(碳足迹)的时间变化特征，结果如图 11.2a,11.2b 所示。CFP 的年均值为 14.75×10^6 hm^2，其中 2013 年 CFP 达到了 18.76×10^6 hm^2 的最大值，而 1997 年出现了 11.37×10^6 hm^2 的最小值，研究时段内 CFP 的变化曲线整体呈上升趋势，上升幅度约为 0.2×10^6 hm^2($p<0.05$)，特别是 1999 年以来 CFP 的上升趋势较快，达 0.51×10^6 hm^2/a($p<0.05$)。人均 CFP 的年均值为 0.26 hm^2/人，其中 1992 年人均 CFP 达到最大值(0.35 hm^2/人)，而 1997 年出现最小值(0.21 hm^2/人)，研究时段内人均 CFP 的变化曲线整体呈上升趋势，但增幅不明显($p>0.05$)，仅为 0.001 hm^2/(人・a)。

空间尺度上而言，ACA CFP 和人均 CFP 的变化特征，如图 11.2c,11.2d 所示。以 CFP 为例，哈萨克斯坦的 CFP 最高，达到了 7.71×10^6 hm^2，其次是土库曼斯坦，CFP 约为 4.78×10^6 hm^2，而吉尔吉斯斯坦和塔吉克斯坦 CFP 相对较低，两国的 CFP 均不超过 0.5×10^6 hm^2。就人均 CFP 而言，哈萨克斯坦和土库曼斯坦的人均 CFP 相对较高，分别为 0.49 hm^2/人和 0.40 hm^2/人，其次是乌兹别克斯坦和新疆地区，分别为 0.19 hm^2/人和 0.17 hm^2/人，而吉尔吉斯斯坦和塔吉克斯坦的人均 CFP 相对较低，不足 0.08 hm^2/人。总体而言，哈萨克斯坦、土库曼斯坦、乌兹别克斯坦及中国新疆地区的 CFP 和人均 CFP 相对较高，这与该地区能源 CE 的分布状况密切相关。

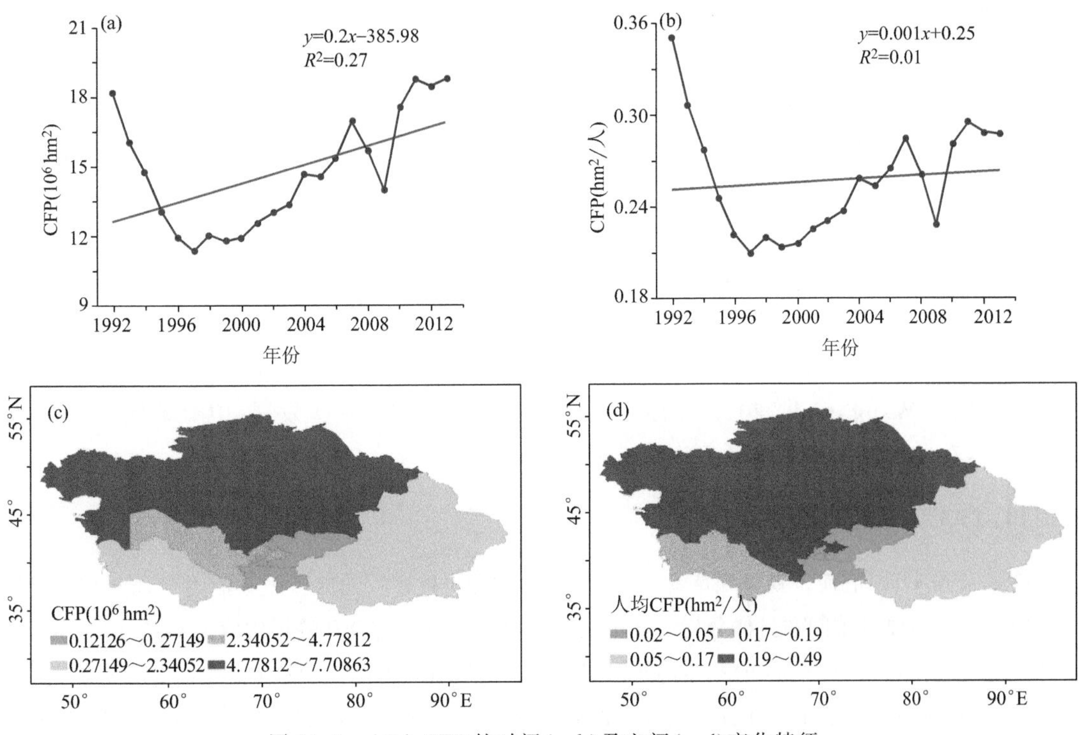

图 11.2　ACA CFP 的时间(a,b)及空间(c,d)变化特征

(a、c:CFP;b、d:人均 CFP)

根据可拓展的随机性的环境影响评估模型(STIRPAT)的参数要求，选择人口数量、人均 GDP 等指标进一步分析它们与 CFP 之间的内在关系(I)。其表达式如下：

$$I = \alpha \times P^b \times A^c \times T^d \times e$$
$$\ln I = \ln\alpha + b\ln P + c\ln A + d\ln T + \ln e \quad (11.2)$$

式中，α 为常数项，b、c、d 分别代表人口数量 P、人均 GDP A 和技术进步 T 等指标的指数，e 为误差。

如表 11.2 所示，中亚地区 CFP 与所选的 3 个指标之间都存在较好的相关性（$p<0.05$），相关系数排序依次为人口数量、人均 GDP 和 CFP 强度。

表 11.2　ACA CFP 与人口和 GDP 的相关系数

指标	CFP	人口数量	人均 GDP	CFP 强度
CFP（10^4 hm^2）	1			
人口数量（10^4 人）	**0.77**	1		
人均 GDP（10^4 USD/人）	**0.61**	**0.95**	1	
CFP 强度（$hm^2/10^4$ USD）	**−0.56**	**−0.95**	**−0.89**	1

注：黑体数字表示通过 $\alpha=0.05$ 的显著性检验。

在 MATLAB 软件中，运用岭回归（ridge regression）函数对 STIRPAT 模型进行拟合。岭回归是一种专用于共线性数据分析的有偏估计回归方法，实质上是一种改良的最小二乘估计法，通过放弃最小二乘法的无偏性，以损失部分信息、降低精度为代价获得回归系数更为符合实际、更可靠的回归方法。在本研究中结果如下：

$$\ln I = -0.41 + 0.59 \times \ln P + 0.17 \times \ln A + 0.03 \times (\ln A)^2 + 0.55 \times \ln T \quad (11.3)$$

由拟合方程可以看出，人口数量、人均 GDP 和技术进步等因素对 CFP 均为正影响，即人口数量增多、人均 GDP 增加和技术进步会引起 CFP 增加。其中，人口数量对 CFP 影响较大，这与表 11.2 的结果相似。在不考虑其他因素的情况下，人口数量每增加 1%，CFP 会相应增加 0.59%；人均 GDP 和技术进步等因素对 CFP 的影响次之。虽然人均 GDP 的弹性系数较小，为 0.17，但 ACA 人均 GDP 增幅显著，即从 1992 年的 0.08×10^4 USD/人增加到 2013 年的 0.51×10^4 USD/人，增幅达 0.02×10^4 USD/(人・a)（$p<0.05$），反映了伴随社会经济的进一步发展，中亚地区 CFP 仍呈上升趋势。此外，技术进步并未从根本上缓解 CFP 增加的势头，主要原因是中亚的能源消费多以煤和石油为主，且大多是煤直接燃烧排放的粗放型工业模式。

此外在拟合方程中，$(\ln A)^2$ 的弹性系数为 0.03，说明截至目前还未出现倒“U”型环境库兹涅茨曲线[①]（Wang et al.，2015）。伴随着区域经济社会的进一步发展，中亚地区 CFP 仍呈上升趋势，在此背景下中亚地区实施碳减排的压力巨大。

11.1.3　CD 与碳压力

全球尺度上，一般而言森林和草地是公认的生物碳汇，具有较强的碳吸收能力。而耕地既是碳源，也是碳汇，需要具体问题具体分析。如前文所述，研究时段内 NEP 的年均值为 -3.54 gC/(m^2・a)，整体表现出弱的碳源特征，但林地仍然保持弱的碳汇特征，变幅为 0.90 gC/[(m^2・a)・10 a]。

ACA 林地和草地面积的比例，如图 11.3 所示。以林地面积占比为例，土库曼斯坦为 4128 km^2 最大，约占本国面积的 8.79%；其次为乌兹别克斯坦，约占本国面积的 7.55%；中国新疆、吉尔吉斯斯坦和塔吉克斯坦紧随其后，其比例介于 2.91%～4.70%；而哈萨克斯坦尽管绝对面积较

① 环境库兹涅茨曲线（EKC）是表达环境质量与人均收入间关系的曲线；EKC 揭示出环境质量起初随着收入增加而退化，收入水平上升到一定程度后随收入增加而改善，即环境质量与收入为倒“U”型关系。

大，为 3363 km^2，但其所占比例最低，仅为 1.26%。就草地面积而言，哈萨克斯坦为 1846285 km^2，面积最大，约占本国面积的 68.40%；土库曼斯坦、乌兹别克斯坦和吉尔吉斯斯坦的面积比例也相对较高；而塔吉克斯坦草地面积为 37014 km^2，面积最小，所占比例为 26.45%，也属最低。

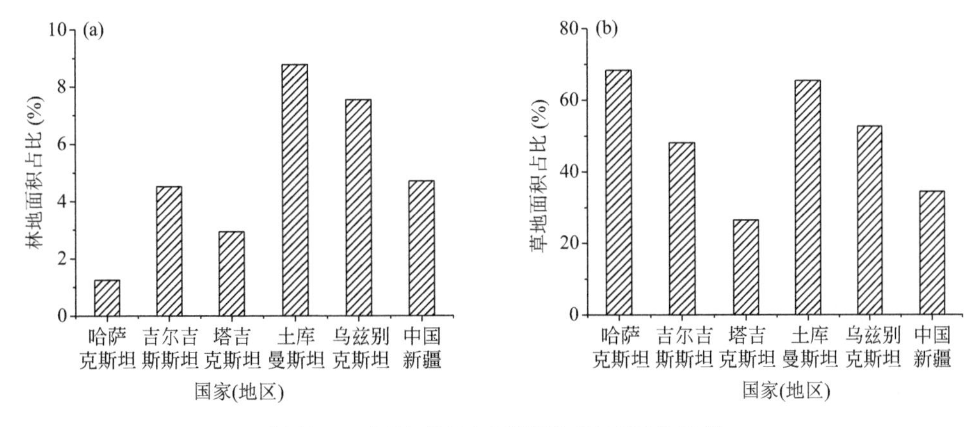

图 11.3　ACA 林地(a)和草地(b)面积的比例

ACA 1992—2013 年 CD(碳赤字)的时间变化特征，如图 11.4a，11.4b 所示。CD 的年均值为 14.13×10^6 hm^2，其中 2013 年 CD 达到了 20.26×10^6 hm^2 的最大值，而 1997 年出现了 9.91×10^6 hm^2 的最小值。研究时段内 CD 的变化曲线整体呈上升趋势，幅度约为 0.36×10^6 hm^2($p<0.05$)，特别是 1999 年以来 CD 的上升趋势较快，达 0.75×10^6 hm^2/a($p<0.05$)(图 11.4a)。人均 CD 的年均值为 0.21 hm^2/人，其中 1992 年人均 CD 达到 0.30 hm^2/人的最大值，而 1997 年出现 0.16 hm^2/人的最小值；研究时段内人均 CD 的变化曲线整体呈上升趋势，但增幅不明显($p>0.05$)，仅为 0.001 hm^2/(人·a)(图 11.4b)。

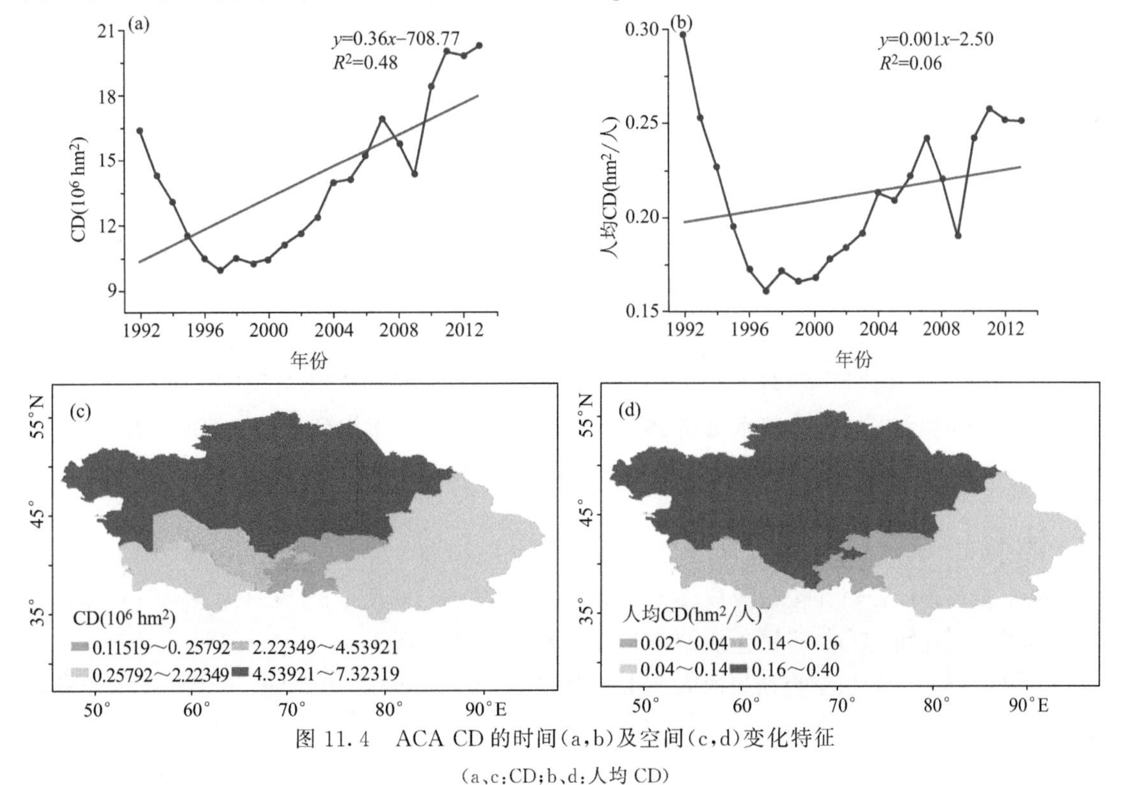

图 11.4　ACA CD 的时间(a，b)及空间(c，d)变化特征

(a、c：CD；b、d：人均 CD)

空间尺度 ACA CD 和人均 CD 的变化特征，如图 11.4c，11.4d 所示。以 CD 为例，哈萨克斯坦的 CD 最高，达到了 7.32×10^6 hm^2；其次是土库曼斯坦，CD 约为 4.54×10^6 hm^2；而吉尔吉斯斯坦和塔吉克斯坦 CD 相对较低。就人均 CD 而言，哈萨克斯坦和土库曼斯坦的人均 CD 相对较高，分别为 0.40 hm^2/人和 0.33 hm^2/人；其次是乌兹别克斯坦和中国新疆，分别为 0.16 hm^2/人和 0.14 hm^2/人；而吉尔吉斯斯坦和塔吉克斯坦的人均 CD 相对较低，不足 0.07 hm^2/人。总体而言，ACA CFP 较大，而碳承载力较小，造成 CD 水平较高。

碳压力是指区域能源消费碳排放量与碳承载力之间的比值。若碳压力指数>1，表明碳排放量大于碳承载力，处于碳压力超载状态；若碳压力指数<1，则表明碳排放量在其碳吸收能力的可承受范围内，区域存在碳盈余；若碳压力指数=1，则碳排放量与碳承载力相等，区域位于超载的临界点。研究时段内 ACA 碳压力的变化特征，如图 11.5 所示。碳压力年均值为 5.72，其中 2011 年碳压力最大，为 7.28；而 1997 年出现碳压力最小值 4.41。总体而言，中亚地区碳压力较高，碳减排难度也相对较大。空间尺度上，哈萨克斯坦和乌兹别克斯坦的碳压力较高，其次是土库曼斯坦和中国新疆，而吉尔吉斯斯坦和塔吉克斯坦两国碳压力相对较低。

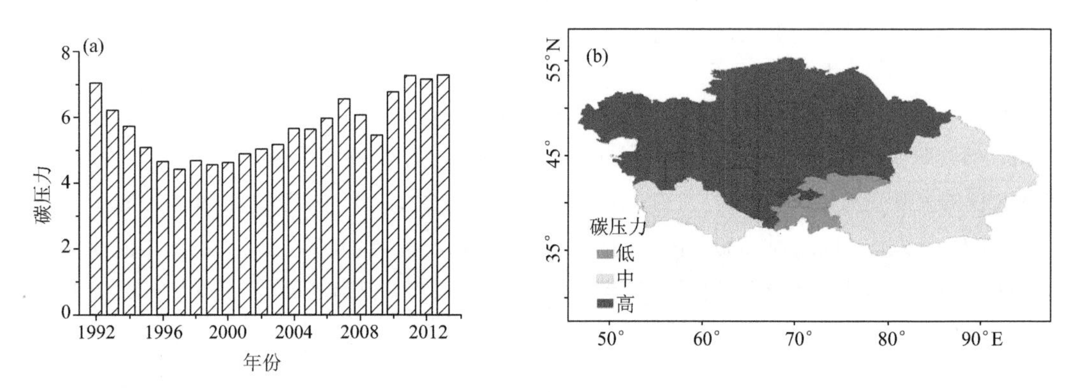

图 11.5　ACA 碳压力的时间(a)及空间(b)变化特征

11.2　WFP 与水资源量特征

作为水资源占用的综合指标，WFP(水足迹)涵盖了人类生产生活用水与农作物及动物的虚拟用水等多方面(Hoekstra et al.，2012；Lovarelli et al.，2016)。根据用水对象的不同，WFP 可以分为农业生产/消费 WFP、工业生产/消费 WFP、动物生产 WFP 等；根据水资源类型的不同，WFP 也可以分为蓝水足迹、绿水足迹及灰水足迹。考虑到数据获取的难易程度，本研究选择 2010 年 ACA 的统计资料，对不同行业、不同类型的 WFP 状况进行估算与分析。

11.2.1　生产 WFP 特征

基于多源统计资料并按行业属性的不同，初步估算了 ACA 生产 WFP 的特征，具体涉及农业、畜牧业、动物、工业、居民生活的 WFP，结果如图 11.6 所示。

如图 11.6a 所示，哈萨克斯坦的农业生产 WFP 最高，为 63089.27 Mm^3/a，其中绿水足迹占比最高，达到了 85.87%，蓝水足迹紧随其后，约占 13.52%，而灰水足迹占比最低。吉尔吉斯斯坦也表现出类似的特征，即绿水足迹>蓝水足迹>灰水足迹，其农业生产 WFP 约为 8237 Mm^3/a。

除哈萨克斯坦和吉尔吉斯斯坦外，其他国家(地区)均表现为蓝水足迹最高、绿水足迹其次、而灰水足迹最低的特征，这在一定程度上反映了中亚大多数地区的农业生产以蓝水为主，属灌溉农业区，其中乌兹别克斯坦和中国新疆地区的蓝水足迹所占比例较大，分别为 35.25% 和 26.17%。

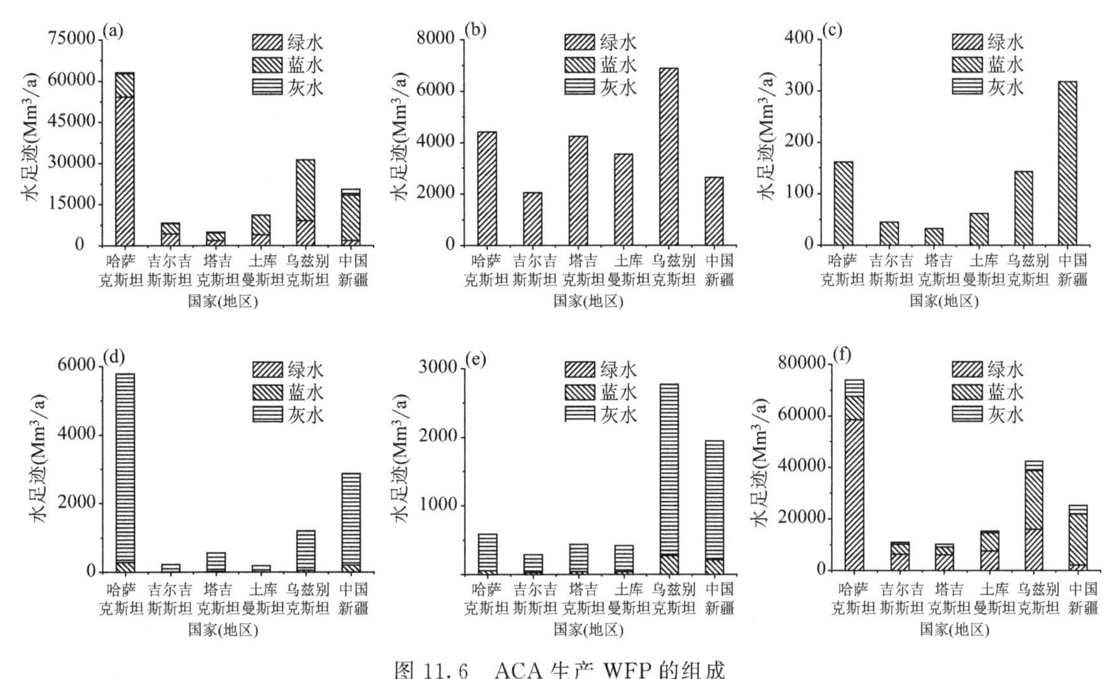

图 11.6　ACA 生产 WFP 的组成

(a:农业 WFP;b:畜牧业 WFP;c:动物 WFP;d:工业 WFP;e:居民供水 WFP;f:总 WFP)

如图 11.6b 所示，乌兹别克斯坦的畜牧业 WFP 最高(绿水足迹)，为 6881.34 Mm^3/a，其次为哈萨克斯坦和塔吉克斯坦，均在 4000 Mm^3/a 以上，而吉尔吉斯斯坦畜牧业 WFP 最小，为 2052.39 Mm^3/a。在动物 WFP 方面(图 11.6c)，中国新疆地区的 WFP 最高(蓝水足迹)，为 317.67 Mm^3/a，其次为哈萨克斯坦和乌兹别克斯坦，均在 140 Mm^3/a 以上，而塔吉克斯坦动物 WFP 最小，为 32.26 Mm^3/a。

在工业生产 WFP 方面(图 11.6d)，哈萨克斯坦的 WFP 最高，为 5780.32 Mm^3/a，其中灰水足迹占比最大，为 95.0%，蓝水足迹最小，约占 5.0%。其他国家(地区)也均表现出灰水足迹明显高于蓝水足迹的特征(灰水足迹是蓝水足迹 13.87 倍以上)。在居民供水的 WFP 方面(图 11.6e)，中亚地区也均表现出灰水足迹明显高于蓝水足迹的特征，灰水足迹是蓝水足迹 8 倍以上。

就中亚地区总水足迹而言(图 11.6f)，哈萨克斯坦 WFP 最高，为 74038.08 Mm^3/a；其次为乌兹别克斯坦，达到了 42313.38 Mm^3/a；而吉尔吉斯斯坦和塔吉克斯坦 WFP 相对最低，不足 11000 Mm^3/a。从 WFP 构成上看，乌兹别克斯坦和中国新疆地区呈现出蓝水足迹>绿水足迹>灰水足迹的特征，而其他国家均表现出绿水足迹>蓝水足迹>灰水足迹的特征，反映了中亚地区生产 WFP 具有一定的区域性差异(图 11.6f)。

ACA 人均/地均生产 WFP 的空间特征，如图 11.7 所示。以人均生产 WFP 为例(图 11.7a)，哈萨克斯坦人均生产 WFP 最高，为 4883.65 m^3/人；其次为土库曼斯坦，达到了

4461.38 m^3/人；而中国新疆地区人均生产 WFP 相对较小。如图 11.7b 所示，乌兹别克斯坦地均生产 WFP 最高，为 94576.18 m^3/km^2；其次为吉尔吉斯斯坦和塔吉克斯坦，约在 54000 m^3/km^2 以上；而中国新疆地均生产 WFP 相对较小。

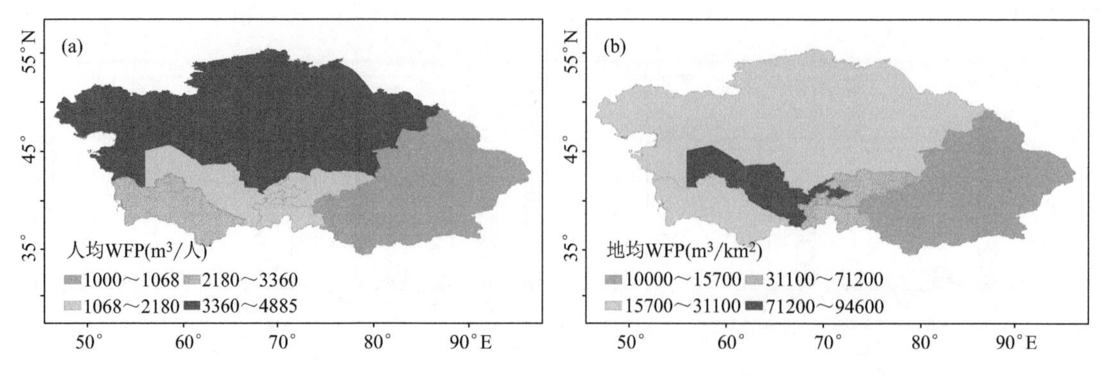

图 11.7 ACA 人均(a)及地均(b)生产 WFP 的空间变化特征

11.2.2 消费 WFP 特征

基于多源统计资料，并按行业属性的不同初步估算了 ACA 消费 WFP 的特征，具体涉及农业、工业、居民生活的 WFP，结果如图 11.8 所示。

如图 11.8a 所示，哈萨克斯坦的农业消费 WFP 最高，为 33078.47 Mm^3/a，其中绿水足迹占比最高，为 82.12%；其次是蓝水足迹，约占 16.53%；而灰水足迹占比最低。除中国新疆外，中亚五国均表现出绿水足迹＞蓝水足迹＞灰水足迹的变化特征，绿水足迹所占比例介于 65.79%～82.12%。

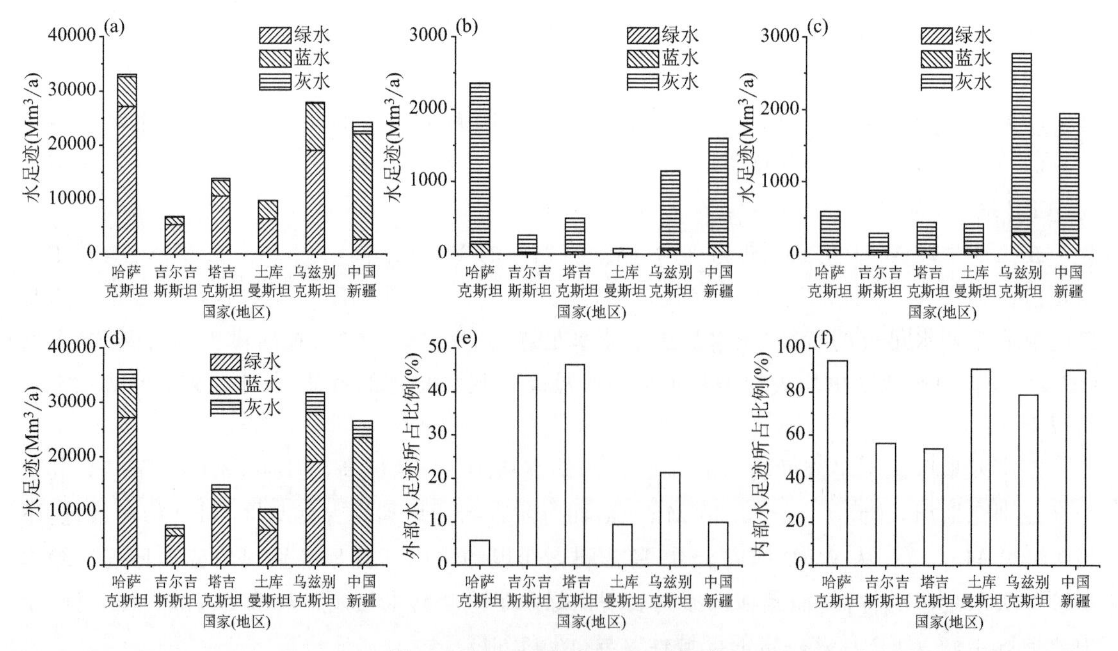

图 11.8 ACA 消费 WFP 的组成

(a：农业 WFP；b：工业 WFP；c：居民供水 WFP；d：总 WFP；e：外部 WFP 占比；f：内部 WFP 占比)

如图 11.8b 所示，哈萨克斯坦的工业 WFP 最高，为 2358.07 Mm^3/a；其次为乌兹别克斯坦和中国新疆地区，消费 WFP 均在 1100 Mm^3/a 以上；而土库曼斯坦工业 WFP 最小，不足 100 Mm^3/a。此外在工业 WFP 中，灰水足迹明显高于蓝水足迹的特征，灰水足迹是蓝水足迹的 8.79～18.22 倍。在居民用水的 WFP 方面（图 11.8c），乌兹别克斯坦和中国新疆地区的 WFP 较高，大于 1900 Mm^3/a，并且灰水足迹明显高于蓝水足迹，灰水足迹是蓝水足迹的 7.92～9.22 倍。

就中亚地区总水足迹而言（图 11.8d），哈萨克斯坦 WFP 最高，其次是乌兹别克斯坦和中国新疆地区，它们总消费 WFP 普遍在 26556.38 Mm^3/a 以上，而吉尔吉斯斯坦、塔吉克斯坦和土库曼斯坦的 WFP 相对较低，介于 7439.59～14803.54 Mm^3/a。由于消费 WFP 可以分为进口和出口两部分，综合图 11.8e—11.8f 可知，吉尔吉斯斯坦和塔吉克斯坦的外部 WFP 所占比例较高，均超过了 42%；而哈萨克斯坦和土库曼斯坦主要以内部 WFP 为主，所占比例超过了 90%。这种差异在一定程度上体现了中亚地区消费 WFP 的来源具有多样性的特征。

以人均消费 WFP 为例，哈萨克斯坦和塔吉克斯坦人均消费 WFP 相对较高，均超过了 2300 m^3/人；其次为土库曼斯坦（2273.62 m^3/人）；而中国新疆人均消费 WFP 相对最小。同时，乌兹别克斯坦和塔吉克斯坦地均消费 WFP 相对较高，超过了 70000 m^3/km^2；其次为吉尔吉斯斯坦，约在 35000 m^3/km^2 以上；而哈萨克斯坦和中国新疆地区的地均消费 WFP 相对较小，低于 17000 m^3/km^2。

11.2.3　水资源短缺状况

按照 Hoekstra 等（2012）的定义，以流域尺度作为基本单元，根据蓝水可用量与蓝水足迹之间的关系，分析中亚地区主要流域的水资源短缺状况。表 11.3 和图 11.9a 分别列出了 ACA 主要流域的基本信息及其地理位置（Karthe et al.，2015；陈曦 等，2015）。如表 11.3 所示，咸海流域面积最大，为 123.3 万 km^2，人口也最多，为 4154 万人；其次为塔里木河流域，面积为 105.2 万 km^2，人口 931 万人；而伊塞克湖流域面积最小，为 19.1 万 km^2，人口也最少，仅有 333 万人。

表 11.3　ACA 主要流域概况

流域	面积（万 km^2）	人口数量（万人）	主要水系
乌拉尔河流域	33.9	406	乌拉尔河、乌伊尔河等
咸海流域	123.3	4154	锡尔河、阿姆河等
巴尔喀什湖流域	42.4	518	伊犁河、阿拉尔湖、巴尔喀什湖等
伊塞克湖流域	19.1	333	伊塞克湖等
塔里木河流域	105.2	931	叶尔羌河、和田河、阿克苏河等

咸海流域逐月平均径流量最大，为 11001.01 Mm^3/mon；而塔里木河流域逐月平均径流量最小，仅为 1143.59 Mm^3/mon。径流量年内分配呈现出不均匀的特征，咸海流域在 5 月份达到最大，为 23937.13 Mm^3/mon，而在 12 月份出现最小径流量，为 1541.54 Mm^3/mon。与咸海流域类似，其他流域也表现出相似的分配特征，即在春季出现径流量的最大值，而在冬季出现最小值。

根据流域所属行政单元的统计资料，初步估算了流域尺度上中亚地区的蓝水足迹特征，如图 11.9 所示。由图 11.9a 可知，咸海流域蓝水足迹最高，为 34654.24 Mm^3/a；其次是塔里木河流域，大于 8000 Mm^3/a；而乌拉尔河流域蓝水足迹最低，不足 1500 Mm^3/a。就人均 WFP 而言，咸海流域、塔里木河流域及伊塞克湖流域的人均蓝水足迹相对较高，且均超过了 800 m^3/人；而巴尔喀什湖流域和乌拉尔河流域的人均蓝水足迹相对较小，不足 650 m^3/人。咸海流域的地均蓝水足迹最高，达到 28105.63 m^3/km^2，约是乌拉尔河流域（地均蓝水足迹最小）的 7.52 倍；除咸海流域和乌拉尔河流域外，其他流域的地均蓝水足迹都在 7000 m^3/km^2 以上。按照 Hoekstra 等（2012）的定义，以蓝水足迹与蓝水可用量的比值作为水资源短缺的判断指标。如图 11.9d 所示，伊塞克湖流域的蓝水足迹与蓝可用量的比值为 0.76，说明蓝水足迹明显小于蓝水可用量，现有的水资源量能满足正常 WFP 需求。除伊塞克湖流域外，其他流域均存在不同程度的水资源短缺问题。其中，乌拉尔河流域水资源短缺问题较轻，而咸海流域、塔里木河流域及巴尔喀什湖流域存在较严重的水资源短缺，尤以咸海流域最为严重。

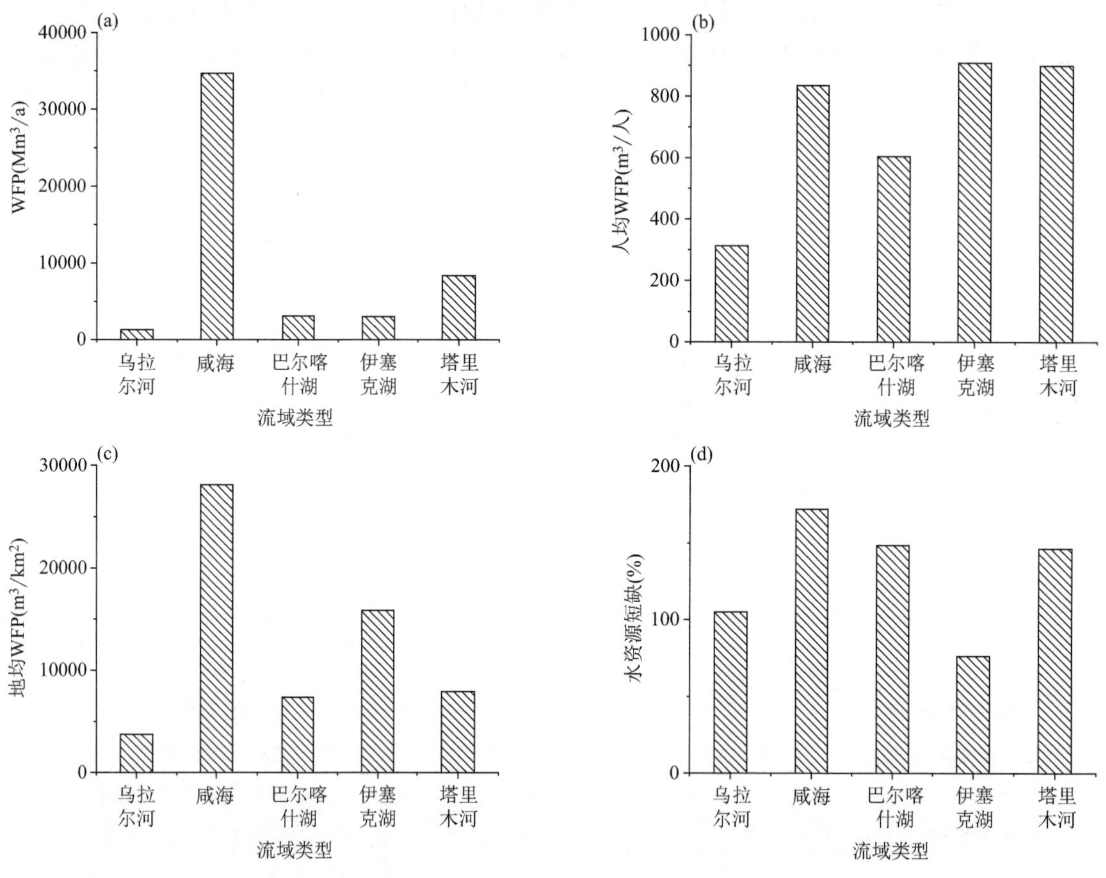

图 11.9　流域尺度 ACA WFP（a—c）及水资源短缺（d）特征

（a：WFP；b：人均 WFP；c：地均 WFP）

11.3　资源环境系统能值分析

针对中亚地区的能源与水资源问题，前面已从 C-W 足迹的角度分别对区域 CD 及水资源短缺状况进行了分析。但资源环境在一定程度上是自然要素的综合体，单要素之间由于其各自所表征对象及其量纲的不同，可能会对资源环境效应评估造成一定的困难。针对这一问题，在借鉴生态经济学的基础上，基于能值理念与方法分析中亚地区资源环境效应。

11.3.1 能值分析的总体框架

在传统意义上，生态经济系统是由多要素构成的复杂开放系统（图 11.10），兼具自然与社会的双重属性，包括资源环境系统与社会经济系统。在资源环境系统中，既包括资源组分，又含有环境组分。在人类活动的影响下，社会经济系统从资源环境系统中获得各类资源，促进经济社会发展，但同时也对资源环境系统产生一定的正/负效应。能值理念与方法能够为分析生态经济系统提供有效的途径，它是美国佛罗里达大学 Odum 教授最早提出的，并不断地得到完善与发展（Odum et al.，1996；Jorgensen et al.，2004）。其基本思想是将生态系统中不易做比较的要素通过能值形式表现出来，进而达到可比的目的。通过能值分析，可以较好地研究生态系统物质组成与能量流动的特征（王让会，2008）。

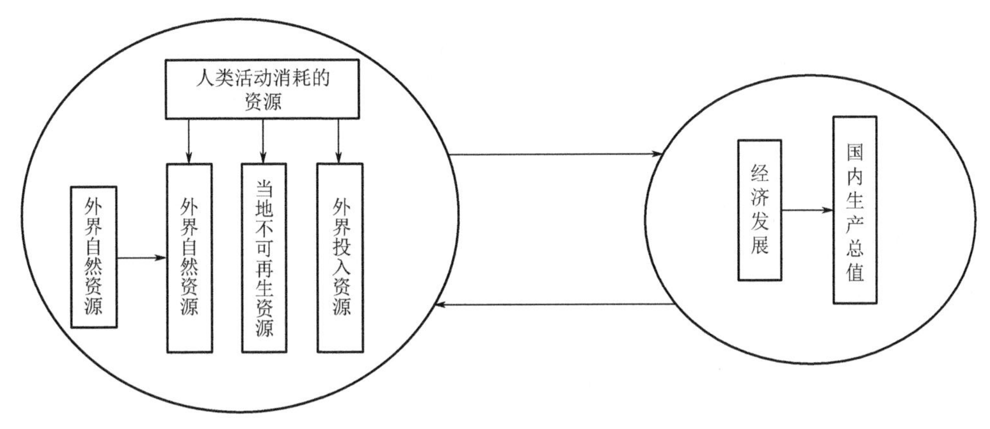

图 11.10　生态经济系统概念模型

作为一个典型的开放系统，其能值流动过程也相对复杂（图 11.11），基本输入端包括如下 3 类：可再生资源，如传统自然要素资源（光、温、水等）以及农副产品（实物）等；不可再生资源，如煤炭、石油及矿产资源等；外界投入资源，包括进口的产品（实物）等。

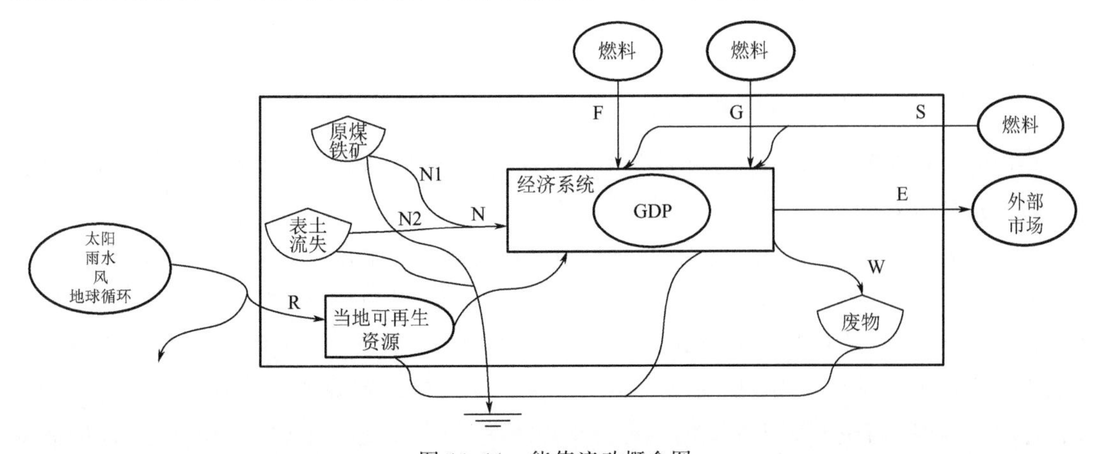

图 11.11　能值流动概念图

针对图 11.11 资源环境系统的能值流动过程及其特征，细化其系统内 3 种能量流动的形式，可以将资源环境系统内的各单要素有机地耦合起来，具体如图 11.12 所示。

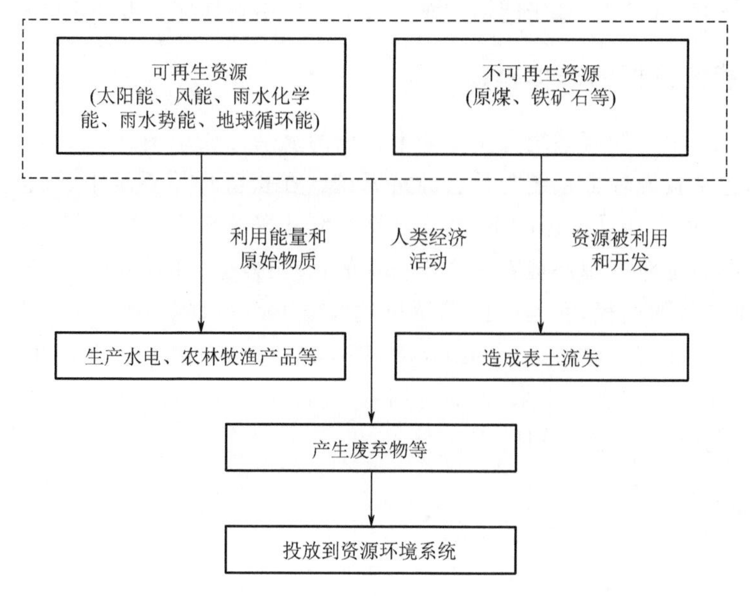

图 11.12　资源环境系统内的能量流动的耦合关系

如前文所述，足迹是量化人类活动对地球环境需求与影响的重要途径，现已逐步融入生态科学与资源科学的研究领域中。其中，EFP 是最早被大家所熟知的，它反映人类活动对生物圈的占用程度，常与生态承载力成对出现。将前文述及的能值分析与 EFP 融合形成基于能值的 EFP(EEF)与生态承载力分析方法，将不同对象和量纲统一为以生产性土地面积和能值的形式表现出来，从而既可以实现不同要素之间的计量换算，又可以衡量资源环境的供给与占用程度(Siche et al.，2010；He et al.，2016)。

在 EEF 核算过程中，能值足迹包括各种生物资源(如农副产品等)、能源资源(如煤、石油、天然气等)以及废弃物(如固废、废水等)。在 EEC 核算过程中，主要考虑可再生资源(如太阳能、风能、地球循环能等)。各类型要素的能值转化率参见文献(Wu et al.，2015；蓝盛芳 等，2002；赵晟 等，2009；丛琳，2015)。通过人均 EFP 及 EEC 的变化(以生产性土地面积为单位)判断区域资源环境承载能力。

11.3.2　能值足迹与承载能力

考虑到数据获取的难易程度，选择 2010 年 ACA 的统计资料，基于 EEF 与 EEC 方法核算中亚资源环境承载能力。

为了较好地展示基于 EEF 与 EEC 方法的能值足迹及能值承载力的核算过程，首先以中国新疆为例，从生物资源(如农副产品等)、能源资源(如煤、石油、天然气等)以及废弃物(如固废、废水等)方面，核算能值足迹，结果如图 11.13a 所示。在能值足迹方面，以农林牧渔产品为主的生物资源人均能值最高，达到 2.65×10^{15} Sej/人①；能源资源紧随其后，大于 2.3×10^{15} Sej/人；而以废水、废气和固废为主的废弃物人均能值最低，不足 0.2×10^{15} Sej/人。以能值密度(能值/面积)作为桥梁，可以将能值转化为生产性土地面积(图 11.13a)。在能值承载力方

① Sej 为 Solar emjoules，即“太阳能焦耳”。

面,风能资源的人均能值最高,达到了 0.715×10^{15} Sej/人;其次为地球循环能、雨水势能和雨水化学能,介于 0.25×10^{15} Sej/人～0.5×10^{15} Sej/人;而太阳能的人均能值最低,不足 0.05×10^{15} Sej/人。同样以能值密度作为桥梁,可以将能值转化为生产性土地面积(图 11.13b)。

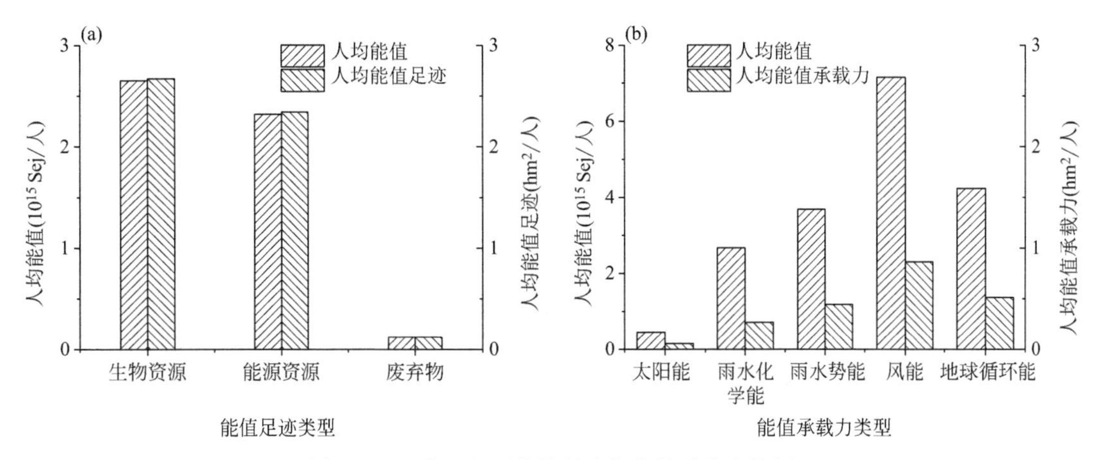

图 11.13 中国新疆能值足迹与能值承载力特征

根据上述方法依次核算中亚地区人均能值足迹,并将计算结果以生产性土地面积的形式表示。具体涉及耕地、草地、林地、化石能源用地、水域、建设用地的能值足迹状况,结果如图 11.14 所示。

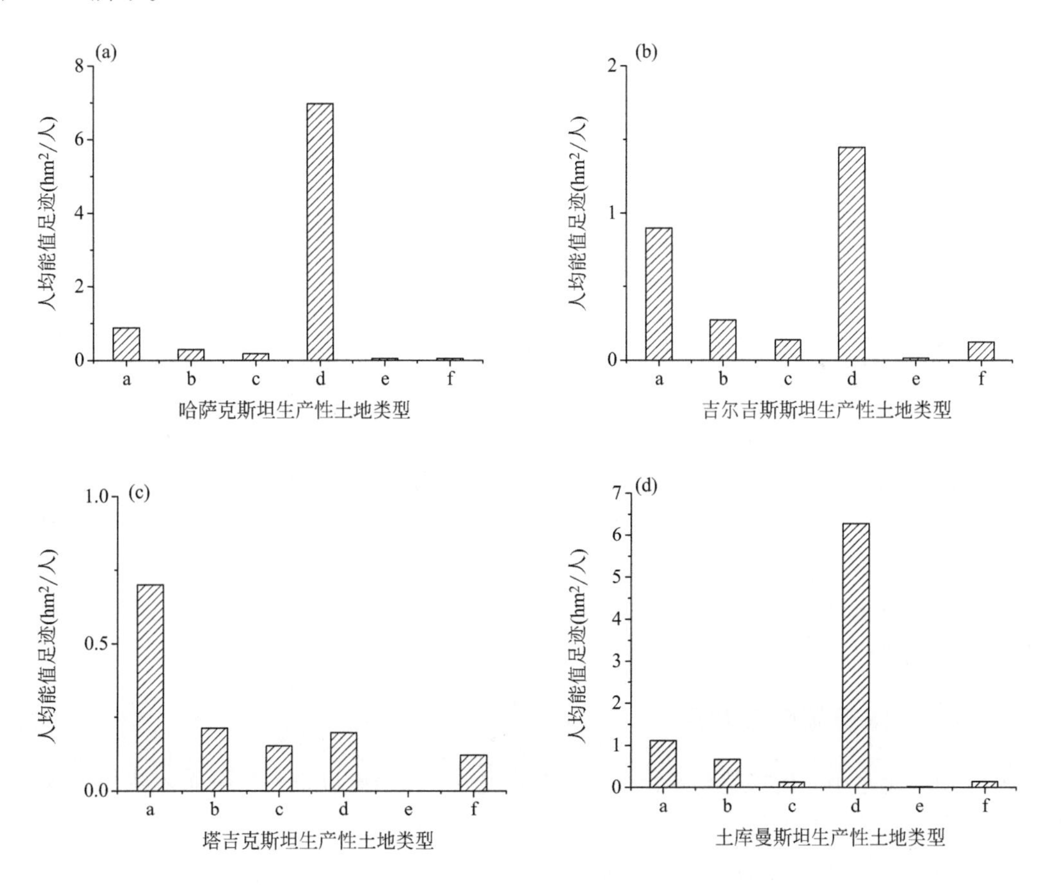

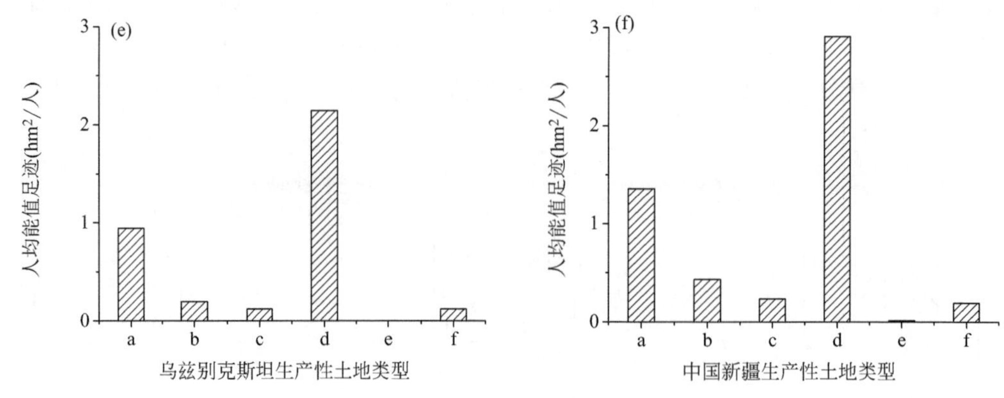

图 11.14　ACA 人均能值足迹的特征

(a—f 依次为耕地、草地、林地、化石能源用地、水域、建设用地)

如图 11.14a 所示，哈萨克斯坦人均能值足迹的组成以化石能源用地和耕地为主，两者约占总能值足迹的 93.32%，且化石能源用地的占比最高。这一分布特征也出现在吉尔吉斯斯坦、土库曼斯坦、乌兹别克斯坦和中国新疆等地区，比例分别为 81.05%、88.69%、87.50%和 83.08%。塔吉克斯坦人均能值足迹的组成虽以化石能源用地和耕地为主，但耕地的占比最高，为 50.55%(图 11.14c)。就中亚地区人均能值足迹而言，哈萨克斯坦人均能值足迹最高，其次是土库曼斯坦和中国新疆地区，人均能值足迹普遍在 5.13 hm^2/人以上；而乌兹别克斯坦、吉尔吉斯斯坦和塔吉克斯坦的人均能值足迹相对较低，介于 1.38～3.53 hm^2/人。

就 ACA 人均能值承载力的空间特征而言，哈萨克斯坦和土库曼斯坦的人均能值承载力相对较高，均超过了 4.24 hm^2/人，其次为中国新疆地区和吉尔吉斯斯坦，大于 1.95 hm^2/人；而乌兹别克斯坦和塔吉克斯坦的人均能值承载力相对最低小于 1.4 hm^2/人。初步核算中亚地区生态赤字水平表明，土库曼斯坦的生态赤字水平最高，达到了 4.08 hm^2/人；其次为哈萨克斯坦、中国新疆地区和乌兹别克斯坦，介于 2.12～3.26 hm^2/人；而塔吉克斯坦和吉尔吉斯斯坦的赤字水平较低(<0.95 hm^2/人)。

11.4　资源环境承载应对策略

中亚地区既是典型的内陆干旱地区，也是生态脆弱区。气候变化背景下水土资源的过度开发利用，引起了河流断流、湖泊萎缩、GWD 下降、荒漠化加剧等一系列生态环境问题。伴随着高强度油气资源开发，区域 CE 与日俱增，严重影响区域生态环境稳定性。在 B&R 倡议进一步推进的背景下，基于中亚地区山水林田湖草沙生命系统的特点，针对中亚能源消费及水资源利用等核心问题，现阶段提出适应气候变化的中亚资源环境承载模式，对于保障中亚地区资源开发的可持续性具有重要意义。

11.4.1　水资源高效利用

水资源问题是中亚地区最为突出的生态问题之一，其中尤以水资源分布不均以及人均水资源量不足等问题最为严峻。吉尔吉斯斯坦和塔吉克斯坦由于位于里海的上游，因而水资源量较大，但人均水资源量呈逐年下降趋势，而位于里海下游的乌兹别克斯坦和土库曼斯坦的水资源量相对较少。根据 WFP 估算结果以及中亚地区客观实际，采取如下策略。

(1)实施最严格节水策略

农业是中亚地区最大的用水部门，农业生产/消费 WFP 分别占各自总 WFP 的 85%以上。自 1960 年开始，由于种植模式单一，特别是大规模种植棉花，造成咸海及其周边区域生态退化，近 50 a 中亚各国(地区)的灌溉用水量均呈现一定的增加趋势。哈萨克斯坦和乌兹别克斯坦分别是工业用水量和生活用水量最大的国家，而土库曼斯坦在工业用水量和生活用水量方面则相对较少。在充分认识气候变化与水资源承载问题的背景下，改变现有工农业生产中层次低、消耗大、排放高的粗放式用水格局，进而遵循 CDM 与循环经济的理念，优化工农业结构，走规模与发展相配套、科技与经济相适应的新型用水模式，从根本上转变水资源供需矛盾，促进水资源的可持续利用(Sorg et al.，2014)。

尽管山地水资源丰富，但人口较为密集的绿洲平原区水资源数量明显不足，气候变化背景下水资源供需矛盾进一步加剧(Karthe et al.，2015)。截至目前，大水漫灌方式在中亚仍十分普遍。不仅是农业，各行业均存在较为严重的水资源浪费现象，因此，中亚地区节水潜力巨大。以控制经济用水总量为目标，在农业方面，可以大面积采取喷灌、滴灌和膜下灌溉的方式，并进一步落实“数字流域”工程，开展远程定时、定量供水模式；在工业方面，通过筛查与核算需水情况，建立严格的节水、用水制度，推广淡水资源循环使用的方案。

(2)建立用水总量控制体系

水资源问题是中亚重要的资源环境与地缘政治问题。锡尔河和阿姆河是该地区最重要的国际河流，由于苏联时期经济体制集中，水资源可以进行统一调配，因而各国之间的水资源矛盾并不突出。但苏联解体后，各国出于本国利益的考虑，使原先的国内问题演变成国际争端。鉴于中亚各国在水资源方面的相互依赖性，建立区域水资源综合管理框架为实现水资源的可持续发展提供了重要途径。通过签署双边或多边协议来保证跨境水资源开发利用的有序管理，如先前的“引里济咸”工程和“北水南调”工程已为此建立了一定的基础，但在水资源量分配、灌溉、水电开发、水环境治理等问题方面仍需进一步深化。

科学推进地下水资源开发力度，缓解地表水资源短缺问题。哈萨克斯坦、乌兹别克斯坦和土库曼斯坦储藏有大量地下水资源，在跨境供水工程建设的同时，采取工程措施，进行排水再利用，建立集中供水工程。通过区域用水总量的控制，完善生产-生活-生态用水体系，重点关注气候变化背景下生产用水、生活用水及生态用水的特征，建立流域水资源调度与管理机制。

11.4.2　油气资源低碳化

中亚拥有丰富的油气资源，但能源利用效率低、能耗高、能源浪费严重。在高强度油气资源开发的背景下，中亚地区 CE 急剧增多，碳减排压力巨大，对绿洲生态稳定产生负面影响。根据能源足迹的估算结果以及中亚地区客观实际，可探索采取如下策略的可能性。

(1)实现 CO_2 资源化利用

受粗放型能源产业结构的影响，区域生态环境保护与治理的难度也相对较大。从应对气候变化的角度考虑，是否可以通过二氧化碳捕获与储存(CCS)技术方法，降低 CO_2 对气候、环境的负面影响，最新研究结果为这一设想提供了科学依据(Wu et al.，2015)。在碳排放处理方面，综合运用生态科学、环境科学、地球科学、流体力学等原理与方法，发展适合中亚地区的 CO_2 捕集、埋藏技术，并充分利用中亚特殊地理环境的优势，将 CO_2 埋藏于油气田的地下水中,以减缓大量 CO_2 气体对气候、环境的不利影响。

目前通过较为成熟的三次采油技术方法,以提高油气采收率。但是不同区域、不同年限的油气田,其采收方法具有一定的差异性。针对这一问题,从影响油气田采收率的内(外)部因素入手,不断深化对油气田开发过程的认识,并适时通过先进的采油工艺以及监测手段,推行CDM,形成通过 CO_2 提高油气采收率(地质埋存)的技术体系,延长老油田的开采寿命、加快新油田的开采效率、因地制宜地解决油气采收率问题,最终实现 CO_2 埋存与资源化利用的目标。

(2)构建新型监管体系

尽管中亚地区能源禀赋相对优越,但是由于开采技术及工艺的落后,且石油、煤炭等化石能源主要以原材料的形式向外出口,造成地区能源形势紧张。中亚五国作为UNFCCC(联合国气候变化框架公约)的缔约方,各发达经济体有责任、有义务帮助中亚各国(地区)落实碳减排目标。一方面,各国应积极主动参与中亚地区能源产业的技术研发工作,特别是在前期勘探、油气田生产、关键技术创新等方面,提供科技攻关、技术变革等一系列帮助。另一方面,在UN与SCO框架下应提供必要的财政支持,改建现有落后的基础设施,推进能源空间发展的新模式。特别是在天然气作为能源低碳化发展的重要阶段,应在未来的开发过程中予以政策引导。

在能源监管方面,如何科学规范中亚各国(地区)现有排放标准及处罚力度等问题是中亚开展能源管理的前提。部分国家通过环境立法的办法限制资源消耗型(污染型)企业的生产,但制定的标准并不统一,易引起排放转移等新矛盾(Jalilov et al. ,2015)。为此,构建符合各国(地区)利益的能源监管体系,实施碳减排的长效管控机制,完善区域生态补偿机制,对未来区域经济发展具有重要意义。

11.4.3　植被复合经营

受限于土壤和水分等因素,ACA 占主导的土地利用类型为未利用地(包括沙地、戈壁及盐碱地等)和草地,两者约占总面积的80%以上。中亚地区森林是主要的碳汇,具有较强的碳吸收能力。就森林覆盖率而言,土库曼斯坦和乌兹别克斯坦森林覆盖率最高,但所占比重仅为7.5%左右。根据能源CFP以及植被NEP的估算结果,从强化植被的碳吸收能力出发,可以探索如下途径的适用性。

(1)构建林业增汇模式

碳汇林业泛指利用森林固碳释氧功能,以降低大气中 CO_2 浓度为核心的造林活动。与传统工业碳减排的费用相比,开展植树造林以及天然林保护等方法固定 CO_2 的成本相对较低,是一种经济有效的途径。碳汇林业通过固碳的计量与监测,实现碳交易,丰富森林效益的多样性。以中国新疆克拉玛依 6.66×10^7 km^2 面积的人工碳汇林为例,经过8年多的建设与发展,碳汇林在累积碳汇、保障水土资源安全、提高生态系统稳定性等方面,均取得了良好的生态、社会和经济效益。据估算,克拉玛依人工碳汇林固碳 90.69×10^4 t,这为相关石油企业进行规模化 CO_2 地面减排提供了新方向,对石油行业的碳减排及应对气候变化研究具有重要指导意义(王让会,2014)。

不同地域、不同地理环境背景下的林业增汇模式具有较大差异。以ACA未利用地和林地为例,侧重关注防护林建设和天然林保护。在防护林建设方面,造林模式要充分考虑土壤和水分等生态要素,选择合适的树种配置,形成最佳的防护效益,以期达到森林碳汇最大化的目标。在天然林保护方面，以东天山北坡为例，要充分考虑海拔高度等地理环境，形成蒿草—落叶松林的更新（森林带上限）、草类—新疆落叶松林的更新（森林带中部）、灌木—草类—落叶松林的更新（森林带下部）等多种增汇模式。

（2）提升生态固碳能力

针对中亚地区的客观实际，在农林复合增汇模式中，以间作增汇模式和林下经济增汇模式为例，说明生态固碳的效应。在间作增汇模式中，根据地形、种植结构和农艺措施等要求，形成以林—果、果—农为主的间作模式，在累积碳汇的前提下，改善农田小气候，提高光、热、水、肥的利用效率，从而实现增产增收的目的。现阶段干旱区较为典型的间作增汇模式包括杏麦间作增汇建设模式（巴仁杏＋冬小麦/夏玉米）和枣粮间作增汇建设模式（枣—棉花、枣—小麦、枣—小麦—玉米）。在林下经济增汇模式中，要充分发挥森林资源的生态、社会和经济效益潜力，积极推进林—农复合系统的建设，按照循环经济的发展模式，以林场＋农户为主要形式，在增汇的同时，也要增加农（牧）民的经济收入。现阶段林下经济增汇模式包括林豆模式（杨树＋黄豆）、林禽模式（杨树＋鸡）、林菌模式（杨树＋香菇）、林牧模式（杨树＋牛、羊）、林瓜模式（杨树、大叶白蜡＋西瓜），通过前期的建设，在中国新疆现已初具规模，并形成符合可持续发展目标的现代农林复合系统。

11.4.4　生态产业培育

干旱区拥有广阔的沙地、戈壁和盐碱地，而且部分绿洲区土壤肥力不高，如何调控这些土地资源，以增加不同生态系统的碳吸收能力，需要根据生态系统 C-W 要素以及 C-W 足迹的估算结果，从应对气候变化的角度考虑，探索相关策略的合理性与现实性。

（1）落实节水减排理念，建立高效生态经济圈层

历史时期绿洲平原区的产业规划编制都是以单一生态（经济）目标展开的，缺少面向“经济—资源—环境”复杂系统内部的顶层设计，因而其建设效益不高，支撑能力有限。针对 ACA 节水减排的目标，除了推进地区产业结构转型升级外，还应关注资源环境高效配置问题，建立与地区生态环境相适应的经济发展规模。落实节水减排理念，一方面政府支持低碳节水型企业快速发展；另一方面鼓励参与者从中获益，从而反哺生态建设。

根据干旱区自然地理分异的规律，以圈层作为基本载体，从不同层面、不同角度建立高效生态经济圈层。如以干旱区 MODS 格局为例，在水资源优化方面，外圈层可以通过高海拔山区的人工增水作业，提高山区冰雪资源储量；内圈层通过大面积喷灌、滴灌的方式完成绿洲农业灌溉，并处理好生产—生活—生态用水的分配。在内圈层的生态农业模式中，完善现有的一些种植模式，可以获得更高的收益。如以枸杞＋苜蓿的种植方式除了获得农业饲料外，还可以提高农田的利用效率。在碳减排优化方面，一方面可以在中（内）圈层完善基础设施建设，充分利用风能、太阳能等清洁能源；另一方面科学建立中长期土地利用规划，避免因 LUCC 引起的碳排放，从而实现低碳减排的目标（Wise et al.，2014）。

（2）构建低碳发展模式

人类活动及其碳排放强度与土地利用方式密切相关，探索低碳的土地利用规模、结构和方式，能在很大程度上降低土地利用碳排放的速率，并为面向低碳经济的土地利用规划和布局提供参考。低碳土地利用模式本质是以低污染、低排放、低能耗、高效能、高效率、高效益为特征的新型发展模式。本研究主要从不同土地利用方式的碳排放效应等角度，分析低碳土地利用

原则、模式和对策；重点从土地利用结构、规模、方式和布局等方面，提出低碳土地利用的模式和对策及策略。如估算生态需水量、评估 MODS 不同圈层的生态承载力、提出光能利用效率与特定土地利用类型背景下的生产能力等，力图基于三个圈层特定空间内水资源形成转化与消耗规律，突出以“三低三高”为特征的低碳发展模式。

MODS 三个圈层碳减排集中植树种草、特色经济植物种植以及定额节水前提下的生产力提升，具体表现在绿色植物光合作用持续稳定固定大气 CO_2 的效应，同时，荒漠碱土养分的良性循环，增加土壤碳固定等方面。在三个圈层中不同空间区域的低碳循环性农业、紧凑型城市和生态工业园建设，是重要的几种低碳土地利用布局方式，对于目前低碳土地利用规划，区域碳减排具有重要现实意义。

(3)培育并发展沙产业

针对不同生态功能区的定位，根据景观格局与地表过程的特征，通过有序的生态工程建设，实现生态治理与环境保护的目标。以中国新疆为例，多年来先后建成了一大批生态工程的示范项目，它们在维护区域生态安全，提高生态系统稳定性，减缓气候变暖等方面取得了重要成就，如退耕还林(草)工程、人工造林工程、天然林保护工程、社会林业工程、塔里木河流域综合治理工程等。研究表明，中国新疆地区土地沙化面积呈下降趋势、植被覆盖度和碳储量增加明显(Yang et al.，2014)。

在生态治沙过程中，要把生态治理与农(牧)民增收紧密联系起来(治沙＋致富)，大力发展具有地区特色的沙产业，既要做到充分发挥沙区丰富的光照与土地资源，又要规避沙区水资源短缺问题。以东天山北坡的精河沙区为例，一方面，通过先进的林木遗传育种技术，大力发展沙区特色资源植物的种植，如肉苁蓉、锁阳、甘草及黑枸杞等；另一方面，通过旱作农业区水资源高效利用模式，形成小麦、棉花及瓜果等特色果蔬产业。通过引进资本及对口援疆项目的支持，促进农产品深加工行业的发展，形成“Internet＋产业”的新格局，促进新业态的发展。

第 12 章　中亚环境修复技术与途径

基于中亚资源环境背景与社会经济状况，重点以阿姆河下游咸海地区穆伊纳克为研究区，在背景调查、典型研究与综合分析的基础上，通过对区域植被与环境相互关系的分析，开展盐碱地生态治理技术集成与示范研究。具体而言，以咸海盐碱湖盆及周边盐碱地为研究区，建立耐盐及盐生植物资源收集保存基地，开展重度盐碱地耐盐植物（作物）种植技术、咸水微咸水灌溉利用技术、节水（滴灌）灌溉技术、抑盐促生土壤调理剂（肥）技术研发以及水肥（剂）一体化管理试验示范。

12.1　总体思路与一般模式

针对乌兹别克斯坦咸海地区绿色发展实际，以咸海地区盐碱地生态修复和生产力提升为目标，按照耐盐植物种质资源选育，重度盐碱地植被建设技术研发，以及多种技术集成应用示范的思路，联合乌兹别克斯坦科学院开展中亚地区生态修复与环境整治。通过技术联合研究，提高区域盐碱地治理技术水平，改善区域生态环境质量，重点为咸海危机及盐碱地的治理提供理论技术；为中国 B&R 倡议服务中亚发展提供科技支撑，实现中亚区域社会经济繁荣发展，真正达到共商、共建与共享的目的。

总体而言，始终以中亚咸海生态危机治理为切入点，针对区域盐碱地治理的关键技术问题及技术推广应用核心问题，紧密结合当地自然环境条件及土地盐碱化状况，集成中国及区域国家土地盐渍化防治技术和经验，以乌兹别克斯坦为盐碱地治理重点研究区域，开展重度盐碱地生态修复及植被建植技术、盐碱农田水-肥-剂一体化节水灌溉高效生产技术及模式合作研究，研发形成适合咸海地区不同类型盐碱地生态修复和植被建设的技术体系，建立技术示范区，构建土地盐碱化防控技术规模化应用机制与合作模式，为咸海生态危机治理和绿色经济发展提供技术支撑和示范样板，促进中国盐碱地改良利用技术成果的转移转化，服务国家绿色丝绸之路经济带建设策略。

具体而言，以盐生植物种质资源及耐盐作物品种的收集与选育作为基础，大力开展土壤盐渍化与植物群落多样性的相关性研究，盐生植物及耐盐种质资源收集与保存以及盐生植物耐盐能力评价及繁育技术研究。特别是在盐生植物耐盐能力评价与繁育技术研究方面，系统评价咸海流域盐碱地主要植物种质耐盐水平及阈值，筛选和挖掘优良耐盐植物，为盐碱地植被建设耐盐碱种质物种的选择提供理论依据。筛选盐碱地生态建设先锋植物，结合其发生学特点、对盐碱土壤的适应性特征，构建配套繁育技术，为咸海地区盐碱地生态治理提供种子及种苗。

12.2 耐盐植物的生态效应

12.2.1 土壤盐渍化与植物群落多样性耦合关系

为了系统地了解中亚典型区域土壤盐渍化状况，开展耐盐植物生态学、生物学以及环境地理学等研究，以咸海为中心向外梯度设置生态调查样带。通过该样带的设置与调查监测与分析，查明区域盐碱地分布与类型，植物群落多样性及空间分异，植物群落多样性格局与生境土壤水盐的关系，揭示咸海盐碱地生态治理潜力及主要驱动因子。经过研究团队5次赴咸海地区开展土壤、水文、植被状况调查和资料收集，已初步掌握咸海地区土壤盐渍化状况和植物多样性特征。

12.2.1.1 咸海干涸湖底自然环境特征

(1)气候特征

咸海地区冬季非常寒冷，夏季又异常炎热。年均温10 ℃，最高月均温28 ℃，最冷月均温−6 ℃，特别是ECE的发生在该区域气候变化中具有重要作用，极端最高温度达45 ℃，极端最低温度−38 ℃。3月大部分沿湖地区的温度还低于0 ℃。4月和5月，气温急剧上升(大约10 ℃)。深秋气温急剧下降，12月份月平均气温低于0 ℃。区域年降水量130 mm，降水季节性分布不均，水热不同期，冬春降水相对较多，夏秋干旱。表12.1、表12.2列出了该地区风、温、湿度变化的定量指标(Dukhovny V et al.，2008)。总体而言，东北风以5～6 m/s速度主导全年，强风天气一般45～50 d，冬季频率较高。

表12.1 穆伊纳克气象站气温(℃)

时段	月份												年均
	1	2	3	4	5	6	7	8	9	10	11	12	
1881—1960	−7.1	−6.2	0	8.5	17.3	23.2	25.9	24.7	19.3	11.1	3.7	−2.7	9.8
1961—1985	−6.5	−6.2	0.5	10.3	18.6	24	27.1	24.8	18.7	10.3	3.5	−1.9	10.3
1986—1995	−6.3	−5.3	1.2	11.9	20.1	26.8	26.4	25.3	19	12	1	−3.1	10.8
1996—2006	−5.7	−2.1	2.3	13.9	19.9	26.7	28.7	27.0	19.3	13.4	0.9	−4.1	11.7

表12.2 穆伊纳克气象站降水量(mm)

时段	月份												年均
	1	2	3	4	5	6	7	8	9	10	11	12	
1881—1960	7	11	12	14	7	7	4	5	4	11	8	8	98
1961—1985	9	10	13	18	8	7	5	4	5	13	12	9	113
1986—1995	9	7	13	14	17	3	3	2	3	8	8	9	96
1996—2006	10.1	12.6	22.7	20.7	15.3	6.6	7.1	2.8	0.5	8	10.3	9.4	126.1

(2)地下水特征

通过监测与分析，GWD及其空间特征如图12.1所示。

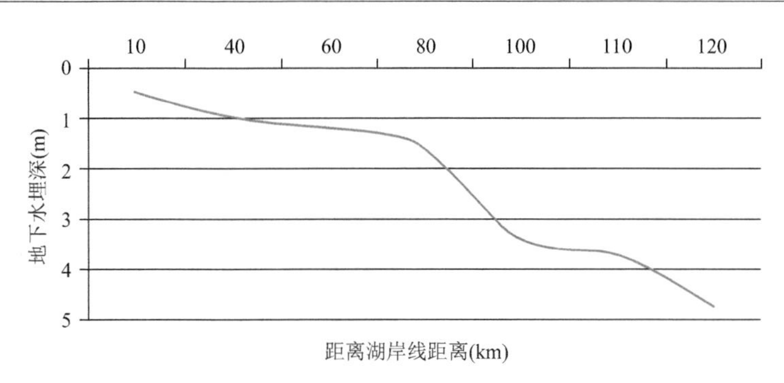

图 12.1　地下水与当前湖岸距离之间的关系

调查发现，从咸海废弃渔港小镇穆伊纳克进入咸海旧湖岸线向新湖岸线方向约 120 km，GWD 基本在 0.5～5.0 m 之间变化，干涸湖床表土盐度在 15.0～60.0 g/kg 之间。随着空间位置向湖区方向的延升，土壤盐分、地下水矿化度有增加趋势(Dukhovny et al.,2008)。

(3)土壤特征

咸海干涸湖底土壤的盐度和粒度，是影响植物区系和植被发展的主要因素。沿 20 世纪 60 年代湖岸线向近年消退的海岸线延伸，土壤基质趋于变细，盐度趋于增加。土壤类型主要有沼泽型盐土、湖岸型盐土、退化沙质湖岸盐土和龟裂土。如果 GWD 距地表不足 1.5 m，盐土分布比较明显；如果 GWD 深于 1.5 m，就会形成或坚硬或蓬松的盐土。

12.2.1.2　咸海干湖底区植物群落演替

通过多次在咸海干湖区开展土壤、植被、水文等实地调查研究(图 12.2)，了解了咸海干湖底荒漠植物群落演替规律，掌握了制约该地区植被演替的主要环境因素。根据研究区地貌及植被状况，基本确定了分布在该区域的植物群落类型，主要包括盐化灌丛群落、小半乔木荒漠、一年生盐柴类群落和多汁盐柴类半灌木荒漠 4 种植被群落类型。

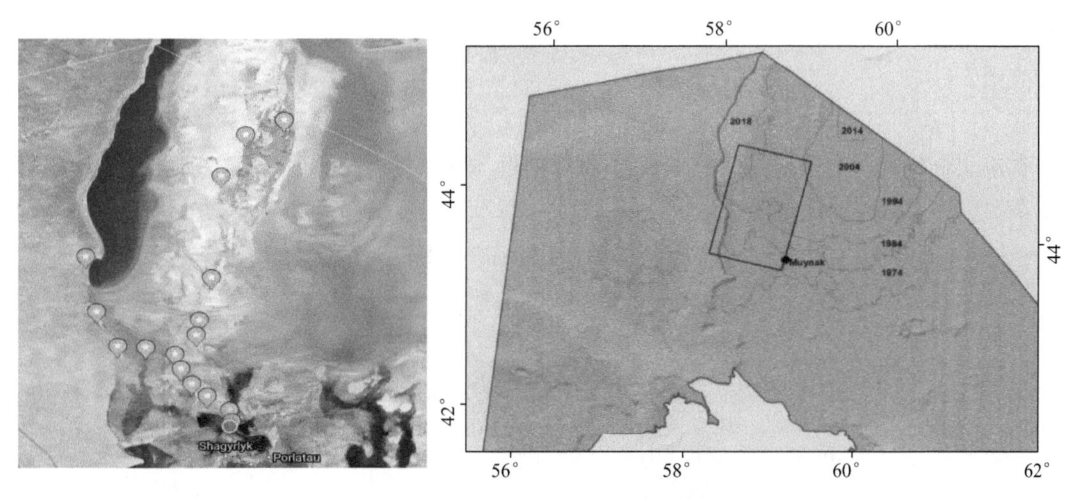

图 12.2　野外植被调查空间位置

调查区植物群落多为单优势种，建群植物明显；植物区系组成主要为藜科、柽柳科、禾本科、菊科及豆科等，涉及 7 科 40 种植物；物种普遍存在泌盐、储水、高渗透压、枝叶肉质化及枝叶极度缩小等现象。

(1)主要群落类型

① 盐化灌丛群落

建群植物主要由柽柳、茄科、蒺藜科和豆科的一些耐盐灌木组成。它们多分布于阿姆河三角洲接咸海古湖床边缘地段,GWD一般处于2.0～4.0 m,生境大都不同程度地盐渍化,有些甚至强度盐渍化,达到了盐土标准。表层形成盐壳,盐分含量达到250 mg/g,0～20 cm土壤层盐分含量接近50 mg/g。图12.3反映了盐化灌丛群落的土壤盐分特征。

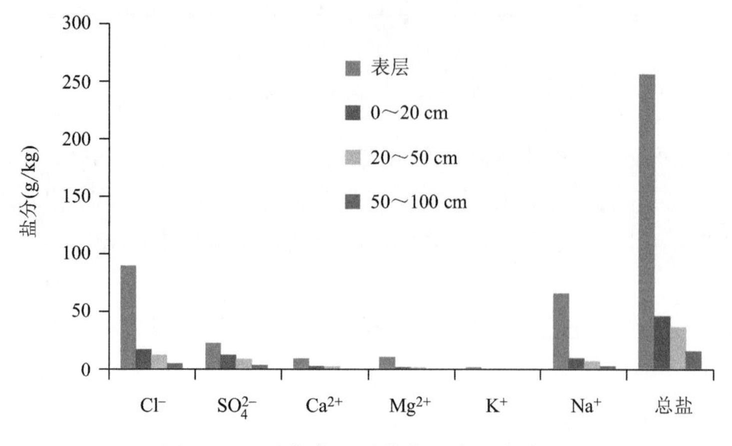

图12.3　盐化灌丛群落的土壤盐分特征

柽柳灌丛是盐化灌丛的主体,建群种有多柽柳、刚毛柽柳、短穗柽柳、细穗柽柳、长穗柽柳、多花柽柳、黑果枸杞、盐穗木、白刺、骆驼刺、芦苇、花花柴、猪毛菜等。由其所组成的盐化灌丛,盖度10.0%～40.0 %,种类组成7～13种。因柽柳、黑果枸杞、骆驼刺、白刺、花花柴等主要植物是中生性的,因此,由这类植物所形成的群落也是中生的。实验分析表明,其建群植物的灰分含量约20%～30%,Na^+含量一般为3.5%～7.0%,Ca^{2+}含量2.0%～2.5%。由于阿姆河三角洲干涸,生态环境旱化,群落的自然更新和正常生长都会受到抑制,这类天然草地面临退化与衰败。

② 多汁盐柴类半灌木荒漠

群落建群植物基本系藜科半灌木植物,植物体叶退化或肉质化,多汁液。它们主要分布在咸海干涸湖床局部低湿的强盐渍化生境上。GWD一般在0.5～1.5 m,表土20 cm以上含NaCl和Na_2SO_4可达15.0%～30.0%。图12.4反映了多汁盐柴类半灌木荒漠的土壤盐分特征。

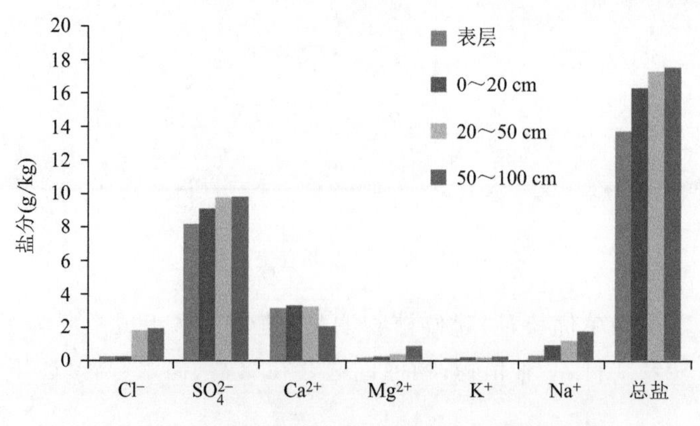

图12.4　多汁盐柴类半灌木荒漠的土壤盐分特征

这类盐生植物群落的建群种有盐节木、盐穗木、盐爪爪和碱蓬等。由它们所形成的群落常与其他群落组成生态演替系列，呈镶嵌或复合型分布格局。草层高度 30～60 cm，个别情况下可达 1 m 以上，盖度 15%～40%。因生长在高含盐的强盐渍化土壤背景环境中，它们的灰分、Na^+、Cl^- 含量极高，盐爪爪、盐节木、盐穗木的灰分含量多在 40%～50%。

③ 小半乔木荒漠

受区域环境的长期作用，这一类型为咸海干涸湖区主要的植物群落类型。外观来看是由梭梭(*Haloxylon ammodendron*(*C. A. Mey.*)*Bunge*)和白梭梭(*Haloxylon Persicum Bunge ex Boiss. Et Buhse*)，藜科猪毛菜属(*Salsola arbuscula*，*Salsola richteri*，*Salsola paletzkiana*)，蓼科沙拐枣属物种，豆科黄芪属(*Astragalus brachypus*，*Astragalus ammodendron*)、银沙槐属(*Ammodendron bifolium*，*Ammodendron conollyi*)、无叶豆属(*Eremosparton aphyllum*)，禾本科(*Stipagrostis pennata*)，菊科沙蒿(*Artemisia arenaria*)以及其他植物种组成。构成这类群落的建群种是藜科的梭梭，株高 1.5～2 m 至 3～4 m，主杆矮化，当年生枝条的先端于冬季部分脱落。在一些监测与试验研究地段，由法国、德国资助建设的人工梭梭林已有相当的规模，这些梭梭林生境土壤主要是非盐化或轻度盐化的沙质土，GWD 多在 2 m 以下。图 12.5 反映了小半乔木荒漠土壤盐分特征。

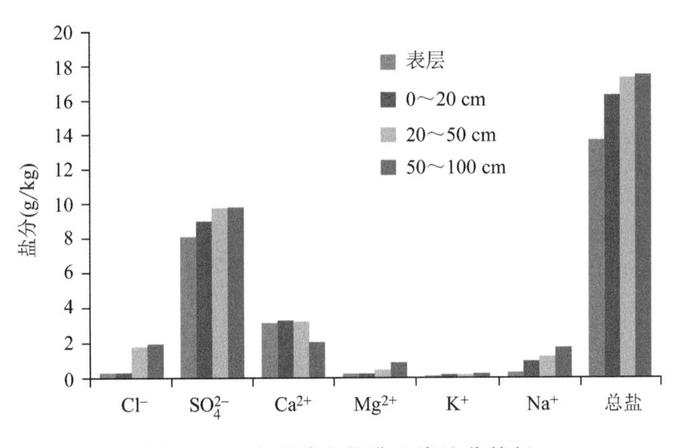

图 12.5　小半乔木荒漠土壤盐分特征

调查区 GWD 在 2 m 以下，地表无灌丛群落和盐柴荒漠群落的盐壳层，土壤剖面含盐量表现出上层相对较轻，向下层有逐渐增加的现象，这可能与区域沙质土毛管作用弱、GWD 较深、土壤盐分易受雨雪水淋洗有一定的关系。调查区土壤剖面盐分含量基本在 1%～2%，为中重度盐渍化土壤。建群种梭梭的生态幅度较宽，既可以分布在地势较高的沙丘，也可见于地势相对低平的低洼地上。实验分析表明，植物体的灰分含量一般为 25%～30%，$Na^+ + K^+$ 含量 7%～12%。

小半乔木荒漠植物区系组成相对丰富，特有的一年生植物有对节刺、沙蓬、长刺猪毛菜和藜科虫实属植物种等，冠层高约 20～40 cm。典型的多年生植物有沙地薤、沙漠绢蒿、短喙粉苞菊、新疆天芥菜和茧荚黄耆。在强盐化土壤背景下，一般不超过 5 种，草本层片主要为猪毛菜属、梯翅蓬属植物，群落盖度约 10%～50%。

④ 一年生盐柴类草被

一年生盐柴类植物是一类能在盐渍化生境中正常生长发育，植物体多汁和富含盐分的一次结果、一年生的藜科植物种类。受雨水作用，这类植物会突然发生，并形成一定的草被。调查区 GWD 多在 2 m 以下，1 m 土体剖面盐分含量在 1%～2%，为中重度盐渍化土壤。图 12.6 反映了一年生盐柴类草被群落土壤盐分特征。

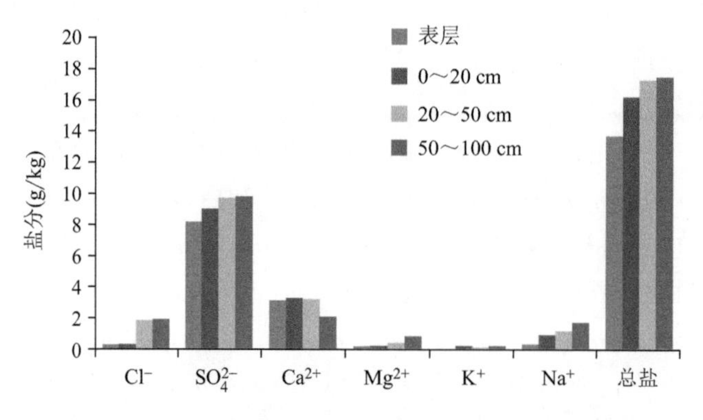

图 12.6　一年生盐柴类草被群落土壤盐分特征

在研究区域环境背景下，形成一年生盐柴类草被的优势植物主要有盐生草、海蓬子、猪毛菜、刺沙蓬、叉毛蓬等。这类植物由于生长于盐土或其他盐化土壤的植物体灰分和 Na^+ 的含量均较高，盐生草灰分含量为 34%，Na^+ 含量为 13%；海蓬子的灰分含量高达 46 %，Na^+ 含量 16%。由它们所形成的一年生草被，草层高一般在 20～40 cm，盖度在 10%～80%变化，种类组成单一或贫乏。

一年生盐柴类草被的分布，反映了咸海地区冬、春多雨雪的降水特征，同时也是对该区 4—5 月温度回升快但不酷热特征的一个生态指示。建群种的分布格局总是比较均匀的，表现了群落的稳定性和环境营养资源的均质性。

(2)咸海干湖盆区植被群落演替的一般规律

根据实际调查，结合咸海水退干涸过程及植被群落发生演变规律，可以推测植被的演替经历了一系列过程。该过程包含了若干阶段，主要经过一个光裸地或芦苇等草甸群落→一年生盐柴类草被→多汁盐柴灌木荒漠→小乔木荒漠→梭梭＋银沙槐＋沙拐枣群落的过程。图 12.7 反映了中亚咸海干湖盆区植被群落演替的宏观特征。

小乔木(梭梭)荒漠　梭梭+银沙槐+沙拐枣群落

图 12.7　中亚咸海干湖盆区植被群落演替的宏观特征

在咸海水面消退萎缩演变过程中，局部地段因土壤质地、地形地貌差异，植被群落演替也经历着不同的过程。

① 沙生演替

在粗砂质且地势相对高的湖底，随湖水后退由盐沼变裸露沙地后 1～5 a 的过程中，表土受雨雪水影响而盐分淡化，开始出现一年生盐生植物雾冰藜(*Bassia hyssopifolian*)、滨藜(*Atriplex fominii*)。8～10 a 后，随着沙丘的扩大，一些禾本科植物，如羽毛三芒草(*Aristida pennata*)出现。沙地历经 30～40 a 的风蚀后，草本群落向乔灌木群落过渡，无叶豆(*Eremosparton aphyllum*)、梭梭(*Haloxylon aphyllum*)、鹿尾草(*Salsola richteri*)、银沙槐(*Ammodendron conollyi*)不断出现。图 12.8 反映了中亚咸海干湖盆区植被沙生演替的宏观特征。

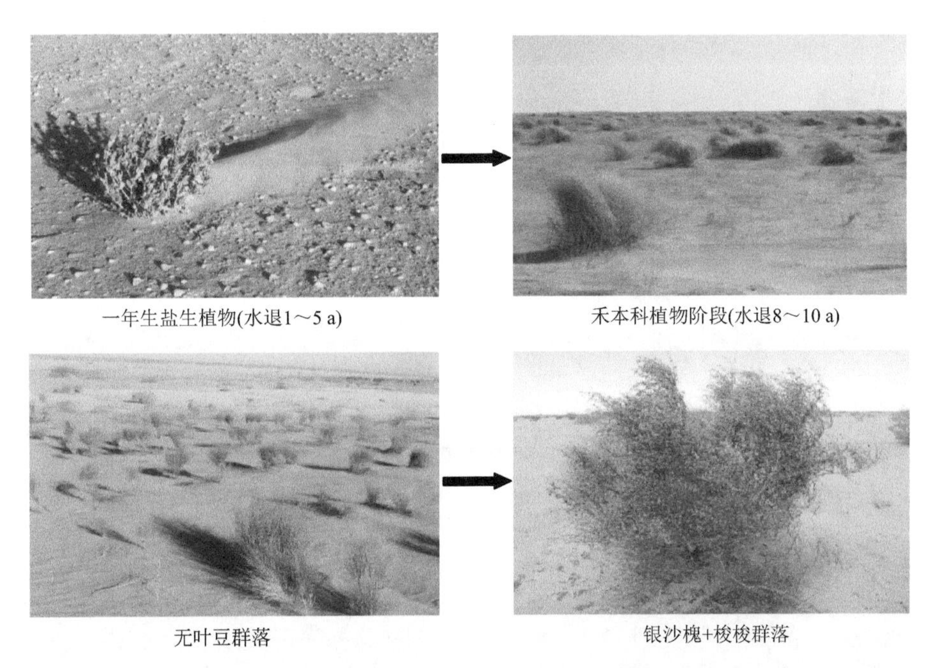

一年生盐生植物(水退1～5 a)　禾本科植物阶段(水退8～10 a)

无叶豆群落　银沙槐+梭梭群落

图 12.8　中亚咸海干湖盆区植被沙生演替的宏观特征

② 盐生演替

黏质土湖底裸露过程中发生盐生演替过程，在湖水消退 20～30 a 的盐沼环境，先是不断出现极耐盐的一年生盐生植物，如海蓬子(*Salicornia europae*)、短柱猪毛菜(*Salsola lanata*)、镰叶碱蓬(*Suaeda crassifolia*)。随后多年生灌木,如盐穗木(*Halostachys belangeriana*),刚毛柽柳(*Tamarix hispida*)、多枝柽柳(*Tamarix ramosissima*)出现,一般可在 5～7 a 形成大的灌丛。图 12.9 反映了中亚咸海干湖盆区植被盐生演替的宏观特征。

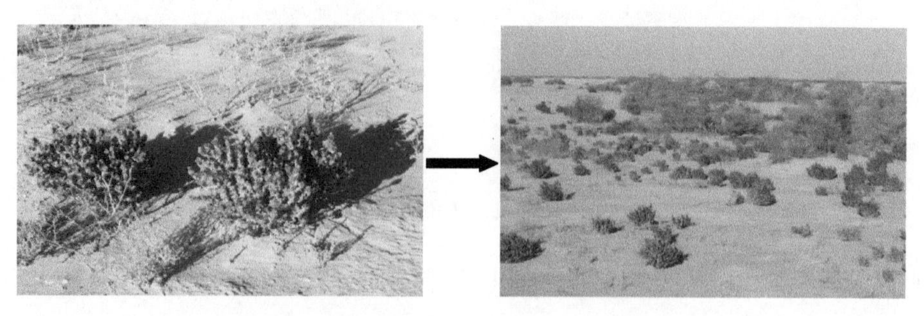

一年生草本演替阶段

多年生灌丛演替阶段

图 12.9　中亚咸海干湖盆区植被盐生演替的宏观特征

③ 水生演替

在一些地势较低的地段,随湖水消退发生水生演替,由喜水植物群落(芦苇、花花柴、海蓬子等),逐步旱化过渡到柽柳＋黑果枸杞灌丛、梭梭＋沙拐枣群落。图 12.10 反映了中亚咸海干湖盆区植被盐生演替的宏观特征。

图 12.10　中亚咸海干湖盆区水生群落向旱生群落的演替宏观特征

12.2.1.3　植被分布与环境要素的关系

在基本相同的气候条件下，影响植被分布格局的环境因子主要为地貌形态、土壤理化性质及水文条件。与之相关的参数主要有 GWD、地下水矿化度及土壤盐分等。表 12.3 不同群落类型环境特征及物种组成。

表 12.3　不同群落类型环境特征及物种组成

群落类型	GWD(m)	地下水矿化度(g/L)	0～20 cm 土层盐含量(mg/g)	物种组成
盐化灌丛群落	2～4	8～12	20～30	刚毛柽柳、多枝柽柳、短穗柽柳、黑果枸杞、盐穗木、芦苇、骆驼刺、猪毛菜、花花柴等
小半乔木荒漠	2～3	15～18	14～18	梭梭、沙拐枣、猪毛菜、银沙槐、獐毛、地肤、无叶豆等
一年生盐柴类群落	3～5	16～20	16～18	珍珠猪毛菜、沙蓬、鹿尾草、刺沙蓬、松叶猪毛菜、无叶豆、獐毛、梯翅猪毛菜等
多汁盐柴半灌木荒漠	0.5～1.5	20～30	20～30	盐穗木、盐节木、盐爪爪、盐角草、碱蓬、芦苇、花花柴等

调查区植物的丰富度和均匀度均较低，作为它们综合反映的物种多样性指数也较低，随土壤盐化程度增加、地下水矿化度增加，各指数均呈下降趋势。

沙漠植物中一些优势种(如梭梭、沙拐枣等)，可在荒漠异质生境中完成生活史的现象，为生态幅较宽的物种，加之该地区绝大多数短命植物在生理学和解剖学方面表现出的强烈中生性特征，使得这些植物种在咸海干湖床生境变化梯度中难以形成清晰的空间演替序列。野外监测发现，土壤盐化程度、GWD、土壤结构对植物群落物种组成影响较大。稳定沙地环境下，由梭梭、沙拐枣、银沙槐等构建的群落相对稳定；流动沙面或风蚀显著的沙面，则多见沙蓬、羽状三芒草、无叶豆等。梭梭、沙拐枣等深根植物的成功着床立地，梯翅蓬属植物、珍珠猪毛菜、滨藜、沙蓬等浅根草本植物的大规模入侵，才能形成草灌木多层片的固沙植物群落。图 12.11 反映了群落物种多样性特征。

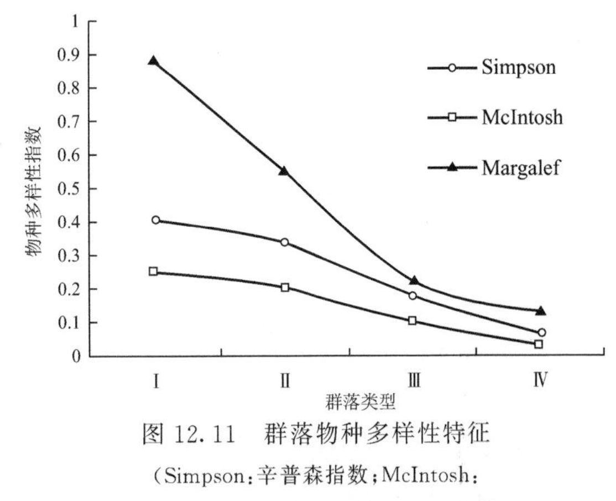

图 12.11　群落物种多样性特征

(Simpson：辛普森指数；McIntosh：麦金图史指数；Margalef：玛格列夫指数)

图 12.11 中Ⅰ、Ⅱ、Ⅲ、Ⅳ分别代表盐化灌丛群落、一年生盐柴类群落、小半乔木群落、多汁盐柴半灌木群落。

咸海干涸湖底盐生植物多产生于时间尺度变化很大的条件下，从另一方面来说，盐生植物物种是它们各自生长地盐度的指示物，因此可以用来监测环境盐度变化。由大量从自然调查获取的植被与环境相互适应的客观状况，是进行植被建设和改良的重要基础。叶肉质植物和茎肉质植物，如碱蓬属、盐角草属和盐节木属的植物，与其他物种相比积累了大量的 Na^+ 和 Cl^-。不同盐分耐受的各种物种的变化，会导致特定的物种格局和盐土植物类型。在一个丰富的盐生植物区，物种的序列沿着盐梯度变化，揭示了一个典型的主导盐生植物类型的序列。同时，沿着盐梯度变化，可以从镶嵌植被的盐度测量中得到植物与环境盐分的耦合关系例证，靠近盐度较高的盐湖或盆地，茎多肉植物和叶多肉植物扮演着重要角色。

12.2.2 盐生植物及其耐盐种质资源的收集保存

围绕研发目标，系统开展中亚土地盐渍化及盐生植物多样性调查收集，重点开展乌兹别克斯坦耐盐作物品种收集等工作。与此同时，基于盐碱类型、组分、强度等开展相关评价，选育出盐碱地植被构建及生产力提升的种质资源。通过系统开展中亚盐碱地植物种质资源调查，掌握中亚盐碱地植物种质资源的分布、种类和数量及生态本底特征，构建盐碱地植物种质资源数据库和共享平台；采集盐碱地植物种质资源，依托咸海穆伊纳克生态站，建立种质资源圃；最终实现盐生植物及耐盐种质资源收集与保存的总目标。

12.2.2.1 饲用盐生植物及耐盐作物筛选与栽培

2019 年 4 月开始，XJIEG 与乌兹别克斯坦科学院努库斯分院合作进行盐碱低产农田生产力提升合作研究，为其提供了 4 个耐盐饲草高粱品种，以及盐地碱蓬、野榆钱菠菜（*Atriplex aucheri Moq.*）、饲用油菜等品种。图 12.12 反映了中亚咸海穆伊纳克盐生植物园圃建设及试验不同阶段的景象。

盐生植物种质资源圃建植前准备(2019年5月)

耐盐饲草作物播种(2019年5月)

饲用高粱(2019年8月)

饲用油菜(2019年8月)

图 12.12 中亚咸海穆伊纳克盐生植物园圃建设

12.2.2.2 饲用盐生植物及耐盐作物青贮与加工

根据测定,获得几种盐生饲草常规营养成分含量(表 12.4)。野榆钱菠菜粗灰分盐含量占其地上部分干生物量的 12%～15%,盐地碱蓬为 24%～31%。花期收割野榆钱菠菜、盐地碱蓬、饲草高粱地上部分,晾晒至含水量基本保持在 60%～70%时,将野榆钱菠菜与饲草高粱按质量比 1∶1.5,盐地碱蓬与饲草高粱按质量比 1∶3 粉碎并混匀后,以包存方式青贮。表 12.4 反映了几种盐生饲草常规营养成分含量特征。

表 12.4 几种盐生饲草常规营养成分含量(%)

编号	样品名称	生育期	粗蛋白(CP)	无氮浸出物(NSC)	粗灰分	中性洗涤纤维(NDF)	酸性洗涤纤维(ADF)	粗脂肪(EE)
1	野榆钱菠菜	营养期	11.51±0.97	47.55±0.97	21.58±0.39	35.95±1.91	18.20±0.56	1.15±0.17
		初花期	13.63±1.36	44.87±1.41	19.34±0.04	40.20±1.84	20.90±0.56	1.20±0.38
		结实期	10.74±1.76	42.61±2.04	17.58±0.42	54.39±2.21	27.81±1.41	1.25±0.23
2	盐地碱蓬	营养期	12.84±0.59	44.14±0.52	36.12±0.81	21.50±0.01	8.80±0.42	1.09±0.05
		初花期	10.75±1.23	41.18±2.73	31.51±0.23	32.20±2.12	15.00±2.82	1.25±0.17
		结实期	9.17±1.15	46.02±1.93	24.33±0.15	41.40±1.06	19.20±0.71	1.28±0.15
3	苜蓿	初花期	15.13±1.88	57.34±2.95	9.51±0.84	44.43±0.72	22.05±1.27	1.93±0.20

注:表中数值表示几种盐生饲草常规营养成分含量占干物质的百分比,由平均值±标准差构成。

12.2.2.3 盐生植物园圃规划与建设

2019 年 4 月,XJIEG 向乌兹别克斯坦咸海国际创新研究中心(ASIIRC)赠送盐生植物和耐盐作物品种 26 种,联合开建穆伊纳克建设盐生植物种质资源圃。目前,该植物资源圃面积已达到 100 亩①,分为盐生植物及耐盐作物保育展示园、盐生植物及耐盐作物扩繁及高产栽培示范园,生态建设用盐生植物苗木、种子繁育园。2020 年 4 月开始,XJIEG 委托新疆兆丰灌溉工程有限公司为穆伊纳克盐生植物园配建节水滴灌设施,但受全球新冠疫情的干扰,相关工作也受到了一定程度的影响。图 12.13 及图 12.14 分别反映了与 ASIIRC 在穆伊纳克合作共建的盐生植物种质资源圃以及扩建后的穆伊纳克盐生植物种植资源圃园区。

① 1 亩≈666.67 m^2,下同。

目前,已联合乌兹别克斯坦总统直隶咸海国际创新研究中心,于 2019 年 4 月开始在咸海废弃渔港小镇穆伊纳克联合建设盐生及耐盐植物种质资源圃,该种质资源圃占地面积超过 50 亩,已收集耐盐植物 30 余种,耐盐作物 10 余种;另外,受疫情影响,研究团队以克拉玛依造林减排作业区原有盐碱地生物改良示范园为基地,继续扩大盐生植物筛选引种,已形成占地 8 hm^2 的盐生植物种质资源圃,引种有盐生及耐盐植物 60 余种:其中有藜麦、冬小麦、谷草、饲用高粱、珍珠草、糜子、玉米、油菜等耐盐作物 10 余种;有四翅滨藜、盐地碱蓬、硬枝碱蓬、野榆钱菠菜、驼绒藜、鞑靼滨藜、木地肤、细齿草木樨、互花米草、大米草、狐米草等饲用盐生植物 10 余种;有黄花补血草、耳叶补血草、大叶补血草、繁枝补血草、罗布麻等盐生景观花卉植物 10 余种;有胡杨、灰胡杨、大果沙枣、尖果沙枣、柠条、紫穗槐、多枝柽柳、中华柽柳、短穗柽柳、刚毛柽柳、白刺、西伯利亚白刺、唐古特白刺、黑果枸杞、盐爪爪、里海盐爪爪、囊果碱蓬、盐节木、盐穗木、小叶碱蓬、镰叶碱蓬、樟味藜等生态建设用乔灌木植物品种 30 余种。

图 12.13 中国与 ASIIRC 在穆伊纳克合作共建的盐生植物种质资源圃(2019 年 10 月)

图 12.14 扩建后的穆伊纳克盐生植物种植资源圃园区(2020 年 11 月,ASIIRC 提供)

12.3 盐渍化土壤生态修复技术

以盐生植物种质资源为基础,开展重度盐碱地生物改良利用技术的研发与示范,结合咸海干涸湖盆区土壤、大气降水与地下潜水条件,开展盐生植物无灌溉种植技术、提引地下微咸水或咸水工程配套种植技术的研发,建立以盐生植物为主体的生物修复与植被构建技术体系。

提出节水模式下咸水适度灌溉植被建设技术,该技术基于咸海干涸湖区地下水浅埋特点,在地下水矿化度 5～30 g/L 地段，通过提引浅埋咸水资源滴灌种植盐生植物，以缓解咸海干涸湖区植被建设用水压力。2020 年，研究团队以中国塔里木河下游农二师 33 团盐碱荒漠为试验区，引 18～30 g/L 高矿化度农排水，种植盐地碱蓬、盐角草、盐爪爪、盐穗木等，效果良好。同时，提出了集水一保墒植被建设技术，充分利用咸海地区秋冬降水较集中特点，设置阻雪障、集水沟、抑蒸发覆盖等处理，以创造实生苗易发生土壤环境。2020 年，研究团队在中国新疆克拉玛依造林减排区实施了试验示范，集水保墒效果明显。另外，还提出了咸水结冰淋盐植被建设模式，利用咸海地区冬季寒冷特点，抽取地下咸水结冰，基于咸水冻融咸淡分离原理和盐生植物生长发育规律，实施盐碱土地的植被建设，该模式将为咸海地区植被建设水源供应提供思路。

12.3.1　重度盐碱地盐生植物种植改良技术

示范种植饲用盐生植物，定期调查盐生植物地上部分生物量累积特征、盐分累积量及离子组成，以及种植区土壤水盐动态变化，探明盐生植物种植的土壤水盐平衡调控效果，构建重度盐碱地盐生植物种植改良技术体系。

12.3.1.1　盐碱地生物改良技术

盐生植物能够大量吸收土壤盐分聚集于植物体内，致使土壤盐分在土壤剖面发生明显变化。

(1)盐地碱蓬种植对土壤剖面盐分分布的影响

图 12.15 为中国克拉玛依盐生植物园区土壤与植被的耦合关系，反映了连续种植 3 a 盐地碱蓬背景下的土壤剖面盐分变化状况。可以看出，在种植 1 a 后盐分积累区位于 20～40 cm 土层，种植 2 a 后盐分积累区位于 40～60 cm 土层及其以下的位置，种植 3 a 后盐分积累区主要位于 60 cm 以下土层。

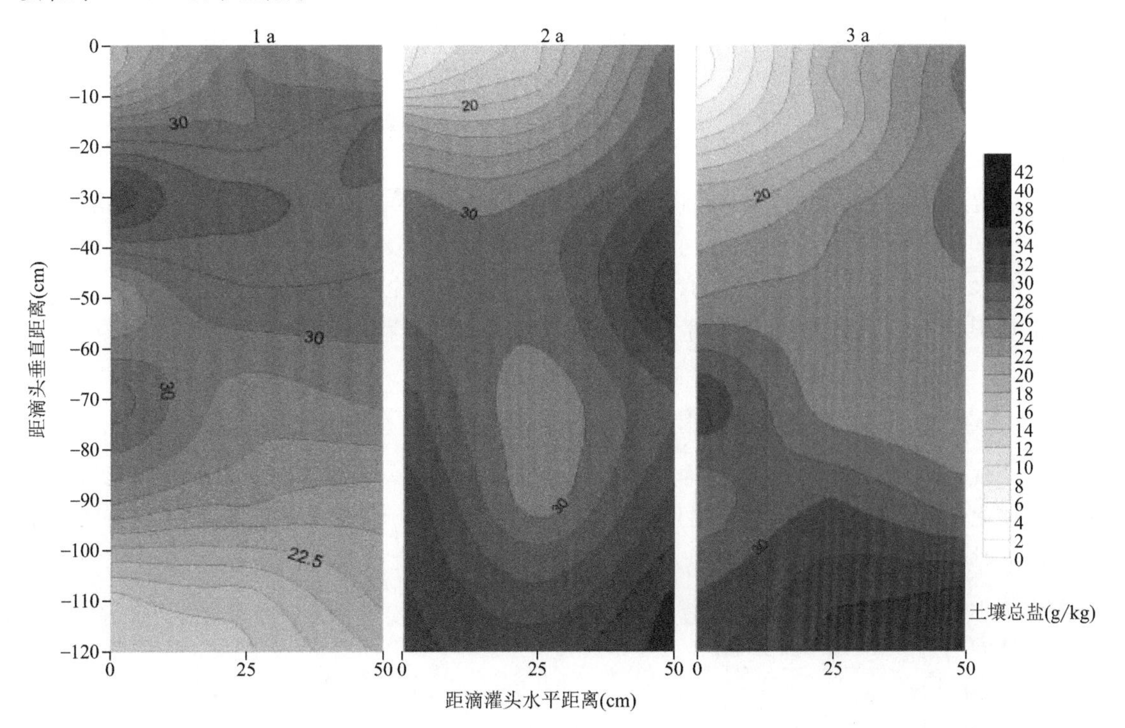

图 12.15　不同改良年限土壤剖面盐分变化

(2)盐生植物种植对土壤盐分平衡的影响

经滴灌种植盐地碱蓬 1 a 后,0～20 cm 土层和 20～60 cm 土层土壤含盐量都有下降的趋势,分别下降 22.29 g/kg 和 2.37 g/kg,脱盐率分别为 43.84%和 6.90%,60～120 cm 土层则稍有增加。种植 2 a 后,0～20 cm 土层和 20～60 cm 土层土壤含盐量继续下降,脱盐率分别为 55.74%和 17.96%;0～20 cm 土层脱盐速度小于第 1 年,由 43.84%下降为 11.89%;20～60 cm 土层脱盐速度大于第 1 年,由 6.90%上升为 11.08%;60～120 cm 土层土壤盐分继续上升,由第 1 年的 25.07 g/kg 上升为 32.90 g/kg。说明随着种植年限的增加,上层土壤盐分在盐地碱蓬移盐和灌溉的淋洗作用下持续下降。表 12.5 反映了不同种植年限土壤含盐量的变化特征。

表 12.5 不同种植年限土壤含盐量的变化

年限(a)	土壤盐分(g/kg)			盐分变化(g/kg)			脱盐率(%)		
	0～20(cm)	20～60(cm)	60～120(cm)	0～20(cm)	20～60(cm)	60～120(cm)	0～20(cm)	20～60(cm)	60～120(cm)
0	50.84	34.36	24.80	—	—	—	—	—	—
1	28.55	31.99	25.07	−22.29	−2.37	0.27	43.85	6.89	−1.10
2	22.50	28.19	32.90	−28.34	−6.18	8.10	55.74	17.97	−32.67
3	16.97	23.98	29.26	−33.87	−10.38	4.46	66.62	30.22	−17.98

(3)种植盐生植物对土壤理化性质的影响

通过野外大田试验可知,在滴灌条件下,不同种植年限的盐地碱蓬对重盐碱地的改良效果具有差异性,并对土壤结构和土壤肥力特性具有一定的影响。经过 3 a 种植后上层土壤 Na^{+} 和 Cl^{-} 离子含量下降 49%以上,上层土壤 Ca^{2+} 和 SO_4^{2-} 离子含量下降低,下层土壤受到的影响小;第 1 年 HCO_3^{-} 和 Mg^{2+} 两种离子的淋洗速度较弱,第 2 年和第 3 年的淋洗效果明显。种植 3 a 后,表层土壤的 Cl^{-}/SO_4^{2-} 比值和 SAR 值均大幅下降。

种植盐地碱蓬改善土壤结构,0～30 cm 土壤容重随种植年限增加而下降,土层土壤总空隙度明显增加,形成上虚下实结构。

种植盐地碱蓬对土壤的肥力特性产生明显影响。SOM 含量在种植第 1 年受到开垦影响,含量快速下降;种植第 2 年和第 3 年由于植物残落物增加而含量上升;种植 3 a 后基本恢复到种植前的水平。土壤中全氮和全钾含量总体有增加的趋势,全磷含量变化不大。速效氮含量随种植年限增加而下降,速效磷含量有增加的趋势,速效钾含量则呈现先增高后下降的变化规律。

12.3.1.2 植物促生改良剂技术

重度盐碱地植被建设一直是生态修复与绿化建设的难题。土壤改良剂的研发与施用可改善土壤理化性质,有利于推进植被建设。受疫情影响,在 2020 年的重度盐碱地盐生植物种植技术研发时段,主要采取室内试验的方法确定了几种土壤改良剂,为重盐碱地植被建植成功提供探索性技术和材料支持。

(1)DSG 与酸性物质配施试验

① 试验目的

脱硫石膏(DSG)为工业副产物,主要成分为 $CaSO_4$。DSG 中的 Ca^{2+} 能置换土壤胶体中

的 Na^+，从而降低土壤碱化度，改变土壤盐类组成。但 DSG 对土壤 pH 的降低作用有限，为提高 DSG 作用效果，实现盐碱土壤快速高效改良，选择 DSG 为主，酸性物质（$NH_4H_2PO_4$ 和柠檬酸）为辅的原料配比，开展复合改良剂的开发研究。

② 材料与方法

如前所述，DSG 主要成分 $CaSO_4$，微溶于水，呈碱性；酸性物质分别为 $NH_4H_2PO_4$ 和柠檬酸；盐碱土 pH 基底值为 9.65，全盐量基底值为 1.96‰。表 12.6 反映了试验设计概况信息。

表 12.6 试验设计概况信息

编号	处理方式	用量(kg/亩)		
		DSG	$NH_4H_2PO_4$	柠檬酸
CK	CK	0	0	0
F	烟气脱硫石膏(FGDG)	1500	0	0
FN1	FGDG+$NH_4H_2PO_4$		75	0
FN2			150	0
FN3			225	0
FN4			300	0
FN5			375	0
FN6			500	0
FN7			750	0
FN8			1000	0
FM1	FGDG+柠檬酸		0	10
FM2			0	50
FM3			0	100
FM4			0	150
FM5			0	200
FM6			0	300
FM7			0	500
FM8			0	750
FM9			0	1000

取过 1 mm 筛的风干土 10 g，分别添加烟气脱硫石膏（flue gas desulfurization gypsum，FGDG）、$NH_4H_2PO_4$ 和柠檬酸，试验设置 4 类处理，即 CK（对照）、单加 FGDG、FGDG+$NH_4H_2PO_4$ 和 FGDG+柠檬酸，其中 FGDG 用量均为 1500 kg/亩，每个处理重复 3 次。

③ 结果分析

(a) DSG 与 $NH_4H_2PO_4$ 配施对土壤 pH 和总溶解度（TDS）的影响

图 12.16 反映了 NJISW（南京钢铁厂）DSG 和 $NH_4H_2PO_4$ 配施对土壤 pH（图 12.16a）和 TDS（图 12.16b）的影响。CK 和 F 处理对比，可看出单独添加 DSG 能显著增加土壤 pH 和

TDS($p<0.05$),这是由于本试验所用 DSG 中 $CaSO_4$ 水解呈碱性造成。

FGDG+$NH_4H_2PO_4$ 处理随着 $NH_4H_2PO_4$ 用量增加,pH 值降低。与对照相比,仅 FN7、FN8 处理中 pH 显著降低($p<0.05$),此时 $NH_4H_2PO_4$ 用量为 750 kg/亩和 1000 kg/亩,用量较大;但 FN1~FN6 处理其 pH 均低于 F 处理,说明添加 $NH_4H_2PO_4$ 能够降低 DSG 造成的 pH 增加。

与 F 处理相比,除 FN8 处理,添加 $NH_4H_2PO_4$ 后,土壤溶液的 TDS 反而降低,且在 75~500 kg/亩,随着 $NH_4H_2PO_4$ 用量增加,TDS 呈降低的趋势。DSG 中的 $CaSO_4$ 与 $NH_4H_2PO_4$ 反应生成亚硫酸以及磷酸钙或磷酸氢钙沉淀,不仅能够降低土壤 pH,并且由于沉淀的生成会降低土壤中的可溶性盐含量,但随着 $NH_4H_2PO_4$ 用量的增加,$NH_4H_2PO_4$ 过量,虽然能降低土壤溶液 pH 值,但是其 TDS 增加。

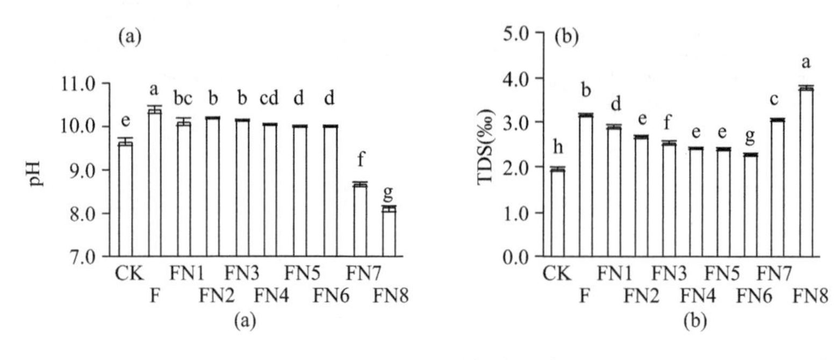

图 12.16　NJISW DSG 和 $NH_4H_2PO_4$ 配施对土壤 pH(a)和 TDS(b)的影响

(NJISW 为南京钢铁厂,下同)

(b)DSG 与柠檬酸配施对土壤 pH 和 TDS 的影响

由图 12.17 可看出,与 F 处理比,添加柠檬酸能降低因 DSG 加入而造成的升高的 pH;与 CK 相比,除 FM8、FM9 外,其余处理并没有降低土壤 pH。FM1~FM6 处理(10~300 kg/亩),各处理间 pH 和 TDS 差异不大,由于柠檬酸是有机酸不会水解产生盐基离子,所以 FM1~FM6 处理与 F 处理相比差异不大。FM7~FM9 柠檬酸用量较大能够显著降低 pH 值,TDS 也有所增加,但增幅不大。

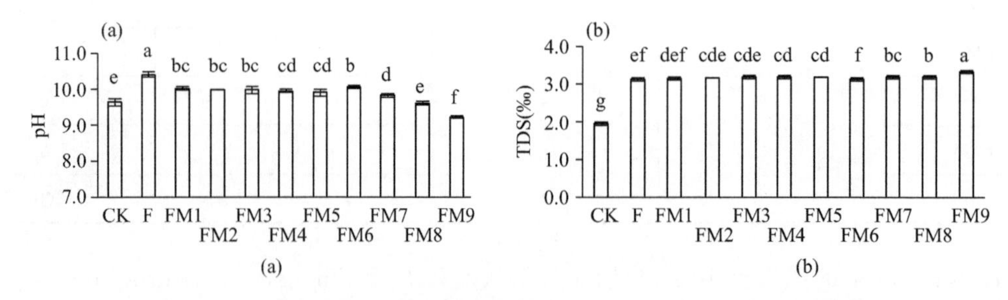

图 12.17　NJISW DSG 和柠檬酸配施对土壤 pH(a)和 TDS(b)的影响

④ 结论

$CaSO_4$ 与 $NH_4H_2PO_4$ 能够反应生成酸和沉淀,不仅能降低 pH 还可以降低 TDS。当 $NH_4H_2PO_4$ 用量为 750 kg/亩时,其 pH 值显著低于 CK,并且其 TDS 也低于单独添加 FGDG 处理;因此,可以考虑继续探索更加实际有效的用量,但就大田生产而言,500~750 kg/亩 $NH_4H_2PO_4$ 的用量成本较高。从试验结果来看,柠檬酸与 DSG 的复合使用对土壤全盐量的影响取决于 DSG；添加柠檬酸后能降低 pH 但效果不明显。

(2)DSG 与 PAM 配施试验

① 试验目的

聚丙烯酰胺(PAM)是一种高分子材料，含有一定数量的极性基团，它能通过吸附水中悬浮的固体粒子，使粒子间架桥或通过电荷中和使粒子凝聚形成大的絮凝物，可加速悬浮液粒子的沉降。研究表明，施加 PAM 后能够改善土壤结构，增加土壤团粒结构、孔隙度、渗透性，并降低土壤容重，进而起到改良盐碱土结构的作用，并具有脱盐的效果。本试验将 DSG 与 PAM 配合施用，将 PAM 对盐碱土壤结构的改善作用与 DSG 对盐碱土壤盐碱状况的改善作用相结合，探究其对盐碱土的改良效果。

② 材料与方法

PAM 阴离子型：300 万分子量和 2000 万分子量；PAM 非离子型：300 万分子量和 2000 万分子量。DSG 来自某热电厂。盐碱土基底值：pH 为 10.25，全盐量为 6.59‰。

分别将不同类型 PAM(阴 300 万、阴 2000 万、非 300 万、非 2000 万)按比例(PAM∶DSG＝1∶49)混匀，试验模拟盐碱土改良田间步骤。取 100 g 风干土，加入对应比例的 PAM 和 DSG 混合物，搅拌均匀后，加入 100 mL 超纯水搅拌均匀，充分反应，静止 2～3 h，倒出上清液，将泥浆放置纸上晾干，晾干后土样进行 pH 和 EC 测定。

PAM 用量设计：0 kg/亩、1.5 kg/亩、2.5 kg/亩、5 kg/亩、7.5 kg/亩、10 kg/亩、12.5 kg/亩、15 kg/亩。

PAM 与 DSG 配比试验：采用阴离子型 300 万分子量 PAM，PAM 浓度选用 2.5 kg/亩和 10 kg/亩，分别设置 PAM∶DSG＝1∶14、1∶19、1∶24、1∶49、1∶99、1∶149、1∶199。后续试验步骤与“PAM 用量试验”一致。

PAM 与 $NH_4H_2PO_4$ 配比试验：取风干土 200 g，加水 200 mL，搅拌均匀后静置 40 分钟后，测上清液 pH 和 EC 值，设置单独加 $NH_4H_2PO_4$ 和 $NH_4H_2PO_4$＋PAM(7.5 kg/亩)，$NH_4H_2PO_4$ 分 5 次加入，每次加 75 mg，对应 $NH_4H_2PO_4$ 用量为 75 kg/亩、150 kg/亩、225 kg/亩、300 kg/亩、375 kg/亩，第 5 次加完 $NH_4H_2PO_4$ 后，每个处理分别加入 360 mg DSG(360 kg/亩)。

③ 结果分析

(a)不同 PAM 用量对土壤 pH 和 EC 的影响

如图 12.18 所示，随着混合物用量的增加，不同处理土壤 pH 呈降低的趋势，但各处理间差异不显著，且与单独使用 DSG 处理间无显著差异，pH 降低的原因是在 PAM 与 DSG 比例一定的情况下，混合物用量越多，则 DSG 量越多，导致 pH 值下降。此外，单独使用 PAM 各处理间差异也不显著，说明 PAM 使用不会影响土壤 pH，且不会影响 DSG 的作用。

与 0 kg/亩处理相比，添加 PAM 及 DSG 混合物后能够增加土壤水溶液的 EC 值，且 FPY3、FPY20 和 FPF3 处理增加量较大，PY3、FPF20 和 FGDG 处理 EC 有所增加，但变化不显著。FPY3、FPY20 和 FPF3 处理在用量为 12.5 kg/亩时 EC 值显著高于其他用量处理，表现出随着混合物用量增加，EC 先升高后降低的趋势，这可能是由于高分子加入到一定量后，其吸附架桥作用将溶液中的溶质离子吸附凝聚，从而降低了溶液电导率。从图 12.19 可明显看出，阴离子 2000 万 15 kg/亩处理土壤泥浆有明显的颗粒感，说明其对土壤溶质的絮凝作用优于非离子 2000 万分子量 PAM。

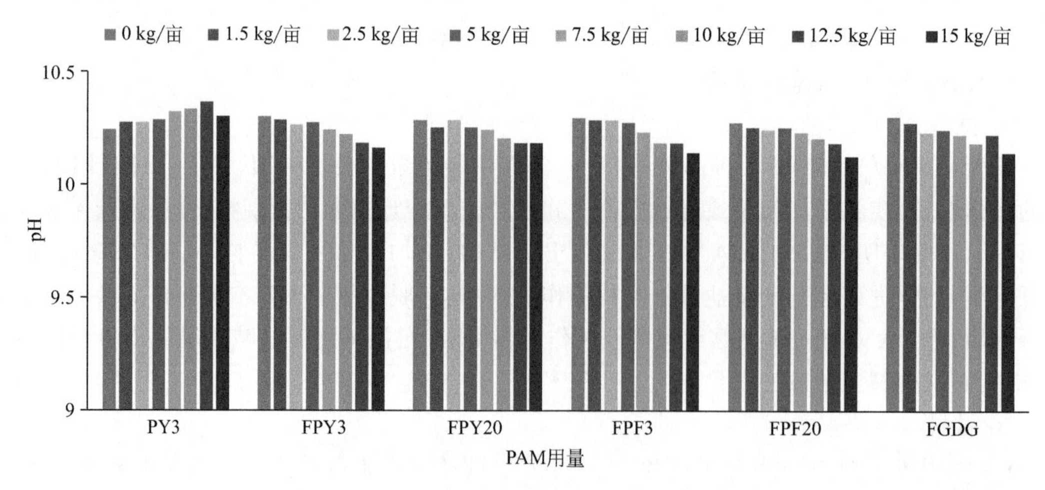

图 12.18 不同 PAM 用量对土壤 pH 的影响

(PY3:阴离子型 300 万分子量 PAM;FPY3:DSG+阴离子型 300 万分子量 PAM;FPY20:DSG+阴离子型 2000 万分子量 PAM;FPF3:DSG+非离子型 300 万分子量 PAM;FPF20:DSG+非离子型 2000 万分子量 PAM;FGDG 表示 DSG)

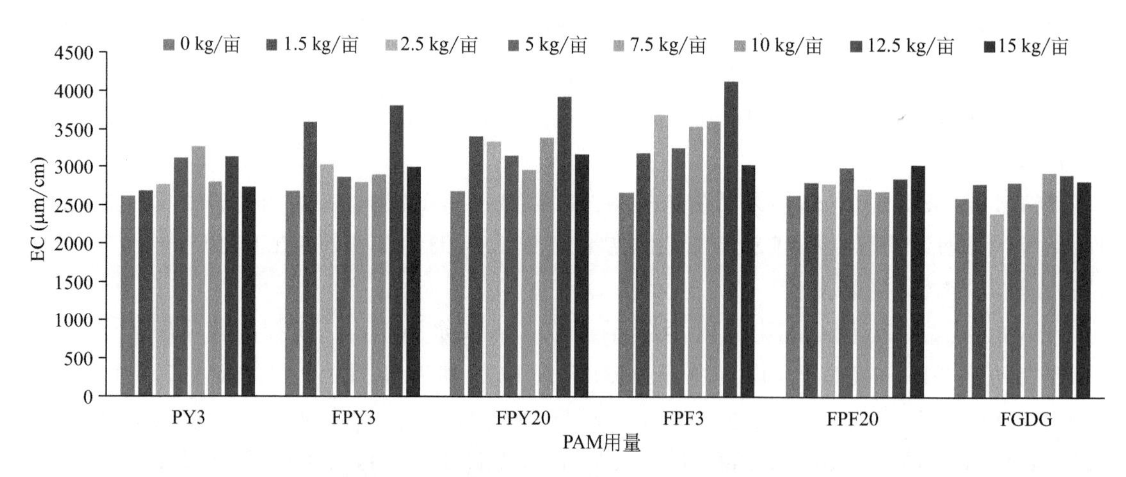

图 12.19 不同 PAM 用量对土壤 EC 的影响

(b)PAM 与 DSG 配比试验

从 PAM 与 DSG 不同比例的效果来看,随着 DSG 比例的增加,pH 下降,且 PAM 用量实验中说明 PAM 对 pH 值无影响,说明 PAM 与 DSG 间的影响不是很大(图 12.20)。EC 的变化没有明显规律,尤其是在 2.5 kg/亩 PAM 处理中,不同比例间 EC 差别较大,可能是由于 DSG 与 PAM 为混合均匀,在添加样品时混合物中所含 PAM 量不均匀(图 12.21)。考虑到每亩地的 PAM 的用量,以及混合的均匀程度,建议选择 PAM∶DSG=1∶49 左右的比例。图 12.20 及图 12.21 分别反映了不同比例 PAM 和 DSG 对土壤 pH 及土壤 EC 的影响。

(c)PAM 与 $NH_4H_2PO_4$ 配比试验

如图 12.22 所示,随着 $NH_4H_2PO_4$ 的加入,土壤 pH 值逐渐下降。与 0 mg $NH_4H_2PO_4$ 相比,75 mg、150 mg、225 mg、300 mg、375 mg $NH_4H_2PO_4$ 处理,土壤 pH 分别降低 0.27、0.42、0.57、0.80 和 1.11 个单位;$NH_4H_2PO_4$+PAM 处理 pH 分别降低 0.39、0.51、0.90、1.02 和 1.25 个单位,可以看出 $NH_4H_2PO_4$+PAM 处理对土壤 pH 的降低较好。加入 DSG 后土壤 pH 有所增加,但变化不显著,可能是由于 DSG 用量较小对 pH 的影响不明显所致。

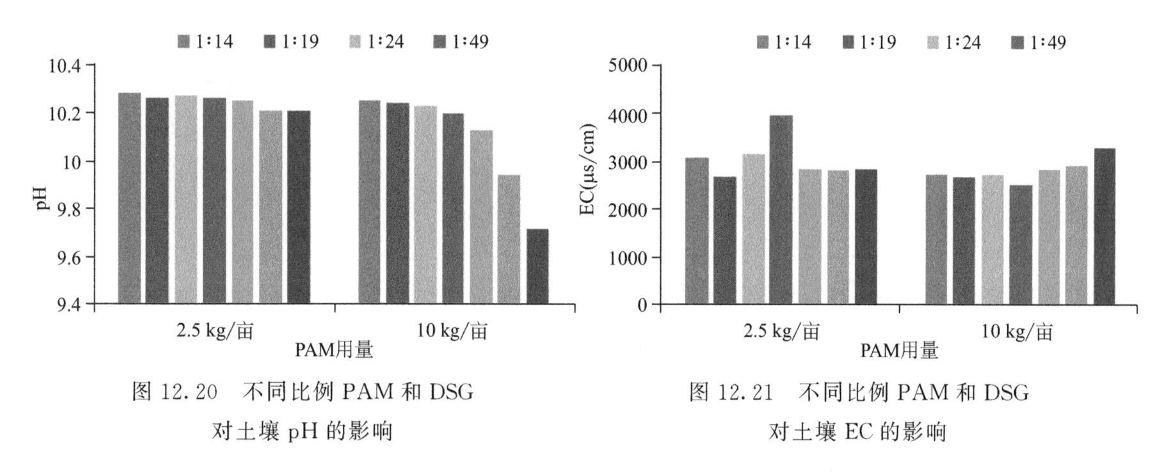

图 12.20　不同比例 PAM 和 DSG 对土壤 pH 的影响

图 12.21　不同比例 PAM 和 DSG 对土壤 EC 的影响

如图 12.23 所示，加入 $NH_4H_2PO_4$ 后能够增加土壤 EC 值，其中单独 $NH_4H_2PO_4$ 处理，在第 1 次加入 $NH_4H_2PO_4$ 后 EC 显著增加；随着后续几次 $NH_4H_2PO_4$ 的加入，EC 虽然在增加，但变化较小，第 5 次较第 2 次相比 EC 仅增加 0.61 ms/cm。在 $NH_4H_2PO_4$ + PAM 处理中，随着 $NH_4H_2PO_4$ 的加入 EC 逐渐增加，但其 EC 值均小于单独 $NH_4H_2PO_4$ 处理。加入 DSG 后，$NH_4H_2PO_4$ 处理 EC 增加 0.01，$NH_4H_2PO_4$ + PAM 处理增加 1.44，仍低于单独 $NH_4H_2PO_4$ 处理。

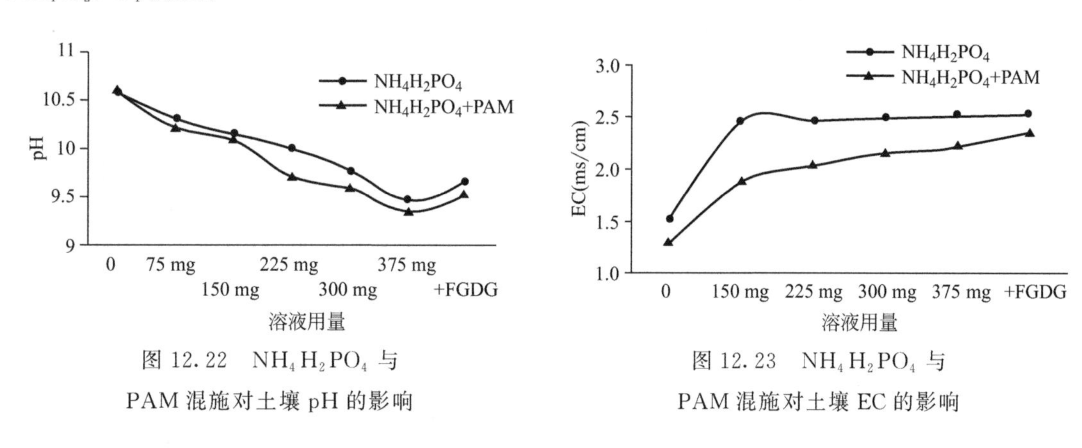

图 12.22　$NH_4H_2PO_4$ 与 PAM 混施对土壤 pH 的影响

图 12.23　$NH_4H_2PO_4$ 与 PAM 混施对土壤 EC 的影响

④ 结论

PAM 对土壤 pH 值无影响，对 EC 有一定影响。阴离子型和非离子低分子量型影响较大，且随着其用量的增加，由于高分子的絮凝作用增加，土壤 EC 反而降低。

阴离子型高分子量改良效果好，但是用量不宜太多，实施起来操作较困难，且成本高；因此，在改良过程中建议使用分子量低一些的 PAM(300 万～700 万)，用量在 2.5～10 kg/亩，若与 DSG 混合使用，建议选择 PAM：DSG＝1：49 左右的比例。

$NH_4H_2PO_4$ 与 PAM 配比使用能够降低土壤 pH 和 EC，减少由 PAM 引起的盐分增加。此外，在 DSG 与 $NH_4H_2PO_4$ 两者混合使用也能够降低土壤 pH，但在本试验中作用效果不明显，可能是由于 DSG 用量较少所致，在未来试验中将继续探索。

(3)DSG 与 BVF 配施试验

① 试验目的

竹醋液(BVF)是竹炭生产过程中产生的副产物，由水、有机酸、酚类、酮类、醛类、醇类、酯类等100多种物质混合组成,其中主要成分为水和有机酸,含量分别为80%～90%和7%～11%。BVF密度为1.0035 g/mL,pH为2.5,含盐量为600～800 mg/L,有机酸含量为3‰～4‰。农业中使用一定量的BVF,具有对农药和肥力增效的作用,可调节作物生长以及抑菌杀菌。研究表明,BVF能够增加土壤微生物和酶活性,提高SOM含量,且其具有酸性能够降低土壤pH,可作为土壤改良剂。

根据BVF基本性质,首先通过对不同浓度BVF对盐碱土壤改良效果,筛选出合适的BVF施用量,然后针对土壤盐碱程度的空间差异性(碱高盐低、碱高盐高),初步探究DSG与BVF配施对盐碱土壤的改良效果。

② 材料与方法

BVF浓度试验:采用盐碱土土壤pH为10.34,全盐量为5.5‰。

采用盆栽实验,设置不同浓度梯度的BVF,分别为未稀释的竹醋原液、2.5倍液(即:1份竹醋原液+2.5份自来水,以此类推)、5倍液、10倍液、30倍液、50倍液、100倍液、200倍液、300倍液、400倍液、空白对照加入自来水。每个盆中土壤为4 kg,分别加入配置好的BVF溶液1 L,搅拌均匀后静置3天进行土壤pH及盐分含量测定,每个处理重复3次。

DSG与BVF配施试验:根据BVF浓度试验筛选出的BVF浓度,分别设置两种试验。其一,单独DSG处理(4 t/亩);其二,DSG+BVF处理:80 g土+1.2 g石膏+40 g 5倍液。此外,土壤样品采用碱高盐高(pH:10.33,TDS:1.9‰)和碱高盐低(pH:10.42,TDS:5.3‰)的两种类型,加入相同的改良剂,比较对不同类型盐碱土改良效果,每个处理重复3次。

③ 结果分析

(a)不同浓度BVF效果试验

如图12.24所示,随着BVF稀释倍数的增加,土壤pH增加,即对土壤pH的降低效果随着BVF浓度的降低而降低。与CK相比,BVF原液、2.5～50倍液处理能够显著降低土壤pH 0.6%～25.3%($p<0.05$),其中原液处理、2.5倍液和5倍液处理土壤pH降低到了小于9.0;100～400倍液处理土壤pH与CK处理无显著差异($p>0.05$)。

BVF处理能够增加土壤全盐量,且随着BVF浓度的增加而增加。与CK相比,原液处理、2.5倍液和5倍液处理土壤TDS分别增加203.0%、38.3%和24.2%,达到差异显著性水平($p<0.05$);其余处理土壤TDS与CK处理差异不显著($p>0.05$)。

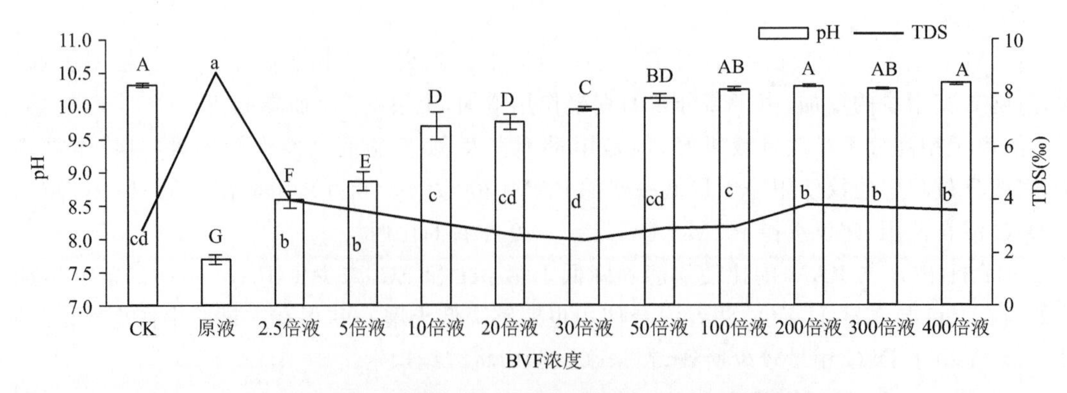

图12.24 不同浓度BVF对土壤pH和TDS的影响

(图中小写字母表示不同处理土壤全盐量差异显著性($p<0.05$);大写字母表示不同处理土壤pH差异显著性($p<0.05$))

综上所述，不同浓度 BVF 处理中，BVF 5 倍液处理能够起到有效降低土壤 pH 的同时 TDS 增加量较小，因此初步筛选 BVF 5 倍液为最适浓度。但是从图 12.25 中可以看出，相比于改良后第 3 天，改良后第 12 天土壤 pH 有较大幅度的增加，说明单独施用 BVF 处理在短期内能够降低土壤 pH；随着时间的增加土壤 pH 增大，说明 BVF 处理具有一定的时效性。

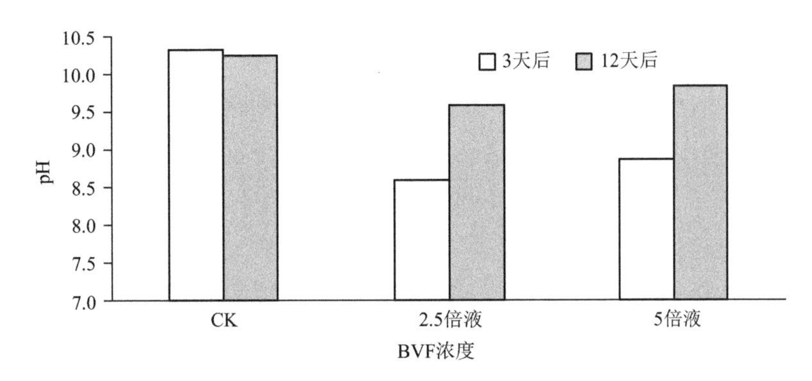

图 12.25　不同浓度 BVF 施用不同天数后土壤 pH 的变化

(b)DSG 与 BVF 配施对土壤 pH 的影响

如图 12.26 所示，加入相同量的 DSG，盐分含量低的土壤 pH 值降低更多。与改良前相比，改良后碱高盐低土壤 pH 平均降低 1.55 个单位，碱高盐高土壤 pH 平均降低 0.64 个单位，说明 DSG 对盐碱土的改良效果受土壤盐分的直接影响。

DSG 配合施用 BVF 后，与改良前相比，两种类型盐碱土土壤 pH 分别降低 2.63 和 2.53 个单位，显著低于单独添加 DSG 处理；但两种类型的土壤 pH 无显著差异(图 12.27)，且 10 天后土壤 pH 仍保持稳定，说明添加 BVF 后能够消除土壤盐分对 DSG 改良效果的影响，同时 DSG 的加入能够保持 BVF 的改良效果。

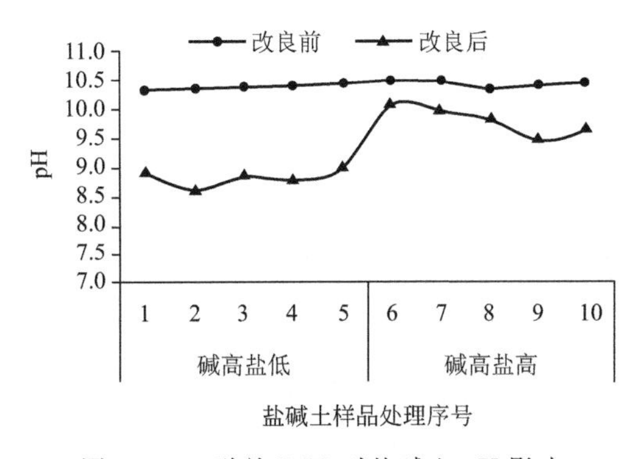

图 12.26　独施 DSG 对盐碱土 pH 影响

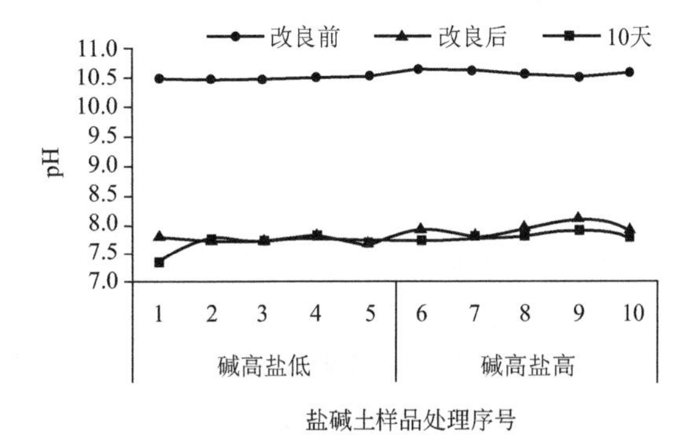

图 12.27　DSG 和竹醋配施对盐碱土 pH 影响

(c)DSG 与 BVF 配施对土壤 TDS 的影响

如图 12.28 所示，加入改良剂后土壤 TDS 均表现出增加的趋势，同一处理中碱高盐低的土壤 TDS 增加量，显著高于碱高盐高的土壤，但其 TDS 仍低于碱高盐高土壤。同一类型土壤不同处理中，DSG 单独处理土壤 TDS 增加值高于 DSG＋BVF 处理，碱高盐低土壤 DSG 处理 TDS 平均增加量为 3.89‰，DSG＋BVF 处理平均增加量为 3.41‰；碱高盐高土壤 DSG 处理 TDS 平均增加量为 2.48‰，DSG＋BVF 处理平均增加量为 1.70‰，碱高盐高土壤中 DSG＋

BVF 处理比 DSG 单独处理 TDS 增加量更低。此外，从图 12.29 中可以看出，改良一段时间后土壤 TDS 不会发生显著变化。

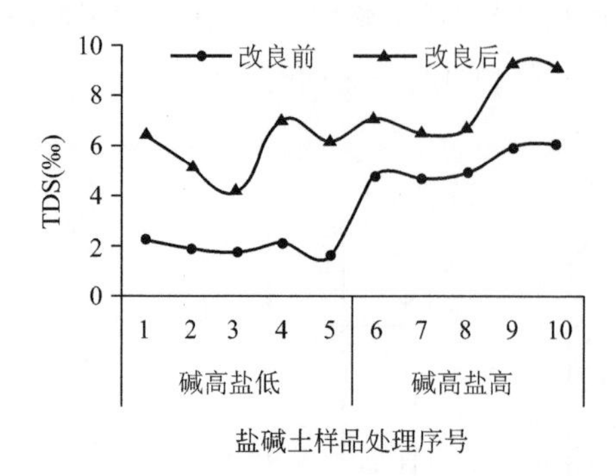

图 12.28　独施 DSG 对盐碱土 TDS 影响

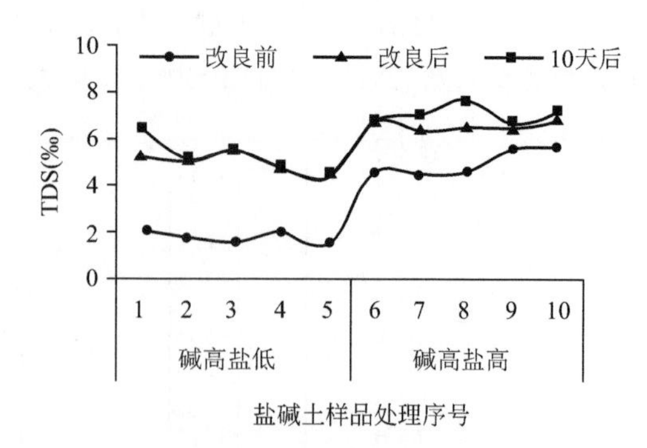

图 12.29　DSG 和竹醋配施对盐碱土 TDS 影响

④ 结论

单独施用 5 倍液浓度以上 BVF，短期内土壤 pH 值能得到有效的降低，但长期来看，土壤 pH 值回升，效果具有时效性；单独施用 DSG，pH 都高时，盐分更低的土壤具有更好的改良效果；加入 DSG 和 BVF 后会增加土壤盐分，但是 DSG＋BVF 处理较单独加入 DSG 相比土壤 TDS 增加量小；相比单独使用 DSG 而言，DSG 配合 BVF 的使用大幅度提高了碱高盐高型土壤的改良效果，具有更强的适应性。

(4)DSG 与 HA 配施试验

① 试验目的

腐殖酸(HA)是自然界中一类高分子有机物质，主要来自土壤、水体以及植物体经微生物分解后的沉积物，施入到土壤中能够增加 SOM，改善土壤结构。此外，HA 吸附螯合能力强，有较强的离子交换能力、盐分平衡能力，单独施用能降低土壤盐分和 pH，但作用效果有限。因此，在盐碱土改良过程中，降盐降碱要以 DSG 为主，改良土壤结构和增加土壤营养元素等方面可以配施 HA。本试验基于实际应用，探究 DSG 配施对盐碱土壤 pH 及全盐量的影响，以期筛选出合适的 DSG 及 HA 配比。

② 材料与方法

盐碱土 pH 基底值为 10.19，全盐量基底值为 1.6‰。HA pH 为 6.03，全盐量为 0.5‰。

采用盆栽试验，该实验共设置 4 个处理。分别为：

对照(CK)：单独施用 DSG(3 t/亩)

处理 1(B1)：DSG(3 t/亩)＋HA(1 t/亩)

处理 2(B2)：DSG(3 t/亩)＋HA(2 t/亩)

处理 3(B3)：DSG(3 t/亩)＋HA(3 t/亩)

每个处理重复 3 次，通过测定各处理的 pH 和全盐量来确定改良效果。

③ 结果分析

由图 12.30 可知，随着 HA 用量的增加，土壤 pH 降低量越大。与 CK 相比，B1、B2 和 B3 处理土壤 pH 分别降低 0.1、0.15 和 0.23 个单位，其中 B2 和 B3 处理与 CK 处理相比达到差异显著性水平($p<0.05$)，说明施入 HA 能够降低土壤的 pH。

如图 12.31 所示，CK 处理土壤全盐量最低。与对照组相比，B1、B2 和 B3 处理土壤 TDS 均升高 0.6‰左右，但随着 HA 用量的增加不同处理土壤 TDS 无显著差异；因此，HA 对土壤全盐量的增加作用并不会随着其用量的增加而增加。

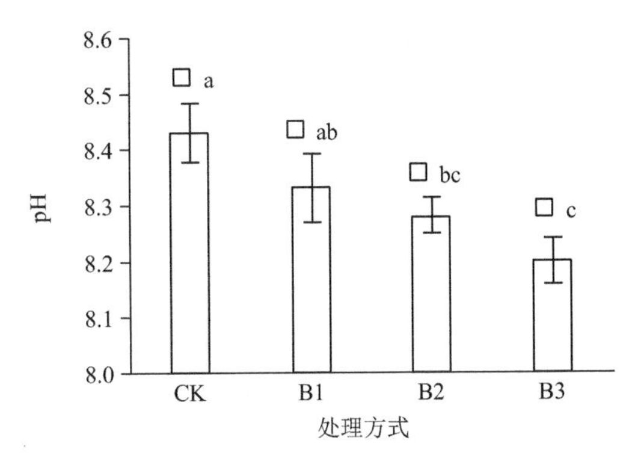

图 12.30　DSG-HA 配施对土壤 pH 影响

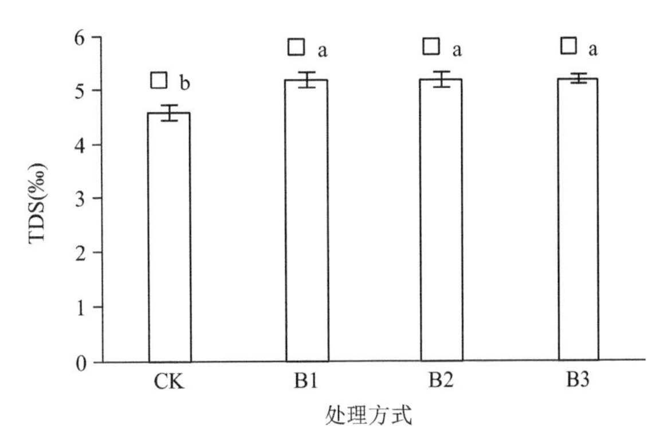

图 12.31　DSG-HA 配施对土壤 TDS 影响

④ 结论

DSG 和 HA 配施能够降低土壤 pH，但降低土壤 pH 的作用效果不明显；DSG 和 HA 配施能够增加土壤全盐量，但对土壤全盐量影响作用有限。HA 对盐碱土壤盐碱指标的改良效果有限，但其具有改善土壤结构增加 SOM 的作用，因此可以用作改良增效剂。

本试验所用土壤为重度碱化土壤，在考虑改良效果和经济成本的同时，选择 B2 处理用于重度碱化土壤改良效果较好。

12.3.2　适合区域气候的免灌植被建植技术

结合咸海盐碱地主要植物群落建群种生物学、生态学特点，以及大气降水季节性分配、土壤水盐动态变化规律等，研发适应区域气候特征的直播、育苗移栽、扦插等免灌溉种植技术。

针对咸海干湖区降水春冬多、夏秋少的季节性分布规律，设计集积雨雪水、保墒、压盐为一体化的植被建设技术。咸海地区年降水量 130 mm 左右，主要集中在冬春季节。冬季多风，气候寒冷，一般可形成 6～10 cm 厚的积雪，造林区地表光裸且平坦，不利于降雪积存。为此，有效拦蓄降雪水分需要采取相关技术策略。其一，垂直于秋冬主风向方向，间隔 10～12 m 开设平行沟，形成上口宽 0.5 m，深约 0.5 m 的 V 形沟(有效破除 20～30 cm 深处的钙积黏土层)，沟内取土堆放于下风向一侧。其二，在沟的下风向一侧，设置 1 m 左右的阻雪障，以拦蓄雨雪水和随风飘荡的植物种子进入沟内。其三，在沟的上风向一侧，修平地面并进行一定的覆盖处理，创造集水入沟的微地形以保障雨雪水顺利进入并抑制水分的过快蒸发。其四，入冬结冻前，将盐地碱蓬、镰叶碱蓬、小叶碱蓬、盐穗木等盐生植物种子与抑盐促生生物菌肥、有机肥等按一定质量比拌和。其五，根据 1 hm^2 用种 2～3 kg，沟内覆盖约 10～15 cm 厚沙土的要求，再将拌和了菌肥、有机肥的种子掺入沙土拌匀，将拌和了种子的沙土倒入沟内，在沟内形成 10～15 cm 厚的沙土覆盖层。有幼苗可用的情况下，也可以在早春栽种幼苗。咸海干涸湖盆区 GWD 多在 3 m 以内，矿化度 20～35 g/L。如果种植区 GWD 在 0.5～1.5 m，幼苗种类可选择盐穗木、盐爪爪、盐节木；如果 GWD 在 1.5 m 以下，可选择柽柳、盐穗木、黑果枸杞及白刺。

12.3.3　不同咸水的适度灌溉植被构建技术

咸海干枯湖底的地下浅埋微咸/咸水资源是地上中生性盐生植物正常生长所必需的重要水源。参考 XJIEG 塔中站已有咸水灌溉技术，结合咸海干枯湖底立地土壤水盐条件，提引地下浅埋微咸、咸水资源，研发适度补水的高耐盐植物种植技术。

12.3.3.1　高矿化度地下浅层咸水滴灌种植盐生植物技术

开发利用地下浅埋咸水/微咸水资源，采用节水滴灌技术，不需要高强度的土壤改良和修建灌溉系统，成本低、速度快、效益高，是解决咸海干湖底区水资源缺乏的重要途径。咸海干湖底重盐碱地 GWD 多为 1.5～3 m，矿化度多为 10～30 g/L，植物多以 1 a 生藜科的滨藜属和猪毛菜属为主，也有稀疏生长分布的柽柳、盐穗木等植物。咸海地区地下咸水资源埋深浅且丰富，结合已筛选出的高耐盐灌、草植物，抽取地下咸水种植高耐盐盐生植物，将成为咸海干湖底区重度盐碱地植被建设的一条重要技术途径。2020 年 6 月，研究团队在中国塔里木河下游开展咸水灌溉种植盐地碱蓬先导性试验。表 12.7 为列入盐地碱蓬田间咸水灌溉试验方案规划信息表。图 12.32 反映了盐渍化土地的植物修复技术。

表 12.7　盐地碱蓬田间咸水灌溉试验方案规划表

处理(g/L)	编号	重复 1	重复 2
0	0	0(桶 1)	
5	1	1—1(桶 2)	4—2(桶 9)
10	2	2—1(桶 3)	1—2(桶 8)
15	3	3—1(桶 4)	2—2(桶 7)
20	4	4—1(桶 5)	3—2(桶 6)

图 12.32　盐渍化土地的植物修复技术

(1)植株株高变化情况

图 12.33 反映了不同矿化度咸水灌溉下盐地碱蓬植株高度变化。

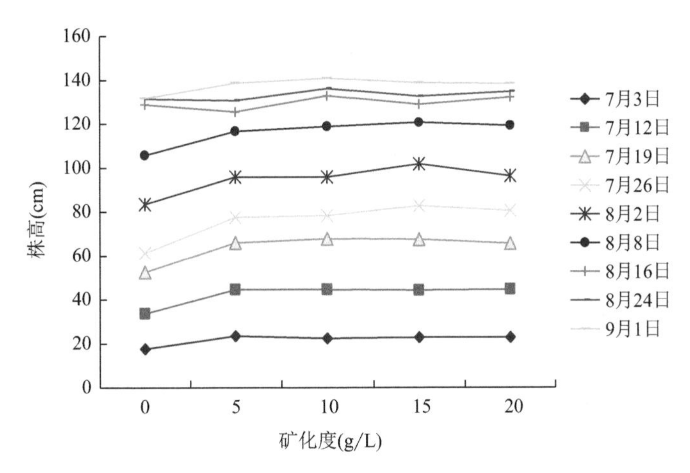

图 12.33　2020 年 7—9 月不同矿化度咸水灌溉下盐地碱蓬植株高度变化

监测发现,2020 年 6 月 28 日加盐后,从 7 月 3 日到 8 月 8 日对照(0 g/L)植株在所有处理中生长最矮,说明盐生植物缺盐是一种胁迫,影响前期的高生长。5～20 g/L 矿化度咸水处理的植株高度一致,从 7 月 3 日到 8 月 8 日,随着生长时间的延长,15 g/L 矿化度咸水处理植株高度增长最快。8 月 16 日到 9 月 1 日的时间段,植株高度增长缓慢,0～20 g/L 各矿化度咸水处理的植株高度趋于一致。

(2)茎叶肉质化程度对比

由图 12.34 可看出,农田土壤加盐处理后,2020 年 7 月 14 日到 9 月 5 日的主要生长季节内,盐生植物肉质化程度逐渐降低。7 月 14 日到 8 月 20 日一个多月内,肉质化最强,是生长旺盛期,也是盐生植物最抗盐阶段,为强烈积盐阶段,体内积累盐分能够降低植株从根系到地上部分的水势,为根系和植株吸收土壤水分和养分创造水势梯度。8 月 20 日至 9 月 5 日为生殖生长阶段,肉质化程度下降 10%,不是吸盐为主,主要向着为种子提供碳水化合物等营养物质方面转化。

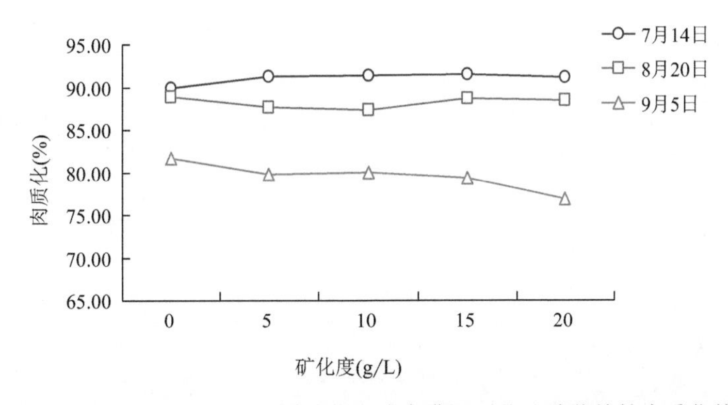

图 12.34　2020 年 7—9 月不同矿化度咸水灌溉下盐地碱蓬植株肉质化特征

随着盐度增加,7 月 14 日到 8 月 20 日的生长旺盛期,肉质化表现为增强;在生长后期,矿化度越大,肉质化越低,反映了盐分促进了后期的生殖生长,为一种合理的植物策略;而 0 g/L

处理依然保持最高肉质化程度，为一种非正常生理表现，不能及时从营养生长向正常季节的生殖生长阶段转化。

(3)不同矿化度水灌溉下生物量对比

在主要生长季节，前期和后期都表现为随着矿化度的升高盐生植物生物量增大的规律。8 月 20 日监测发现，与对照相比，各处理生物量增大，以 10 g/L 矿化度生物量最大；同时发现 9 月 5 日是生物量积累最高时期，是咸水处理的最终效应结果，以最高浓度的 20 g/L 生物量最大。图 12.35 反映了不同矿化度咸水灌溉下盐地碱蓬植株肉质化特征。

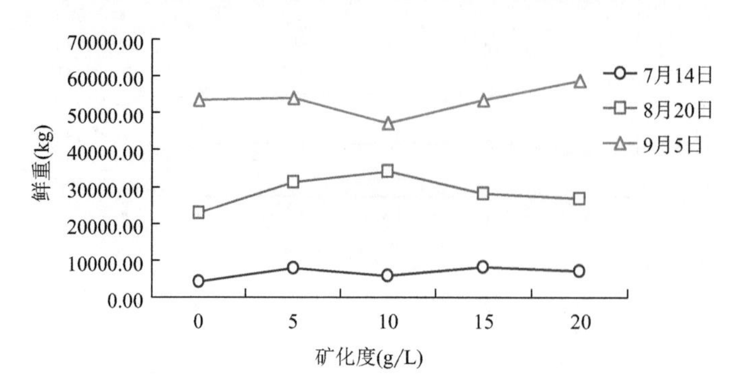

图 12.35 不同矿化度咸水灌溉下盐地碱蓬植株肉质化特征

随着植物生育期的进展，矿化度为 20 g/L 的咸水能够带来盐生植物的最大生物量的积累速率。受各种条件的制约，采样期只有 3 次，更为科学合理的规律有待进一步验证。

(4)不同矿化度水灌溉下土壤剖面盐分变化情况

从试验效果来看，因盐地碱蓬正常生长需要一定的盐分参与代谢合成，淡水灌溉不利于其生长(大田土壤盐分不足 5 g/kg)；在低浓度盐水(纯 NaCl 配制)下，前期株高、植株生长表现均不良。相对于淡水，20 g/L 高浓度 NaCl 盐水灌溉下植株生长正常，且植株长势较好，说明开发 20 g/L 地下咸水灌溉种植盐地碱蓬等真盐生植物是可行的，可以有效地解决无水可用的造林难题。随着咸水灌溉，土壤盐在 0～40 cm 土层表现为积聚，60～80 cm 总盐在生长季节内基本不随时间变化，说明滴灌咸水和植物生长对深层盐分影响较小，盐分主要在表层运动强烈。图 12.36 反映了高矿化度咸水灌溉下土壤总盐变化。

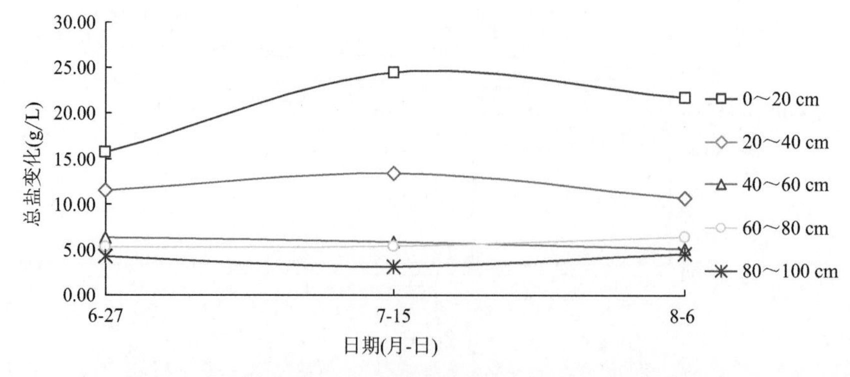

图 12.36 2020 年 6—8 月高矿化度咸水灌溉下土壤总盐变化

(5)生育期盐生植物吸收土壤盐分离子情况对比

盐生植物生长前期(2020 年 6 月 27 日—7 月 15 日)，在咸水灌溉作用下，由于植物生物量小对土壤影响也较小的原因,显示土壤盐分增加;随着植物生物量增加,根系影响范围扩大,植物吸盐能力提高,7 月 15 日到 8 月 6 日的离子吸收效应显示,植物的生长降低了土壤 3 种盐分离子,植物主要以 NaCl 的形式吸收土壤盐分。图 12.37 反映了生育期盐生植物吸收土壤离子效应。

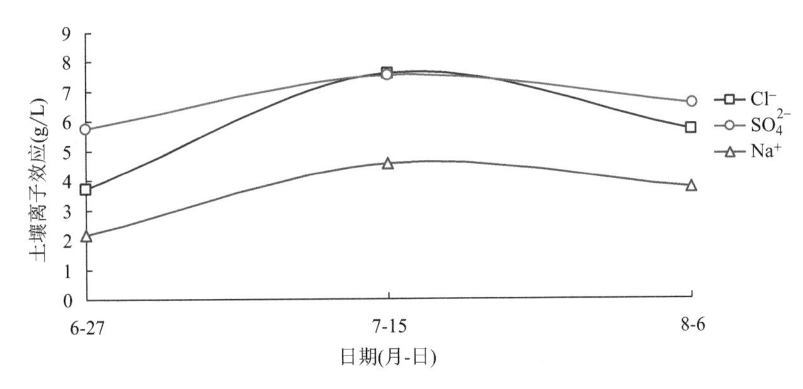

图 12.37　2020 年 6—8 月生育期盐生植物吸收土壤离子效应

可以看出,在高矿化度咸水灌溉下,像盐地碱蓬这样的真盐生植物,可以通过自身聚盐特性吸收根区土壤盐分,减少盐分胁迫程度。

12.3.3.2　咸水冰压盐种植盐生植物技术

咸海干湖底环境特点主要体现在土壤含盐量高、GWD 浅以及冬季气温低等方面。冬季咸水结冰灌溉技术可很好地应用于咸海重度盐碱地植被建设方面。该技术依据咸水结冰融化过程中咸、淡水分离的基本原理,利用冬季寒冷气候条件,在冬季抽提高矿化度地下咸水冻结成咸水冰,春季咸水冰层融化,先融化的是高矿化度咸水,后融化出的是低矿化度微咸水和淡水,这种咸、淡水分离入渗过程,对土壤盐分起到了很好的淋洗作用,且正发生于春季土壤返盐期,再结合一定的地表覆盖抑盐措施,土壤低盐湿润条件将得到较好的保持,可以保障定植植物幼苗正常生长。

为实现咸水结冰压盐种植盐生植被,需要开展如下研发及管理工作。其一,入冬前,选择 GWD 小于 1.5 m 大于 1.0 m 的盐土地,修建台田,台田宽 6.0 m、长度 50.0 m,沟深 1.0 m,底宽 1.0 m,上口宽 2.0 m,台田地面与地下水的距离不小于 1.0 m。在台田四周修建高度为 50 cm 的蓄水埂。其二,当冬季日均气温稳定低于−5 ℃时,抽提地下咸水进行灌溉,灌溉水含盐量为 10～20 g/L,灌水量 250 mm。其三,3 月底至 4 月初,待咸水冰完全融化入渗后,及时利用牲畜垫圈肥或椰壳纤维网,减少蒸发以抑制春季返盐。其四,地表覆盖后,及时栽植柽柳、白刺、盐穗木、盐节木、盐爪爪幼苗,撒播盐地碱蓬、镰叶碱蓬、猪毛菜等草种。

为配合咸水压冰的实施,保蓄土壤水分和减缓土壤水分的快速流失,研发了利用单向透水膜改良盐碱地技术。通过在一定土层下设置单向透水膜,阻断深层土壤水分盐分上移,保持灌溉水能自由通过单向透水膜进入下层土壤,阻断水分上移造成的盐分上移,保证灌水淋洗盐分的效果。单向透水膜的结构原理为:灌溉水下渗过程中,溶解土壤中的盐分,在重力作用下下渗通过单向透水膜上部的细沙层,进行颗粒过滤,在灌溉水的重力作用下单向渗透膜的未热熔接区域被打开,灌溉水及溶解的盐分能够顺利进入单向透水膜下层;地下水或土壤深层水分上移时，在向上的压力作用下单向渗透膜的未热熔接区域处于关闭状态，从而能保障种植区土壤持续脱盐。

研究团队于2019年12月前往咸海地区，并与ASIIRC商定了打井抽取地下咸水压冰种植盐生灌木的方案，达成了共识；但受新冠疫情持续影响，这部分工作暂被搁置。

12.4 盐渍化农田水肥控制技术

在盐碱农区围绕主栽作物品种，以盐碱地滴灌全程控盐促生抗盐增效工程化配套体系为手段，优化集成滴灌节水灌溉设备、生物肥料、改良剂/调理剂、耕作机械等的节水、抑盐、促生抗盐、改土、增产型水肥一体化盐碱地生产力提升技术模式。

滴灌盐碱地控-排盐工程化配套技术。基于咸海地区盐碱农田盐渍化成因以及现有土壤耕作与种植制度，结合深犁深翻、深松破障、秸秆深埋、盲沟排盐等工程手段，建立集施肥、灌溉、土壤耕作等为一体的滴灌盐碱地控-排盐配套技术。

节水灌溉农田抑盐促生专用肥料研制。针对盐害开发微生物促生抗盐改良剂与渗透调节抗盐剂，特别是围绕盐分影响养分有效性问题，开发抗盐促生专用肥，集成盐渍化农田抑盐促生综合技术，提高现有盐碱农田土地生产能力。

水肥一体化盐碱农田生产力提升技术。研究主栽作物需水与需肥规律，基于节水灌溉技术设计供水系统，确定滴灌水肥一体化施肥量，建立精确施肥灌溉水肥一体化灌溉制度，构建高效节水灌溉盐碱农田高产高效技术模式。

12.4.1 滴灌盐碱地控排盐分工程化配套技术

咸海生态劣变的成因是多方面的，其中最主要的是注入咸海的两大河流——阿姆河和锡尔河的注水量日益减少；这是由于20世纪60年代以后，原苏联的中亚各国大规模发展水浇地，特别是大量种植棉花造成的。几十年来，关注咸海问题的专家们一致认为，要恢复咸海原有水域和生态，最根本的办法就是加大注入咸海的水量，并就此提出过各种开源引水与节制用水的方案。

导致咸海不断萎缩的根本原因不是中亚两河缺水，而是粗放式的农业开发导致两河径流量的滥用和流失。走现代化、信息化、集约化、低碳化的精准农业发展之路，才可能将大量浪费在大水漫灌、渠道渗漏和大田蒸发方面的农业用水重新“聚集”起来，让其按自然属性归流咸海，遏制咸海萎缩。2003年中方研究人员在塔吉克斯坦进行了“膜下滴灌技术”示范实验，与当地常规灌溉相比可节水60%。咸海流域用于农田灌溉的水量约$800\times10^8\ m^3$，若2/3的耕地推广膜下滴灌技术则可节省$320\times10^8\ m^3$农用水。可见，农业现代化与咸海治理是相辅相成的。

20世纪90年代以来，膜下滴灌技术迅速推广运用，因其能有效抑制地下水上升，具有节水、抑盐作用，曾一度被认为是治理和抑制盐渍化的重大举措；但从生物地球化学循环的角度而言，滴灌仅能产生耕层淡化脱盐，盐分并未排出土体，而在局部循环积累现象，不利于长期的生产增效。不同膜下滴灌年限条件下不同土层含盐量测定结果表明，耕作层土壤盐分随滴灌年限延长呈逐渐累积的趋势，滴灌经历了从“可以有效防治盐渍化”到“新的盐渍化大面积抬头”的转变。长期膜下滴灌条件下作物根区土壤盐分积累为这一灌溉方式在干旱区能否可持续应用提出疑问，如何有效地进行节水滴灌模式下的土壤脱盐和排盐，成为绿洲灌区亟需解决的首要科学问题。

利用耐盐植物改良盐碱土，一方面植物能够吸收 Na^+ 或积累盐分并通过地上部分的收获而去除；另一方面植物根系与盐碱土的相互作用可以改善土壤结构，促进土壤剖面的水分运动。人工种植模式下，盐生植物从盐渍土壤中吸收 Na^+ 量明显，盐爪爪为 9345.6 kg/hm^2，盐地碱蓬为 6851.4 kg/hm^2，西伯利亚白刺为 6019.2 kg/hm^2，中亚滨藜为 6098.4 kg/hm^2；在增施氮肥条件下盐角草当年可从土壤中"吸走"盐分 11534.39 kg/hm^2。在节水的滴灌种植模式下，盐生植物刈割带出的盐量相当于生育期灌溉引水带入盐量的 5～8 倍，由于盐生植物的"吸盐"作用，可使耕层总含盐量显著下降。盐生植物的"高效"盐富集特性利用，为滴灌盐渍土壤的脱盐提供了创新思路，同时也为未来干旱区微咸水、咸水资源利用，缓解水资源危机开拓了途径。

近期拟在乌兹别克斯坦卡拉卡帕克斯坦努库斯市建立节水农业示范区，推广农业节水灌溉技术。通过管道及地面滴灌配套设施的安置，以及工程、农艺和管理等措施的综合集成，形成具有区域特色的农业节水技术模式，提高农业水肥利用效率，带动农业节水技术的推广应用。同时，将结合盐生植物筛选开展盐碱地生物改良示范，力图实现盐生植物资源开发利用与盐碱地生物改良的协调统一。示范区占地 2 hm^2，基于区域社会经济发展需求，示范区种植作物主要选择棉花、玉米、饲用高粱、苜蓿等，种植的盐生植物将以盐地碱蓬、野榆钱菠菜等饲用盐生植物为主，设计盐生植物与常规饲草作物轮作、间作等栽培模式。

12.4.2　节水灌溉农田抑盐促生专用肥料研制

12.4.2.1　耐盐基因功能特征探索

分泌载体膜蛋白(SCAMP)是生物体内一种非常重要的膜蛋白，定位于内膜和质膜中。很多研究证明了不论是在哺乳动物中，还是在植物中 Na^+/H^+ 逆向转运蛋白的功能受到分泌载体膜蛋白 SCAMP 的调控。Na^+/H^+ 逆向转运蛋白是植物中至今报道的唯一能把细胞内过量的 Na^+ 运输到细胞外的蛋白质，相应地与植物的耐盐性存在密切关系。因此，推测 SCAMPs 蛋白可能参与植物耐盐性调节，但这方面目前鲜有报道。

通过对 AtSCAMP 基因及 AtSCAMP 蛋白家族进行生物信息学分析可知，AtSCAMP 家族蛋白质编码的氨基酸残基数从 264～297 不等，分子量为 31.9～33.2 KDa，等电点(pI) 6.60～9.18，属于不稳定的疏水蛋白。AtSCAMP 蛋白结构中主要含有四种构象，由高到低分别是 α-螺旋(Hh)，无规则卷曲(Cc)，直链延伸(Ee)，β-折叠(Tt)。AtSCAMP 蛋白均具有四个跨膜结构域，N 端和 C 端均在细胞膜内，均不存在信号肽。在进化关系上 AtSCAMP1 与 AtSCAMP2 蛋白比较近，AtSCAMP3 与 AtSCAMP4 蛋白在进化关系上较近，而 AtSCAMP5 蛋白与其他蛋白进化关系最远。AtSCAMP 蛋白家族是高度保守的，其编码区长度差异不大，相似性高达 72.79%，并且都具有相似的结构域，其中 AtSCAMP1 和 AtSCAMP2 都具有低复杂度区，AtSCAMP1—5 都具有复合螺旋区。拟南芥的 AtSCAMP 蛋白家族主要位于细胞质膜上，其次是在内质网和胞质等膜系统中。拟南芥 AtSCAMP 家族基因组均含有 11 个内含子，说明其进化关系比较近。顺式作用元件分析结果显示，在拟南芥 AtSCAMP1—5 基因中普遍存在典型的启动子 CAAT-box 和 TATA-box。

对拟南芥不同部位 AtSCAMP 基因的半定量结果显示，5 个 AtSCAMP 基因在不同组织中均有表达，在根中表达量普遍较高，在茎中表达量普遍偏低。盐胁迫下 AtSCAMP 基因随着胁迫时间不同，其表达量呈现出一定的趋势，在 100 mM NaCl 处理下，5 个 AtSCAMP 基因均在受到盐胁迫诱导后呈现上调表达。对拟南芥 AtSCAMP1 的亚细胞定位结果显示，其主要分布在细胞质膜。

拟南芥 AtSCAMP1 突变体的耐盐性分析结果表明，随着盐浓度的升高，AtSCAMP1 突变体生长状况明显变差，并且长势明显弱于野生型拟南芥；AtSCAMP1 突变体恢复株系在盐处理下与野生型拟南芥生长状况差异不大。在培养基及土中，拟南芥 AtSCAMP1 基因突变体的发芽率都受到盐处理的影响，并且相同处理下发芽率低于野生型拟南芥；AtSCAMP1 突变体恢复株系在盐处理下与野生型拟南芥发芽率差异不大。本研究首次发现了拟南芥 AtSCAMP1 基因在种子萌发阶段对盐胁迫敏感现象。

12.4.2.2 增强植物耐盐性的试验

去甲槟榔碱/去甲槟榔次碱都是槟榔植物的次生代谢物质，具有提神功效。研究发现这两种物质都可增强植物的抗盐性，促进植物生长。通过试验监测分析可知，0.6%和 0.9%NaCl 严重抑制拟南芥幼苗的生长，10 mg/L 去甲槟榔碱/去甲槟榔次碱皆可缓解盐胁迫抑制，明显促进拟南芥幼苗生长。

12.4.2.3 作物耐盐调节制剂研制

盐碱地中盐离子含量过高，导致土壤水势过低，植物细胞吸水困难，从而影响植物的生长发育。细胞膜控制各种营养成分进入植物细胞，也是盐胁迫下盐离子进入植物细胞的第一道屏障。受盐胁迫影响，细胞膜首先受到伤害，导致细胞膜透性增加，细胞内各种重要物质外渗，并且外界有害盐离子大量进入细胞，造成盐害。作物抗盐剂含有细胞膜和细胞内重要代谢活动的保护剂，能有效维持盐胁迫下细胞膜的完整性和细胞内重要生理生化过程正常运行，避免盐离子对细胞的伤害。作物抗盐剂含有的细胞保水剂，能增强盐胁迫下的植物吸水能力，降低土壤中盐离子对植物产生的生理干旱影响。因此，作物抗盐剂浸种可促进盐胁迫下种子萌发和幼苗生长，帮助作物度过盐敏感期，达到保苗壮苗，进而增产的效果。滴灌和底肥型抗盐剂不但能促进种子萌发、幼苗生长，因为直接施用到土壤中，还能直接改良盐碱土壤，促进作物整个发育期的生长。

根据植物耐盐机理研制的作物抗盐剂能明显提高盐胁迫玉米和水稻发芽率，并促进幼苗生长。在含盐量 0.5%左右的盐碱地种植所筛选的耐盐鲜食玉米，常规种植玉米生长较慢，而抗盐剂处理玉米生长健壮。

中国各种类型的盐渍土近 1 亿公顷，而且每年还存在不断增长的趋势。中国新疆面积达 166 万平方公里，其中大部门土地都受盐渍化影响。初步示范显示在几乎没有收成的新疆农八师盐碱地上，抗盐剂能明显促进新疆高含盐量土壤种植棉花的出苗和生长，在重度盐碱荒地上棉花单产超过了 240 kg/亩，经济收入超过了 2000 元/亩。

辣椒是中国新疆焉耆县支柱产业，但农田土壤盐渍化影响着产业发展。2020 年，应农户要求示范盐碱地滴灌抗盐剂种植 4 hm^2 辣椒，结果与对照相比经济效益提升显著。抗盐剂滴灌处理后辣椒幼苗生长旺盛、根系发达，结实率接近正常农田辣椒产量，而对照辣椒地产量及品质都难以达到商品化的要求。施用抗盐剂后每亩经济收入可达 2000 多元。

利用耐盐蔬菜及其相应的特殊栽培措施（包括利用作物抗盐剂提高蔬菜的耐盐性）开展中

国南海岛屿高含盐量滨海滩涂的改良研究，筛选出适合三沙岛屿种植的高质量蔬菜，其品质已得到三沙当地居民的认可。图 12.38 反映了作物抗盐剂促进海水种植蔬菜的生长状况。

图 12.38　作物抗盐剂促进海水种植蔬菜的生长

12.4.3　水肥一体化盐碱农田生产力提升技术

研究试验中，探索出了水肥一体化盐碱地农田生产力提升技术，主要包括了若干技术环节。其一，原土调理增肥降盐改碱材料及技术，包括以物理掺伴型结构调理制剂和化学物料优化配比的撒施型化学改良调理剂，适合滴灌水肥一体化应用的液体改良调理剂；通过原土调理肥改善土壤基本结构，进一步降低土壤含盐量，平衡土壤 pH 值，增加土壤有机质含量。其二，基于盐生植物聚盐的生物脱盐技术体系，包括吸盐植物土壤改良作用，抗、耐盐碱植物品种应用。其三，水肥一体化滴灌技术体系，基于节水滴灌的节水控盐技术，创建局部的淡化“水肥保蓄层”，微地形构造的耕作避盐、垄-沟微地形引盐和躲盐，生物覆盖的抑制蒸发技术等。

参考文献

蔡运龙,2007. 自然资源学原理[M]. 北京:科学出版社.

陈曦,罗格平,吴世新,等,2015. 中亚干旱区土地利用与土地覆被变化[M]. 北京:科学出版社.

陈正,蒋峥,2012. 中亚五国优势矿产资源及开发现状[J]. 中国国土资源经济,(5):34-39.

丛琳,2015. 北京市 RECC 与经济发展关系研究[D]. 北京:中国地质大学.

樊杰,王亚飞,汤青,等,2015. 全国资源环境承载能力监测预警(2014 版)学术思路与总体技术流程[J]. 地理科学,35(1):1-10.

傅伯杰,2014. 地理学综合研究的途径与方法:格局与过程耦合[J]. 地理学报,69(8):1052-1059.

付东杰,肖寒,苏奋振,等,2021. 遥感云计算平台发展及地球科学应用[J]. 遥感学报,25(1):220-230.

何清,2016. 中亚气候变化调查研究[M]. 北京:气象出版社.

胡汝骥,姜逢清,王亚俊,等,2014. 中亚(五国)干旱生态地理环境特征[J]. 干旱区研究,31(1):1-12.

吉力力·阿不都外力,木巴热克·阿尤普,2008. 基于 EFP 的中亚区域生态安全评价[J]. 地理研究,27(6):1308-1320.

姜超,徐永福,季劲钧,等,2011. ENSO 年代际变化对全球 TES 碳通量的影响[J]. 地学前缘,18(6):107-116.

柯金虎,朴世龙,方精云,2003. 长江流域植被净第一性生产力及其时空格局研究[J]. 植物生态学报,27(6):764-770.

蓝盛芳,钦佩,陆宏芳,2002. 生态经济系统能值分析[M]. 北京:化学工业出版社.

冷疏影,2016. 地理科学三十年[M]. 北京:商务出版社.

李恒海,邱瑞照,2010. 中亚五国矿产资源勘查开发指南[M]. 北京:中国地质大学出版社.

李净,刘红兵,李龙,等,2016. 基于多源 RSD 集的近 30 a 西北地区植被动态变化研究[J]. 干旱区地理,39(2):387-394.

李新武,张丽,郭华东,等,2016."丝绸之路经济带"干旱-半干旱区生态环境全球变化响应的空间认知[J]. 中国科学院院刊,21(5):559-566.

刘纪远,匡文慧,张增祥,等,2014. 20 世纪 80 年代末以来中国土地利用变化的基本特征与空间格局[J]. 地理学报,69(1):3-14.

刘夏,王毅勇,范雅秋,2015. 气候变化情景下湿地净初级生产力风险评价——以三江平原富锦地区小叶章湿地为例[J]. 中国环境科学,35(12):3762-3770.

马勇刚,2014. 中亚干旱区植被物候研究[D]. 乌鲁木齐:新疆大学.

彭舜磊,由文辉,郑泽梅,等,2011. 近 60 年气候变化对天童地区常绿阔叶林净初级生产力的影响[J]. 生态学杂志,30(3):502-507

蒲开夫,2006. 中亚五国简介[M]. 乌鲁木齐:新疆人民出版社.

石玉林,2006. 资源科学[M]. 北京:高等教育出版社.

石玉林,于贵瑞,王浩,等,2015. 中国生态环境安全态势分析与战略思考[J]. 资源科学,37(7):1305-1313.

孙洪波,王让会,杨桂山,2007. 中亚干旱区山地-绿洲-荒漠系统及其气候特征——以中国新疆北部和东哈萨克斯坦为例[J]. 干旱区资源与环境,21(10):6-11.

孙鸿烈,2000. 中国资源科学百科全书[M]. 北京:中国大百科全书出版社,石油大学出版社.

孙鸿烈,成升魁,封志明,2010. 60 年来的资源科学:从自然资源综合考察到资源科学综合研究[J]. 自然资源学报,25(9):1414-1423.

孙力,2021. 中亚黄皮书:中亚国家发展报告(2021)[M]. 北京:中国社会文献出版社.

孙力,肖斌,杨进,2020. 中亚黄皮书:中亚国家发展报告(2020)[M]. 北京:中国社会文献出版社.

孙然好,孙龙,苏旭坤,等,2021. 景观格局与生态过程的耦合研究:传承与创新[J]. 生态学报,41(1):415-421.
王光谦,欧阳琪,张远东,等,2009. 世界调水工程[M]. 北京:科学出版社,2009.
王让会,张慧芝,2005. 生态系统耦合的原理与方法[M]. 乌鲁木齐:新疆人民出版社.
王让会,张慧芝,黄青,2006. 全球变化背景下干旱区山地-绿洲-荒漠系统耦合关系的特征及规律[J]. 科学通报,51(1):61-65.
王让会,2008. 全球变化的区域响应[M]. 北京:气象出版社.
王让会,2014. 生态工程的生态效应研究[M]. 北京:科学出版社.
王让会,2019. 环境信息科学:理论、方法与技术[M]. 北京:科学出版社.
王让会,李锦,宁虎森,等,2009. MODS 格局下生态景观信息图谱的建立[J]. 遥感技术与应用,24(4):442-448.
魏文寿,袁玉江,喻树龙,等,2008. 中国天山山区 235 a 气候变化及降水趋势预测[J]. 中国沙漠,28(5):803-808.
吴文佳,蒋金亮,高全洲,等,2014. 2001—2009 年中国碳排放与碳足迹时空格局[J]. 生态学报,34(22):6722-6733.
谢宝妮,秦占飞,王洋,等,2015. 基于遥感的黄土高原植被物候监测及其对气候变化的响应[J]. 农业工程学报,31(15):153-160.
谢高地,张彩霞,张昌顺,等,2015. 中国生态系统服务的价值[J]. 资源科学,37(9):1740-1746.
徐德应,郭泉水,阎洪,等,1997. 气候变化对中国森林影响研究[M]. 北京:中国科技出版社.
杨光,宋戈,韦振锋,等,2015. 基于时序指数西北植被物候时空变化特征[J]. 水土保持研究,22(6):213-218.
杨依天,郑度,张雪芹,等,2013. 1980—2010 年和田绿洲土地利用变化空间耦合及其环境效应[J]. 地理学报,68(6):813-824.
姚俊强,杨青,赵玲,2012. 全球变暖背景下天山地区近地面水汽变化研究[J]. 干旱区研究,29(2):320-327.
叶文,王会肖,许新宜,等,2015. 资源环境承载力定量分析——以秦巴山水源涵养区为例[J]. 中国生态农业学报,23(8):1061-1072.
於琍,朴世龙,2014. IPCC 第五次评估报告对碳循环及其他生物地球化学循环的最新认识[J]. 气候变化研究进展,10(1):33-36.
于贵瑞,何洪林,郑新安,2004. 中国陆地生态系统空间化新研究图集:气象分卷[M]. 北京:气象出版社.
俞元春,2020. 城市林业土壤质量特征与评价[M]. 北京:科学出版社.
张晗,任志远,2014. 多种时序 NDVI 重建方法比较与应用分析[J]. 中国农业科学,47(15):2998-3008.
张敏,宫兆宁,赵文吉,等,2016. 近 30 年来白洋淀湿地景观格局变化及其驱动机制[J]. 生态学报,36(15):4780-4791.
张文菊,童成立,吴金水,等,2007. 典型湿地生态系统碳循环模拟与预测[J]. 环境科学,28(9):1905-1911.
赵晟,吴常文,2009. 中国、韩国 1980—2006 年能值足迹与能值承载力[J]. 环境科学学报,29(10):2231-2240.
中国科学院中国植被图编委会,2007. 1∶100 万中华人民共和国植被图[M]. 北京:地质出版社.
ABLIZ A,TIYIP T,GHULAM A,et al ,2016. Effects of shallow groundwater table and salinity on soil salt dynamics in the Keriya Oasis,Northwestern China[J]. Environmental Earth Sciences,75(3):1-15.
ALBERT C,ARONSON J,FÜRST C,et al,2014. Integrating ecosystem services in landscape planning: requirements,approaches,and impacts[J]. Landscape Ecology,29(8):1277-1285.
ALLEN J M,2012. Warming experiments underpredict plant phenological responses to climate change[J]. Nature,485(7399): 494-497.
TORRES A V,TIWARI C ,ATKINSON S F,2021. Progress in ecosystem services research: A guide for scholars and practitioners[J]. Ecosystem Services,49:101267.
ARYAL A,BRUNTON D,RAUBENHEIMER D,2014. Impact of climate change on human-wildlife-ecosys-

tem interactions in the Trans-Himalaya region of Nepal[J]. Theoretical and Applied Climatology,115(3):517-529.

ATKINSON P M,JEGANATHAN C,DASH J,et al,2012. Inter-comparison of four models for smoothing satellite sensor time-series data to estimate vegetation phenology[J]. Remote Sensing of Environment,123(8):400-417.

BAI J,CHEN X,LI J,et al,2011. Changes in the area of inland lakes in arid regions of central Asia during the past 30 years[J]. Environmental Monitoring & Assessment,178:247-256.

CESARETTI G P,HARRIS K T,KHALIL M T,et al,2014. Global ecological footprint,climate change impacts and assessment[J]. Rivista Di Studi Sulla Sostenibilita,2(2):9-38.

CHAI Q M,FU S,WEN X Y,et al,2020. Modeling the implementation of NDCs and the scenarios below 2 ℃ for the Belt and Road countries[J]. Ecosystem Health and Sustainability,6(1):1766998.

CHAPIN F I,MCFARLAND J,DAVID M A,2009. The changing global carbon cycle:linking plant-soil carbon dynamics to global consequences[J]. Journal of Ecology,97(5):840-850.

CHEN F,HUANG W,JIN L,et al,2011. Spatiotemporal precipitation variations in the arid Central Asia in the context of global warming[J]. Sci China Earth Sci,doi:10. 1007/s11430-011-4333-8.

CHEN X,BAI J,LI X,et al,2013. Changes in land use/land cover and ecosystem services in Central Asia during 1990—2009[J]. Current Opinion in Environmental Sustainability,5(1):116-127.

CHEN Y,DENG H,LI B,et al,2014. Abrupt change of temperature and precipitation extremes in the arid region of Northwest China[J]. Quaternary International,336(12):35-43.

CHEN R,YOU X Y,2020. Reduction of urban heat island and associated greenhouse gas emissions[J]. Mitigation and Adaptation Strategies for Global Change,25(4):689-711.

CHENG J,ZHOU K,CHEN D,et al,2016. Evaluation and analysis of provincial differences in resources and environment carrying capacity in China[J]. Chinese Geographical Science,26(4):1-11.

CHU C,BARTLETT M,WANG Y,et al,2016. Does climate directly influence NPP globally? [J]. Global Change Biology,22(1):12-24.

COSTANZA R,2008. Ecosystem services:Multiple classification systems are needed[J]. Biological Conservation,141(2):350-352.

DENG H,CHEN Y,SHI X,et al,2014. Dynamics of temperature and precipitation extremes and their spatial variation in the arid region of northwest China[J]. Atmospheric Research,138(3):346-355.

DENG H,CHEN Y,2017. Influences of recent climate change and human activities on water storage variations in Central Asia[J]. Journal of Hydrology,doi:10. 1016/j. jhydrol. 2016. 11. 006.

DETSCH F,OTTE I,APPELHANS T,et al,2016. Seasonal and long-term vegetation dynamics from 1-km GIMMS-based NDVI time series at Mt. Kilimanjaro,Tanzania[J]. Remote Sensing of Environment,178:70-83.

DOBBS C,HERNÁNDEZ-MORENO Á,REYES-PAECKE S,et al,2018. Exploring temporal dynamics of urban ecosystem services in Latin America:the case of Bogota (Colombia) and Santiago (Chile)[J]. Ecological Indicators,85:1068-1080.

DONG Y,XIA B,CHEN W,2014. Carbon footprint of urban areas:An analysis based on emission sources account model[J]. Environmental Science & Policy,44:181-189.

DU J,ZHAO C,SHU J,et al,2016. Spatiotemporal changes of vegetation on the Tibetan Plateau and relationship to climatic variables during multiyear periods from 1982—2012[J]. Environmental Earth Sciences,75(1):1-18.

DUARTE R,PINILLA V,SERRANO A,2014. The water footprint of the Spanish agricultural sector:1860—

2010[J]. Ecological Economics,108(108):200-207.

DUKHOVNY V,NAVRATIL P,RUSIEV I,et al,2008. Comprehensive remote sensing and ground based studies of the dried Aral Sea bed[R]. Tashkent,SIC ICWC:20-21.

ELLIOT T,ALMENAR J B,RUGANI B,2020. Impacts of policy on urban energy metabolism at tackling climate change:the case of Lisbon[J]. Journal of Cleaner Production,276:123510.

ENTING I G,RAYNER P J,Ciais P,2012. Carbon cycle uncertainty in regional carbon cycle assessment and processes (RECCAP)[J]. Biogeosciences,9(8):2889-2904.

ESTOQUE R C,MURAYAMA Y,2016. Quantifying landscape pattern and ecosystem service value changes in four rapidly urbanizing hill stations of Southeast Asia[J]. Landscape Ecology,31(7):1-27.

FANG G,YANG J,CHEN Y,et al,2015. Contribution of meteorological input in calibrating a distributed hydrologic model in a watershed in the Tianshan Mountains,China[J]. Environmental Earth Sciences,74(3):2413-2424.

FANG K,HEIJUNGS R,SNOO G,2014. Theoretical exploration for the combination of the ecological,energy,carbon,and water footprints:Overview of a footprintfamily[J]. Ecological Indicators,36(1):508-518.

FENG Z,2013. Hydrological and ecological responses to climatic change and to land-use/ land-cover changes in Central Asia[J]. Quaternary International,311(11):1-2.

FENG Q ,MA H ,JIANG X ,et al,2015. What Has Caused Desertification in China? [J]. Scientific Reports,5: 15998.

FISCHER T,GEMMER M,LIU L,et al,2012. Change-points in climate extremes in the Zhujiang River Basin,South China,1961—2007[J]. Climatic Change,110(3):783-799.

FU B,FORSIUS M,LIU J,2013. Ecosystem services:climate change and policy impacts[J]. Current Opinion in Environmental Sustainability,5(1):1-3.

GAN R,LUO Y,ZUO Q,et al,2015. Effects of projected climate change on the glacier and runoff generation in the Naryn River Basin,Central Asia[J]. Journal of Hydrology,523:240-251.

HABERL H,ERB K H,KRAUSMANN F,et al,2007. From the cover:Quantifying and mapping the human appropriation of net primary production in earth's terrestrial ecosystems[J]. Proceedings of the National Academy of Sciences,104(31):12942-12947.

HAN Q,LUO G,LI C,et al,2014. Modeling the grazing effect on dry grassland carbon cycling with Biome-BGC model[J]. Ecological Complexity,17:149-157.

HE J,WAN Y,FENG L,et al,2016. An integrated data envelopment analysis and emergy-based ecological footprint methodology in evaluating sustainable development,a case study of Jiangsu Province,China[J]. Ecological Indicators,70:23-34.

HERATH I,GREEN S,HORNE D,et al,2014. Quantifying and reducing the water footprint of rain-fed potato production,part I:measuring the net use of blue and green water[J]. Journal of Cleaner Production,81(81):111-119.

HOEKSTRA A Y,MEKONNEN M M. ,2012. The water footprint of humanity[J]. Proceedings of the National Academy of Sciences of the United States of America,109(9):3232.

HU Z,ZHANG C,HU Q,et al,2014. Temperature changes in Central Asia from 1979 to 2011 based on multiple datasets[J]. Journal of Climate,27(3):1143-1167.

HUANG A,ZHOU Y,ZHANG Y,et al,2014. Changes of the annual precipitation over Central Asia in the twenty-first century projected by multimodels of CMIP5[J]. Journal of Climate,27(17):6627-6646.

IPCC,2014. Climate Change 2013:The Scientific Basis Contribution of Working Group I to the Fifth Assessment Report of the Intergovernmental Panel on Climate Change[M]. Cambridge:Cambridge University Press.

JALILOV S M, VARIS O, KESKINEN M, 2015. Sharing benefits in transboundary rivers: An experimental case study of Central Asian water-energy-agriculture nexus[J]. Water, 7(9): 4778-4805.

JI J J, HUANG M, LI K R, 2008. Prediction of carbon exchanges between China terrestrial ecosystem and atmosphere in 21st century[J]. Science in China Series D: Earth Sciences, 51(6): 885-898.

JIA W, LIU M, YANG Y, et al, 2016. Estimation and uncertainty analyses of grassland biomass in Northern China: Comparison of multiple remote sensing data sources and modeling approaches[J]. Ecological Indicators, 60: 1031-1040.

JIANG F, HU R, ZHANG Y, et al, 2011. Variations and trends of onset, cessation and length of climatic growing season over Xinjiang, NW China[J]. Theoretical and Applied Climatology, 106(3): 449-458.

JIANG Z, LI W, XU J, et al, 2015. Extreme precipitation indices over China in CMIP5 models. part I: Model evaluation[J]. Journal of Climate, 28(21): 8603-8619.

JORGENSEN S E, ODUM H T, BROWN M T, 2004. Emergy and exergy stored in genetic information[J]. Ecological Modelling, 178(1): 11-16.

KARNIELI A, GILAD U, PONZET M, et al, 2008. Assessing land-cover change and degradation in the Central Asian deserts using satellite image processing and geostatistical methods[J]. Journal of Arid Environments, 72(11): 2093-2105.

KARTHE D, CHALOV S, BORCHARDT D, 2015. Water resources and their management in central Asia in the early twenty first century: status, challenges and future prospects[J]. Environmental Earth Sciences, 73(2): 487-499.

KEERSMAECKER W D, LHERMITTE S, HONNAY O, et al, 2014. How to measure ecosystem stability? An evaluation of the reliability of stability metrics based on remote sensing time series across the major global ecosystems[J]. Global Change Biology, 20(7): 2149-2161.

KINDU M, SCHNEIDER T, TEKETAY D, et al, 2016. Changes of ecosystem service values in response to land use/land cover dynamics in Munessa-Shashemene landscape of the Ethiopian highlands[J]. Science of the Total Environment, 547(1): 137-147.

KLEIN I, GESSNER U, KUENZER C, 2012. Regional land cover mapping and change detection in Central Asia using MODIS time-series[J]. Applied Geography, 35(35): 219-234.

KLEIN-BANAI C, THEIS T L, 2011. An urban university's ecological footprint and the effect of climate change[J]. Ecological Indicators, 11(3): 857-860.

KOLOMYTS E G, SHARAYA L S, 2015. Quantitative assessment of functional stability of forest ecosystems [J]. Russian Journal of Ecology, 46(2): 117-127.

LARA B, GANDINI M, 2016. Assessing the performance of smoothing functions to estimate land surface phenology on temperate grassland[J]. International Journal of Remote Sensing, 37(8): 1801-1813.

LI B, CHEN Y, XIONG H, 2016. Quantitatively evaluating the effects of climate factors on runoff change for Aksu River in northwestern China[J]. Theoretical and Applied Climatology, 123(1): 97-105.

LI C, ZHANG C, LUO G, et al, 2015a. Carbon stock and its responses to climate change in Central Asia[J]. Global Change Biology, 21(5): 1951-1967.

LI S, TANG Q, LEI J, et al, 2015b. An overview of non-conventional water resource utilization technologies for biological sand control in Xinjiang, northwest China[J]. Environmental Earth Sciences, 73(2): 873-885.

LI Y, WANG Y, HOUGHTON R A, et al, 2015c. Hidden carbon sink beneath desert[J]. Geophysical Research Letters, 42(14): 5880-5887.

LIOUBIMTSEVA E, HENEBRY G M, 2009. Climate and environmental change in arid central Asia: Impacts, vulnerability, and adaptations[J]. Journal of Arid Environments, 73(11): 963-977.

LIU X,LI X,CHEN Y,et al,2010. A new landscape index for quantifying urban expansion using multi-temporal remotely sensed data[J]. Landscape Ecology,25(5):671-682.

LIU Y,LI Y,LI S,et al,2015. Spatial and temporal patterns of global NDVI trends:Correlations with climate and human factors[J]. Remote Sensing,7(10):13233-13250.

LIU Y,XIAO J,JU W,et al,2016. Recent trends in vegetation greenness in China significantly altered annual evapotranspiration and water yield [J]. Environmental Research Letters, doi: 10.1088/1748-9326/11/9/ 094010.

LOVARELLI D,BACENETTI J,FIALA M,2016. Water Footprint of crop productions:A review[J]. Science of the Total Environment,548-549(1):236-251.

LUBETSKY J,STEINER B A,LANZA R,2006. 2006 IPCC Guidelines for National Greenhouse Gas Inventories[M]. Hayama:Institute for Global Environmental Strategies.

LUO G,HAN Q,ZHOU D,et al,2012. Moderate grazing can promote aboveground primary production of grassland under water stress[J]. Ecological Complexity,11(3):126-136.

MACKERRAS C,2015. Xinjiang in China's foreign relations:Part of a new Silk Road or Central Asian zone of conflict? [J]. East Asia,32(1):25-42.

MANNIG B,MÜLLER M,STARKE E,et al,2013. Dynamical downscaling of climate changein Central Asia [J]. Global & Planetary Change,110(110):26-39.

MAO D,LEI J,LI S,et al,2014. Characteristics of meteorological factors over different landscape types during dust storm events in Cele,Xinjiang,China[J]. Journal of Meteorological Research,28(4):576-591.

MEADOWS D,RANDERS J,MEADOWS D,2004. Limits to Growth:The 30-Year Updates[M]. Vermont:Chelsea Green Publishing.

MILESI C,CHURKINA G,2020. Measuring and monitoring urban impacts on climate change from space[J]. Remote Sensing,12(21):3494.

MNGUMI L E,2020. Ecosystem services potential for climate change resilience in peri-urban areas in Sub-Saharan Africa[J]. Landscape and Ecological Engineering,16(2):187-198.

MOORE D,CRANSTON G,REED A,et al,2012. Projecting future human demand on the Earth's regenerative capacity[J]. Ecological Indicators,16:3-10.

ODA T,MAKSYUTOV S,2010. A very high-resolution (1 km×1 km) global fossil fuel CO_2 emission inventory derived using a point source database and satellite observations of nighttime lights[J]. Atmospheric Chemistry & Physics,10(7):16307-16344.

ODUM H T,PETERSON N,1996. Simulation and evaluation with energy systems blocks[J]. Ecological Modelling,93(1-3):155-173.

PENG J,DAN L,2015. Impacts of CO_2,concentration and climate change on the terrestrial carbon flux using six global climate-carbon coupled models[J]. Ecological Modelling,304:69-83.

PIAO S,FANG J Y,ZHOU L M,et al,2006. Variations in satellite-derived phenology in China's temperate vegetation[J]. Global Change Biology,12(4):672-685.

PIAO S,CIAIS P,FRIEDLINGSTEIN P,et al,2009. Spatiotemporal patterns of terrestrial carbon cycle during the 20th century[J]. Global Biogeochemical Cycles,23(4):2191-2196.

POTTER C,KLOOSTER S,HIATT C,et al,2011. Changes in the carbon cycle of Amazon ecosystems during the 2010 drought[J]. Environmental Research Letters,6(3):329-346.

RACHKOVSKAYA E I,1995. Kazakhstan Semi-deserts and Melkosopochnik Vegetation Map of Kazakhstan and Middle Asia,Scale 1∶2500000[M]. Saint Petersburg:Komarov Botanic Institute,Russian Academy of Sciences.

RUSSO S,DOSIO A,GRAVERSEN R G,et al,2014. Magnitude of extreme heat waves in present climate and their projection in a warming world[J]. Journal of Geophysical Research Atmospheres, 19(22): 12500-12512.

SÁNDOR R,BARCZA Z,HIDY D,et al,2016. Modelling of grassland fluxes in Europe:Evaluation of two biogeochemical models[J]. Agriculture Ecosystems & Environment,215:1-19.

SCHMID S,ZIERL B,BUGMANN H,2006. Analyzing the carbon dynamics of central European forests:comparison of Biome-BGC simulations with measurements[J]. Regional Environmental Change,6(4):167-180.

SEDDON A,MACIAS-FAURIA M,LONG P R,et al,2016. Sensitivity of global terrestrial ecosystems to climate variability[J]. Nature,531(7593):229-232.

SEIDL R,EASTAUGH CS,KRAMER K,et al,2013. Scaling issues in forest ecosystem management and how to address them with models[J]. European Journal of Forest Research,132(5-6):653-666.

SHARIFI E,LARBI M,OMRANY H,et al,2020. Climate change adaptation and carbon emissions in green urban spaces:Case study of Adelaide[J]. Journal of Cleaner Production,254:120035.

SHEN M,PIAO S,CHEN X,et al,2016. Strong impacts of daily minimum temperature on the green-up date and summer greenness of the Tibetan Plateau[J]. Global Change Biology,22(9):3057-3066.

SHI Y,SHEN Y,KANG E,et al,2007. Recent and future climate change in northwest China[J]. Climatic Change,80(3):379-393.

SICHE R,AGOSTINHO F,ORTEGA E,2010. Emergy Net Primary Production (ENPP) as basis for calculation of ecological footprint[J]. Ecological Indicators,10(2):475-483.

SIEGFRIED T,BERNAUER T,GUIENNET R,et al,2012. Will climate change exacerbate water stress in Central Asia? [J]. Climatic Change,112(3):1-19.

SORG A,BOLCH T,STOFFEL M,et al,2012. Climate change impacts on glaciers and runoff in Tien Shan (Central Asia)[J]. Nature Climate Change,2(10):725-731.

SORG A,MOSELLO B,SHALPYKOVA G,et al,2014. Coping with changing water resources:The Case of the Syr Darya River basin in Central Asia[J]. Environmental Science & Policy,43(7):68-77.

SUN Y,LIU N,SHANG J,et al,2016. Sustainable utilization of water resources in China:A system dynamics model[J]. Journal of Cleaner Production,142(2):613-625.

SUN Y,XIE S,ZHAO S,2019. Valuing urban green spaces in mitigating climate change:A city wide estimate of aboveground carbon stored in urban green spaces of China's Capital[J]. Global Change Biology,25(5):1717-1732.

TATARINOV F A,CIENCIALA E,2006. Application of BIOME-BGC model to managed forests:1. Sensitivity analysis[J]. Forest Ecology & Management,237(1-3):267-279.

THOMEY M L,COLLINS S L,VARGAS R,et al,2011. Effect of precipitation variability on net primary production and soil respiration in a Chihuahuan Desert grassland[J]. Global Change Biology,17(4):1505-1515.

VICENTESERRANO S M,BEGUERÍA S,LORENZOLACRUZ J,et al,2012. Performance of drought indices for ecological,agricultural,and hydrological applications[J]. Earth Interactions,16(10):1-27.

WANG B,ZHANG M,WEI J,et al,2013. Changes in extreme events of temperature and precipitation over Xinjiang,northwest China,during 1960—2009[J]. Quaternary International,298(12):141-151.

WANG C,ZHANG X,WANG F,et al,2015. Decomposition of energy-related carbon emissions in Xinjiang and relative mitigation policy recommendations[J]. Frontiers of Earth Science,9(1):65-76.

WANG R,LU X,2009. Quantitative estimation models and their application of ecological water use at a basin scale[J]. Water Resources Management,23(7):1351-1365.

WANG S,YANG B,YANG Q,et al,2016. Temporal trends and spatial variability of vegetation phenology over the Northern Hemisphere during 1982—2012[J]. Plos One,11(6):e0157134.

WANG C,ZHAN J,ZHANG F,et al,2021. Analysis of urban carbon balance based on land use dynamics in the Beijing-Tianjin-Hebei region,China[J]. Journal of Cleaner Production,281:125138

WEI X,PAN X,ZHAO C,et al,2008. Response of three dominant shrubs to soil water and groundwater along the oasis-desert ecotone in Northwest China[J]. Russian Journal of Ecology,39(7):475-482.

WHITE M A,THORNTON P E,RUNNING S W,et al,2000. Parameterization and sensitivity analysis of the BIOME-BGC terrestrial ecosystem model: net primary production controls[J]. Earth Interactions,4(3):1-84.

WISE M,DOOLEY J,LUCKOW P,et al,2014. Agriculture,land use,energy and carbon emission impacts of global biofuel mandates to mid-century[J]. Applied Energy,114(2):763-773.

WU X,LIU H,2013. Consistent shifts in spring vegetation green-up date across temperate biomes in China, 1982—2006[J]. Global Change Biology,19(3):870-880.

WU X,YANG Q,XIA X,et al,2015. Sustainability of a typical biogas system in China:emergy-based ecological footprint assessment. [J]. Ecological Informatics,26(1):78-84.

XIAO J,ZHANG F,JIN Z,2016. Spatial characteristics and controlling factors of chemical weathering of loess in the dry season in the middle Loess Plateau,China[J]. Hydrological Processes,30(25):4855-4869.

YANG H,MU S,LI J,2014. Effects of ecological restoration projects on land use and land cover change and its influences on territorial NPP in Xinjiang,China[J]. Catena,115(4):85-95.

YANG J,LEI K,KHU S,et al,2015. Assessment of water environmental carrying capacity for sustainable development using a coupled system dynamics approach applied to the Tieling of the Liao River Basin,China [J]. Environmental Earth Sciences,73(9):5173-5183.

YAO J,CHEN Y,2015. Trend analysis of temperature and precipitation in the Syr Darya Basin in Central Asia [J]. Theoretical and Applied Climatology,120(3):521-531.

YE W,XU X,WANG H,et al,2016. Quantitative assessment of resources and environmental carrying capacity in the northwest temperate continental climate ecotope of China[J]. Environmental Earth Sciences,75(10):1-15.

YOU Q,KANG S,AGUILAR E,et al,2011. Changes in daily climate extremes in China and their connection to the large scale atmospheric circulation during 1961—2003[J]. Climate Dynamics,36(11-12):2399-2417.

ZAID S M,PERISAMY E,HUSSEIN H,et al,2018. Vertical greenery system in urban tropical climate and its carbon sequestration potential:a review[J]. Ecological Indicators,91:57-70.

ZHANG Z,JIANG H,LIU J,et al,2013. Effect of heterogeneous atmospheric CO_2 on simulated global carbon budget[J]. Global & Planetary Change,101(101):33-51.

ZHANG J,ZHANG L,ZHENG Y,et al,2015. Simulation of vegetation net primary productivity and evapotranspiration based on LPJ model in Central Asia[J]. Pratacultural Science,32(11):1721-1729.

ZHAO M,RUNNING S W,NEMANI R R,2006. Sensitivity of Moderate Resolution Imaging Spectroradiometer (MODIS) terrestrial primary production to the accuracy of meteorological reanalyses[J]. Journal of Geophysical Research Biogeosciences,111(G1):338-356.

ZHAO Z,ZHAO C,YAN Y,et al,2013. Interpreting the dependence of soil respiration on soil temperature and moisture in an oasis cotton field,central Asia[J]. Agriculture Ecosystems & Environment,168(11):46-52.

ZHAO T,CHEN L,MA Z,2014. Simulation of historical and projected climate change in arid and semiarid areas by CMIP5 models[J]. Science Bulletin,59(4):412-429.

ZHOU T,YU Y,LIU H,et al,2007. Progress in the development and application of climate ocean models and ocean-atmosphere coupled models in China[J]. Advances in Atmospheric Sciences,24(6):1109-1120.

ZHU Z,PIAO S,MYNENI R B,et al,2016. Greening of the Earth and its drivers[J]. Nature Climate Change,6(8):791-795.

ZUO Q,ZHANG X,2015. Dynamic carrying capacity of water resources under climate change[J]. Journal of Hydraulic Engineering,46(4):387-395.

附录:相关术语中英文对照表

英文缩写	英文	中文
ACA	Arid Central Asia	中亚干旱区
AI	artificial intelligent	人工智能
AR	assessment report	评估报告
ASIIRC	Aral Sea International Innovation Research Center	咸海国际创新研究中心
BCC	Beijing Climate Center	(北京)国家气候中心
BD	big data	大数据
BGC	BioGeochemical Cycle Model	生物地球化学循环模型
B&R	Belt & Road	一带一路
BRIAM	Belt and Road Integrated Assessment Model	一带一路综合评估模型
BVF	bamboo vinegar fluid	竹醋液
CC	cloud computing	云计算
CCS	carbon dioxide capture and storage	二氧化碳捕获与储存(技术)
CD	carbon deficit	碳赤字
CDM	clean development mechanism	清洁发展机制
CE	carbon emissions	碳排放量
CFP	carbon footprint	碳足迹
CMIP5	Coupled Model Intercomparison Project Phase5	国际耦合模式比较计划第5阶段
CMIP6	Coupled Model Intercomparison Project Phase6	国际耦合模式比较计划第6阶段
DM	data mining	数据挖掘
DES	desert ecosystem	荒漠生态系统
DSG	desulfurization gypsum	脱硫石膏
EC	electrical conductivity	(土壤)电导率
ECE	extreme climate event	极端气候事件
ECI	extreme climate index	极端气候指数
EFP	ecological footprint	生态足迹
EPI	extreme precipitation index	极端降水指数
ESS	ecosystem services	生态系统服务
ESSV	ecosystem service value	生态系统服务价值
ETI	extreme temperature index	极端气温指数
FGDG	flue gas desulfurization gypsum	烟气脱硫石膏
GITP	geographical information TUPU	地理信息图谱

续表

英文缩写	英文	中文
GPP	gross primary productivity	总初级生产力
GWD	groundwater depth	地下水埋深
HA	humic acid	腐殖酸
I/O	input/output	投入/产出
IOT	internet of things	物联网
IPCC	Intergovernmental Panel on Climate Change	联合国政府间气候变化专门委员会
IUCN	World Conservation Union/International Union for Conservation of Nature	世界自然保护联盟
LUCC	land use and cover change	土地利用与覆盖变化
MA	Millennium Ecosystem Assessment	千年生态系统评估
MIS	management information system	管理信息系统
MODS	mountain-oasis-desert system	山地-绿洲-荒漠系统
MODIS	Moderate Resolution Imaging Spectroradiometer	中分辨率成像光谱仪
NDCs	nationally determined contributions	国家自主贡献
NDVI	normalized differential vegetation index	归一化植被指数
NDWI	normalized difference water index	归一化水指数
NEP	net ecosystem productivity	净生态系统生产力
NPP	net primary productivity	净第一性生产力
RCC	resources carrying capacity	资源承载力
RCP4. 5	Representative Concentration Pathway4. 5	代表性浓度途径 4. 5
RCP8. 5	Representative Concentration Pathway8. 5	代表性浓度途径 8. 5
RECC	resource and environmental carrying capacity	资源环境承载力
REMO	Regional Climate Model	区域气候模式
RSCC	remote sensing cloud computing	遥感云计算
RSD	remote sensing data	遥感数据
RSI	remote sensing information	遥感信息
RSM	remote sensing monitoring	遥感监测
RST	remote sensing technology	遥感技术
SCAMP	secretory carrier membrane protein	分泌载体膜蛋白
SCO	Shanghai Cooperation Organization	上海合作组织
SOM	soil organic matter	土壤有机质
SPEI	standardized precipitation evapotranspiration index	标准化降水蒸散指数
SPAC	soil-plant-atmosphere continum	土壤-植被-大气连续体
SSPs	Shared Socioeconomic Pathways	共享的社会经济路径
SWAT	Soil-Water-Atmosphere Transport Model	土壤-水分-大气传输模型
TDS	total dissolved solids	总溶解度

续表

英文缩写	英文	中文
TES	terrestrial ecosystem	陆地生态系统
UN	United Nations	联合国
UNFCCC	United Nations Framework Convention on Climate Change	联合国气候变化框架公约
USD	US Dollar	美元
USDA	United States Department of Agriculture	美国农业部
USGS	United States Geological Survey	美国地质调查局
VR	virtual reality	虚拟现实
WFP	water footprint	水足迹
WMO	World Meteorological Organization	世界气象组织
WRCC	water resources carrying capacity	水资源承载力
WUE	water use efficiency	水分利用率

著者简介

王让会，农学博士，南京信息工程大学教授（二级），博士生导师。国务院政府特殊津贴专家（2000 年）及中央直接联系的高级专家（2004 年），加拿大 Ryerson University 高访学者。主持或参与了国家科技支撑计划、国家 973 计划、中国科学院重大项目以及国际合作等多种类型研究项目，获得国家及省部级科技成果奖 10 余项，发表学术论文 200 余篇，出版专著 10 余部，获得国内外专利及软件著作权 20 余件，代表性著作有《全球变化的区域响应》《遥感与 GIS 的理论与实践》《环境信息科学：理论、方法与技术》《二氧化碳减排林水土耦合关系及生态安全研究》等。曾在中国科学院系统工作 20 年，现任江苏省科协智库专家，金坛国家气象观象台科技委员会委员，兼任多个国家级及省级学会副理事长、理事（委员）等。目前主要从事资源环境效应评价、生态系统碳水循环、生态气象、地理信息图谱等研究。

赵振勇，理学博士，中国科学院新疆生态与地理研究所研究员，硕士生导师，新疆特色经济植物工程技术研究中心常务主任。长期从事农业生态和土壤改良研究，在干旱区生态景观格局及过程、盐渍荒漠植被恢复、低产盐渍农田生产力提升及盐生植物资源化利用方面，开展了一系列探索性工作。现任中国土壤学会常务理事及盐碱土专业委员会副主任、新疆土壤与肥料学会副理事长。主持和参与了国家自然科学基金、国家重点研发及省部级研究项目等 20 余项，获得省级科技进步奖 3 项，参编专著 5 部，发表论文 50 余篇，发明专利 20 余件，优良林木及作物新品种审定 4 项。2017 年度获得新疆土壤与肥料学会“慧尔青年才俊奖”，2019 年度被推荐为“中国科学院年度先锋人物”提名人选。

李成，理学博士，扬州大学副教授，硕士生导师。主持或参与了国家自然科学基金、江苏省自然科学基金、国家 973 计划、国家支撑计划等研究项目，主要从事地表水土过程、水碳足迹、生态系统服务研究。2013 年获得中国卫星导航定位科技进步奖，发表学术论文 30 余篇，参编专著及教材 3 部，专利及软件发明权多件；2020 年曾访问爱尔兰都柏林大学地球研究所等。

彭擎，理学博士，毕业于南京信息工程大学应用气象专业。参与了国家支撑计划、国家重点研发计划、中国科学院先导计划以及地方合作研究项目，曾主持江苏省研究生创新项目。主要从事遥感与 GIS 应用，生态环境演变模型、水碳耦合关系、环境效应评价等研究，发表学术论文 20 余篇，专利多件。